单片机应用技术

主　编　老盛林　吴慧芳　余　鹏
副主编　陈宇燕　彭　情

北京理工大学出版社
BEIJING INSTITUTE OF TECHNOLOGY PRESS

图书在版编目（CIP）数据

单片机应用技术／老盛林，吴慧芳，余鹏主编．—北京：北京理工大学出版社，2018.1
ISBN 978－7－5682－4692－7

Ⅰ.①单…　Ⅱ.①老…　②吴…　③余…　Ⅲ.①单片微型计算机－高等学校－教材
Ⅳ.①TP368.1

中国版本图书馆 CIP 数据核字（2017）第 203965 号

出版发行／北京理工大学出版社有限责任公司
社　　址／北京市海淀区中关村南大街 5 号
邮　　编／100081
电　　话／（010）68914775（总编室）
　　　　　（010）82562903（教材售后服务热线）
　　　　　（010）68948351（其他图书服务热线）
网　　址／http：//www.bitpress.com.cn
经　　销／全国各地新华书店
印　　刷／涿州市新华印刷有限公司
开　　本／787 毫米×1092 毫米　1/16
印　　张／15.5
字　　数／365 千字
版　　次／2018 年 1 月第 1 版　2018 年 1 月第 1 次印刷
定　　价／54.00 元

责任编辑／封　雪
文案编辑／张鑫星
责任校对／周瑞红
责任印制／李志强

单片机技术作为计算机技术的一个分支，广泛应用于工业控制、智能仪器仪表、机电一体化产品、家用电器等各个领域。“单片机应用技术”是电气技术专业群的一门核心专业课，是电气自动化技术专业学生必须掌握的一门基本技能。

初学单片机，都感觉单片机知识抽象难懂，编程无从下手，应用开发更无从谈起。如何在较短时间内掌握单片机原理，具备应用单片机知识解决实际问题的能力？针对这一现状，电气自动化技术课程开发团队进行了不懈的努力，对长期的教学和科研进行认真总结，并对“单片机应用技术”课程进行了“基于工作过程的”项目化改造，让单片机学习不再抽象，让单片机学习不再枯燥，让单片机学习更加有趣。本教材具有以下特色：

1. 按三段式“基础知识—项目实训—综合训练”组织教材

基础知识集中呈现，有利于初学者对知识进行系统的归纳，对用到的知识点能快速浏览、快速查阅，有利于自主学习。采取分散指令（语句）和程序结构的项目实训，能步步为营，一步一个脚印地往前走。综合训练能检阅前两段的学习成果，并且不断巩固。

2. 按项目重构课程内容，用任务组织单元教学

本教材第二篇为项目实训，设计了5个项目共16个任务，单片机应用技术所需的基本知识和基本技能穿插在各个任务完成的过程中，从而将知识化整为零，降低单片机的学习难度。

3. 融“教、学、做”于一体，突出实践性

本教材第二篇项目实训中每一个任务都是按以下方式组织编排的：①任务要求；②相关知识；③任务实施；④再实践或知识回顾。其中，任务要求是对学习者的目标要求，后续的各部分都是围绕其任务的实现来展开的。相关知识部分是完成本次任务需用到的知识点。任务实施包括硬件电路搭建、任务分析、解决方案和软件程序编写，这一部分中每一个步骤都要求每一位学习者必须亲手尝试，不是读懂教材就行了，要按照教材“亲自”做一次。再实践是要求学习者参照上面的任务实施，再“亲自”做一次同样的事情。

4. 虚拟仿真，拓展实训空间

以Proteus软件作为单片机应用系统的设计和仿真平台，强调在应用中学习单片机技术，实现从产品概念到设计完成全过程训练，克服了传统单片机学习没有物理原型就无法进行测试的缺陷，让学习者的项目实训无论在宿舍、教室、图书馆还是实训室都能进行，随时随地，只要想到就能做到。

5. 汇编语言与C51语言并存

单片机应用程序开发可以选择汇编语言，也可选择C51语言。汇编语言编程生成代码效率高，初学者使用汇编语言，能更好地理解单片机内部资源和单片机的工作过程，对单片

机技术的学习提高十分有帮助。但是，汇编语言编程难度大，程序的可移植性差，初学者很难掌握，目前企业一般不采用汇编语言开发单片机应用系统，而C51语言编程相对容易，特别是学过“C51语言程序设计”者，C51语言开发速度快，可移植性好，是当今单片机应用系统开发的主流语言。本教材入门项目同时采用汇编语言和C51语言编程，让初学者能跟随汇编语言快速理解单片机基本原理，能用C51语言快速完成程序设计。

编　　者

学习寄语

一、万事开头难，要勇敢迈出第一步

开始的时候，不要老是给自己找借口，说 KEIL 不会建项目啦，不懂得用实验箱或 Proteus 仿真啦，等等。遇到困难要一件件攻克，不会建项目，就先学它，这方面内容不难，自己多做几次就会了。不会用实验箱、不会用 Proteus 仿真，就先去学它，问老师、问同学，都可以。这一关不过，单片机学习无从谈起！

然后可以先参考别人的程序，抄过来也无所谓，写一个最简单的，让它运行起来，先培养一下自己的感觉，知道写程序是怎么一回事，无论写大程序还是小程序，要做的工序不会差多少，先建个项目，再配置一下项目，然后建个程序，加入项目中，再写代码、编译、生成 HEX，刷进单片机中、运行，必须熟悉以上这一套工序。

单片机是注重理论和实践的，光看书不动手，是学不会的。

二、知识点用到才学，不用的暂时丢一边

厚厚的一本书，看着头都晕了，学了后面的，前面的估计也快忘光了。所以，最好结合实际任务，知识点用到的时候才去看，不必非要把书从第一页看起，看完才来写程序。比如你写跑马灯，就完全没必要看中断的知识，专心把跑马灯学好就是了，这是把整本书化整为零，一小点一小点地啃。

三、程序不要光看不写，一定要自己写一次

最开始的时候，啥都不懂，可以先抄老师或本教材的程序，看看每一句是干什么用的，达到什么目的，运行后有什么结果，记着一定要看懂为止。明白了之后，就要自己重写一次（这个过程很重要，否则你永远学不了编程！整个学期都在呆呆地坐着），你会发现，原来看明白别人的程序很容易，但自己写的时候却一句也写不出来，这就是差距……当你自己能写出来的时候，说明你就真的懂了……当你能修改程序并能判断程序故障的时候，你的技术已经生根，离高手不远啦！

四、必须学会掌握调试程序的方法

不少同学写程序，把代码写好了，然后一运行，不是自己想要的结果，就晕了，然后跑去问教师："为什么我的程序不能正常运行?"然后就等老师来给自己分析。这是一种很不好的行为，应该自己学会发现问题和学会如何解决问题，这就是学习。

在解决问题的过程中，通过程序的排错，你会学到很多平时听课、看书学不到的东西。记住，纠错的过程就是学习过程，并且比用其他方法都学得多、记忆深，因为每一个错误，都会深深地烙在你的脑海里，你排错后得到正确的结果，你会很兴奋，这样会增加学习趣味性。

五、找到解决问题的思路比找到代码更重要

我们用单片机来控制周边器件，达到我们想达到的目的，这是任务要求。而如何写出一个程序来控制器件按你想要的结果去运作，这个就是解题的思路。要写程序，就得先找到解决问题的思路，你学会找出这个解题思路，比你找到代码更为重要。不少同学找老师或别人的代码，有的人甚至有了代码就直接复制到自己的程序中，可以说，这不是一种学习的态度，无益于你编程水平的提高。

不看老师或别人的代码，看思路，有方框图最好，没有的话文字说明也可以，要从代码中看出别人处理问题的思路，当你知道一个问题怎么解决，那么剩下的只需要你安排代码去完成，这就已经不是什么问题了。

六、开动脑筋，运用多种方法，不断优化自己的程序

想想用各种不同方法来实现同一功能。这是一个练习和提高的过程，一个问题，你解决了，那么你再想想，能不能换种写法，也可以实现同一功能，或者说，你写出来的代码，能不能再精简一点，让程序执行效率更高，这个过程，就是一个进步的过程。很多知识和经验的获得，并不是直接写在书上让你看就可以得到的，需要自己去实践，开动脑筋，经验才能得到积累，编程水平才能有所提高。

七、看别人的代码，学习人家的思路

这个在学习初期很有用，通过看别人的代码，特别是参考资料或网上高手写出的具有一定水平的代码，可以使自己编程水平得到迅速的提高。同时，也可以结合别人的编程手法，与自己的想法融合在一起，写出更高水平的代码，从中得到进步。但要注意，切忌将学习变成抄袭，更不是抄袭完了就认为自己学会了，这样做只会使你退步。

八、着重于培养解决问题的能力

“学单片机重点在于学习解决问题的思路，而不是局限于具体的芯片类型和语言。”这一直是我的座右铭，是我学习和教学单片机多年来感悟出来的。真正的能力应该是：“遇到没有解决过的问题或器件，能利用自己已学的知识，迅速找到解决问题的方法。”这个才是能力。写程序的过程就是一个创造的过程，几乎没有完全一样的项目，每次你遇上的几乎都不相同，所以你拥有的必须是你面对新项目时的创造能力。

九、面对一个新项目时，多自己开动脑筋，不要急于找别人的程序

有不少同学面对一个新项目或任务时，第一步想到的就是找别人写过的代码，然后抄一段，自己再写几句，凑在一起就完成任务，这虽然可能省时间，但绝对不利于你的学习。当你接到一个新项目时，应该先自己构思一下整个程序的架构，想想如何来完成，有可能的话，画一个流程图，简单的可以画在脑子里，对程序中用到的数据、变量有一个初步的安排，然后自己动手去写，遇到实在没办法解决的地方，再去请教别人，或看别人是怎么处理的。这样首先起码你自己动过脑想过，自己有自己的思路，如果你一开始就看别人的程序，你的思维就会受限于别人的思维，自己再想创新就更难了，这样你自己永远也没办法提高，因为你是走在别人的影子里。

好！祝大家单片机学得快乐！

希望大家从单片机学习过程中，真正感悟人生！

编　者

第一篇　基础知识

第二篇　项目实训

第三篇　综合训练

第 一 篇

基础知识

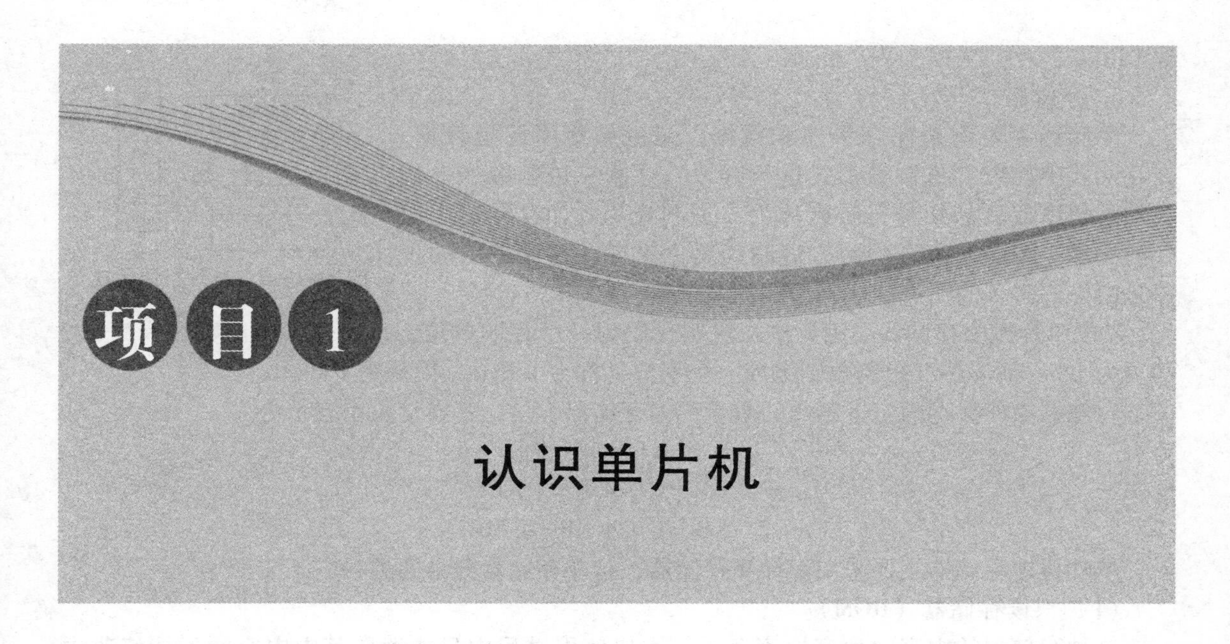

单片机作为最典型的嵌入式系统，已渗透到我们生活的各个领域，几乎每个领域都有单片机的足迹。导弹的导航装置、飞机上各种仪表的控制、计算机的网络通信与数据传输、工业自动化过程的实时控制和数据处理、广泛使用的各种智能 IC 卡、汽车电控系统、家用电器等，这些都离不开单片机。要想成为智能化控制的工程师，一开始就要对单片机做初步了解。

任务 1.1　单片机简介

单片机是微型计算机发展的一个分支，是一种专门面向控制的微处理器件，故又称为微控制器（Micro Controller Unit，MCU）。顾名思义，单片机就是做在一片（单片）集成芯片内的计算机。尽管只是一个小小的芯片，但是它几乎包含一台计算机的所有部分，与计算机相比，单片机只缺少了 I/O 设备。概括地讲，一块芯片就成了一台计算机。

1.1.1　单片机的硬件结构

单片机主要由运算器、控制器、存储器和输入/输出接口等四大部分组成，如图1－1－1所示。

1. 运算器

运算器是计算机的运算部件，用于实现算术和逻辑运算，计算机的数据运算和处理都在这里进行。

2. 控制器

控制器是计算机的指挥控制部件，使计算机各部分能自动协调地工作。运算器和控制器是计算机的核心部分，常把它们合在一起称为中央处理器（Central Processing Unit），简称 CPU。

3. 存储器

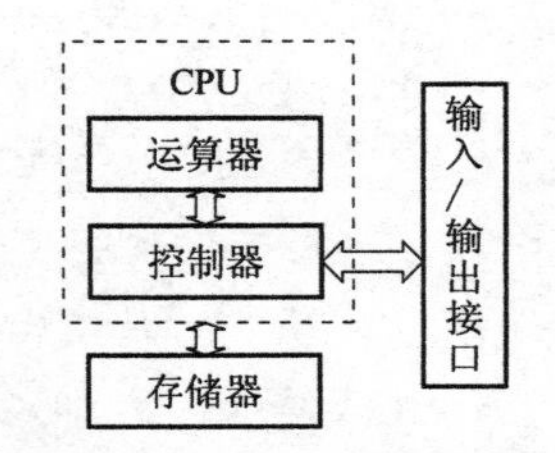

图 1-1-1 单片机的组成

存储器主要用来保存程序和数据。无论是程序还是数据，在存储器中均以二进制数形式进行存取。这些二进制数如果代表的是程序或者是某些符号则称为二进制代码。如存储器中保存的文字、图像、声音均为二进制代码。保存在存储器中的程序是由许许多多的二进制代码组成的。

8 位单片机中存储器采用 8 位二进制代码为一个存取单位，每一位二进制数称为 1 bit，简写为 1 b；而 8 位二进制数则组成一个字节，称为 1 Byte，简写为 1 B。

存储器中能保存的二进制数的数量称为存储器容量，其容量大小表示为

$$8\ \text{bit} = 1\ \text{Byte} = 1\ \text{B}$$

$$2^{10}\ \text{B} = 1\,024\ \text{B} = 1\ \text{KB}$$

$$2^{10}\ \text{KB} = 1\,024\ \text{KB} = 1\ \text{MB}$$

单片机中存储器主要采用半导体存储器，这些存储器分为两类：

（1）只读存储器（ROM）。

这种存储器的内容由生产厂家存入，用户使用过程中只能读取其中内容而不能修改内容。它们主要用来存储程序和某些固定不变的数据，因此也称为程序存储器。断电后存储器中的内容保持不变，这种存储器又称为非易失性存储器。

（2）随机存储器（RAM）。

这种存储器的内容由用户自己写入和读出，主要用来保存工作过程中的各种数据，因此它也称为数据存储器。但是存储器的内容会因为断电而丢失，这种存储器又称为易失性存储器。

4. 输入/输出接口

简单地说，单片机的输入/输出（I/O）接口是与外界沟通的桥梁。单片机在工作过程中需要从外部输入各种数据信息或向外部输出数据信息，都是通过输入输出设备从输入/输出（I/O）接口输入或输出二进制码信息。

1.1.2 单片机的软件

计算机的工作就像一场文艺演出，计算机硬件只为演出提供演出环境，如舞台、音响、灯光等。只有这些演出环境并不能完成一台文艺演出，文艺演出还需要演出节目，不同的策划和导演就有不同效果的演出，演出节目就是计算机的软件，节目策划和导演就是程序设计。所以，硬件系统作为实体为计算机工作提供了基础和条件，但要想使计算机有效地工作，还必须有软件的配合。

微型计算机软件通常可分为系统软件和应用软件两大类。

系统软件通常是指管理、监控和维护计算机资源的一种软件，由微型计算机设计者提供给用户使用的软件。但单片机由于硬件支持和需要所限，其软件系统比较简单。首先单片机的系统管理不需要像微型计算机那样复杂的操作系统，只需使用简单的操作系统程序，通常称之为监控程序。因此，监控程序就成为单片机中最重要的系统软件。

应用软件是指为解决各种实际问题而编制的、具有专门用途的软件。常用的应用软件包括各类生产过程的控制软件、为各类数据处理而编制的软件程序、仪器仪表中的监测控制程

序等。

计算机的程序就是使计算机完成某一种特定工作的指令集合，也就是说计算机程序是由许许多多的指令组成的，每一条指令完成一个简单的操作，按顺序执行这些指令就能完成我们所需要执行的工作。例如以下是让单片机工作的一个简单程序，程序中每一行都是一条指令，单片机工作时只要按顺序执行每一条指令，就能完成编程者安排的工作。

```
        ORG 0000H      ；程序从 0 地址开始
        AJMP AA0       ；无条件转移至标号地址 AA0 处执行
        ORG 0030H      ；程序从 30 地址开始
AA0：   CLR P1.0       ；让 P1.0 为 0
        END            ；程序结束
```

一般计算机的程序有数千条以上的指令，大型的程序甚至有几万甚至几十万条以上的指令。一个程序的指令虽然很多，但是指令的种类并不多。就像写英文文章，一篇动人的小说有几十万字符，但是所用的英文字母只有 26 个。学习单片机编程就是要学会单片机有哪些指令，它们分别具备哪些功能，然后学习用这些指令来实现某一个控制功能。51 系列单片机的汇编语言程序指令一共有 5 类共 111 条指令，学习汇编语言首先就要学习这些指令的格式和功能。

1.1.3　单片机的工作过程

单片机自动完成赋予它的任务的过程，也就是单片机工作过程，即一条条执行指令的过程。单片机所能执行的全部指令，就是该单片机的指令系统，不同种类的单片机，其指令系统亦不同。为使单片机能自动完成某一特定任务，必须把要解决的问题编成一系列指令（这些指令必须是选定单片机能识别和执行的指令），这一系列指令的集合称为程序，程序需要预先存放在具有存储功能的部件即存储器中。

存储器由许多存储单元（最小的存储单位）组成，就像大楼房由许多房间组成一样，指令就存放在这些单元里，单元里的指令被取出并执行就像大楼房的每个房间被分配到了唯一的房间号一样，每一个存储单元也必须被分配到唯一的地址号，该地址号称为存储单元的地址。这样只要知道了存储单元的地址，就可以找到这个存储单元，其中存储的指令就可以被取出，然后再被执行。

程序通常是顺序执行的，所以程序中的指令也是一条条顺序存放的，单片机在执行程序时要能把这些指令一条条取出并加以执行，必须有一个部件能追踪指令所在的地址，这一部件就是程序计数器 PC（包含在 CPU 中）。在开始执行程序时，给 PC 赋予程序中第一条指令所在的地址，然后取得每一条要执行的命令，PC 中的内容就会自动增加，增加量由本条指令长度决定，可能是 1、2 或 3，以指向下一条指令的起始地址，如此不断地重复，这就是单片机的工作过程，如图 1-1-2 所示。

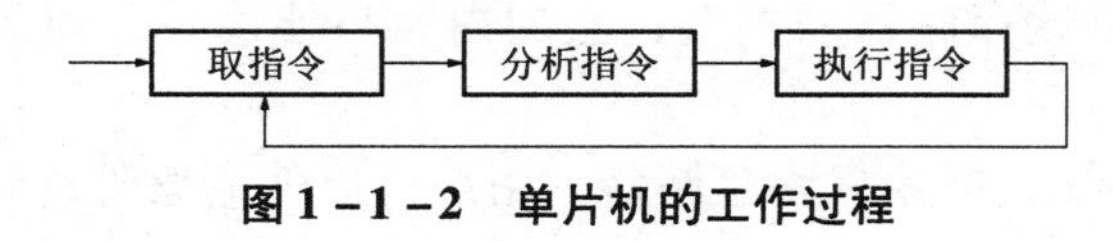

图 1-1-2　单片机的工作过程

任务 1.2　51 系列单片机

学习单片机首先要从某一种机型学起，初学单片机一般从 8 位单片机学起，常见的 8 位单片机主要有 51 系列、AVR 系列和 PIC 系列。其中 51 系列是一种比较典型的单片机，特别适合初学者学习。51 系列单片机是 Intel（英特尔）公司于 1980 年开始推出的单片机系列，30 多年来 51 系列单片机的功能也不断地发展，市场上出现了许多 51 系列的简化和扩充版本的器件，学习单片机应该以学习主流机型为主。

1.2.1　51 系列单片机的常见型号及区别

51 系列单片机的常见型号如表 1－1－1 所示。它们之间的主要区别在于制造工艺和片内存储器容量。除此之外，许多公司还有与 51 系列兼容的单片机系列，它们在功能上也有许多扩充，但基本结构相同，指令兼容。

表 1－1－1　51 系列单片机的常见型号

<table>
<tr><th rowspan="2">型号</th><th rowspan="2">工艺类型</th><th colspan="2">程序存储器</th><th rowspan="2">片内数据存储器/B</th><th rowspan="2">在线编程 ISP</th></tr>
<tr><th>类型</th><th>容量/KB</th></tr>
<tr><td>8031</td><td>HMOS</td><td></td><td>0</td><td>128</td><td rowspan="8">不支持</td></tr>
<tr><td>8051</td><td>HMOS</td><td>PROM</td><td>4</td><td>128</td></tr>
<tr><td>8751</td><td>HMOS</td><td>EPROM</td><td>4</td><td>256</td></tr>
<tr><td>80C31</td><td>CHMOS</td><td></td><td>0</td><td>128</td></tr>
<tr><td>80C51</td><td>CHMOS</td><td>EEPROM</td><td>4</td><td>128</td></tr>
<tr><td>80C52</td><td>CHMOS</td><td>EEPROM</td><td>8</td><td>256</td></tr>
<tr><td>89C51</td><td>CHMOS</td><td>Flash</td><td>4</td><td>128</td></tr>
<tr><td>89C52</td><td>CHMOS</td><td>Flash</td><td>8</td><td>256</td></tr>
<tr><td>89S51</td><td>CHMOS</td><td>Flash</td><td>4</td><td>128</td><td rowspan="2">支持</td></tr>
<tr><td>89S52</td><td>CHMOS</td><td>Flash</td><td>8</td><td>256</td></tr>
<tr><td>STC89C51</td><td>CHMOS</td><td>Flash</td><td>4</td><td>128</td><td rowspan="2">支持</td></tr>
<tr><td>STC89C52</td><td>CHMOS</td><td>Flash</td><td>8</td><td>256</td></tr>
</table>

1. 表中几个术语的说明

（1）PROM：一种只读存储器的类型，它的内容只能由单片机芯片厂写入，用户只能读出。

（2）EPROM：紫外线可擦除只读存储器，用户可以使用紫外线擦除其中的内容，使用专用的编程器写入内容。

（3）EEPROM：电可擦除只读存储器，用户可以写入内容并可以使用电信号擦除内容，如我们常见的硬盘、U 盘、存储卡都属于电可擦除存储器。

（4）Flash：闪速存储器（Flash Memory），简称闪存，用户可写也可擦除的只读存储器，就像我们现在用得最多的闪存 U 盘一样。

（5）ISP：在线可编程，将程序写入单片机的一种方法，在 ISP 技术出现以前，必须将单片机放在专用的编程器上才能将程序写入单片机。ISP 技术出现后，可以在单片机安装到用户板上使用专用的电缆将程序写入单片机中。

2. 表中几种型号单片机的说明

1）8031/8051/8751

8031/8051/8751 是 Intel 公司早期的产品。

8031 片内不带程序存储器 ROM，使用时用户需外接程序存储器和一片逻辑电路 373，外接的程序存储器多为 EPROM 的 2764 系列。用户若想对写入到 EPROM 中的程序进行修改，必须先用一种特殊的紫外线灯将其照射擦除，之后才可写入。

8051 片内有 4KB ROM，无须外接外存储器和 373，更能体现“单片”的简练。但是用户编的程序你无法烧写到其 ROM 中，只有将程序交芯片厂代为烧写，并且是一次性的，今后用户和芯片厂都不能改写其内容。

8751 与 8051 基本一样，但 8751 片内有 4KB 的 EPROM，用户可以将自己编写的程序写入单片机的 EPROM 中进行现场实验与应用，EPROM 的改写同样需要用紫外线灯照射一定时间擦除后再烧写。

2）CHMOS 和 HMOS

CHMOS（互补金属氧化物 HMOS）是 CMOS 和 HMOS（高密度沟道 MOS 工艺）的结合，除了保持 HMOS 高速度和高密度之外，还有 CMOS 低功耗的特点。两类器件的功能是完全兼容的，区别是 CHMOS 器件具有低功耗的特点。它所消耗的电流比 HMOS 器件少很多，主要因为其采用了两种降低功耗的方式：空闲方式和掉电方式。CHMOS 器件在掉电方式（CPU 停止工作，片内 RAM 的数据继续保持）下时，消耗的电流可低于 10 μA。所以，型号带有字母“C”的，表示该单片机在制造工艺上采用的是 CHMOS 工艺，具有低功耗的特点，在便携式、手提式或野外作业仪器设备产品中得到广泛应用。型号不含字母“C”的，是采用 HMOS 工艺，如 8051、8031 等即为 HMOS 芯片。

由于上述类型的单片机应用得早，影响很大，已成为事实上的工业标准。后来很多芯片厂商以各种方式与 Intel 公司合作，也推出了同类型的单片机，如同一种单片机的多个版本一样，虽都在不断地改变制造工艺，但内核却一样，也就是说这类单片机指令系统完全兼容，绝大多数管脚也兼容；在使用上基本可以直接互换。人们统称这些与 8051 内核相同的单片机为“51 系列单片机”，学会了其中一种，便学会了所有的 51 系列。

3）MCS－51/8051/80C51

MCS 是 Intel 公司单片机的系列符号。Intel 推出 MCS－48、MCS－51、MCS－96 系列单片机。MCS－51 系列单片机包括三个基本型：8031、8051 和 8751 以及对应的低功耗型号 80C31、80C51、87C51，因而 MCS－51 特指 Intel 的这几种型号。在计算机领域，系列机是指同一厂家生产的具有相同系统结构的机器。20 世纪 80 年代中期以后，Intel 以专利转让或互让的形式把 8051 内核给了许多半导体厂家，如 ATMEL、PHILIPS、ANALOG DEVICES、DALLAS 等。这些厂家生产的芯片是 MCS－51 系列的兼容产品，准确地说是与 MCS－51 指令系统兼容的单片机。这些单片机与 8051 的系统结构（主要是指令系统）相同，采用 CHMOS 工艺，因而常用 80C51 系列来称呼所有具有 8051 指令系统的单片机。他们对 8051

一般都做了一些扩充，更有特点、功能更强、市场竞争力更强，不应该再称为MCS-51 系列单片机。MCS 只是 Intel 公司专用的。

4）AT89C51/AT89S51

在众多的 51 系列单片机中，要算 ATMEL（爱特梅尔）公司的 AT89C51、AT89S51 更实用，因为它们不但和 8051 指令、管脚完全兼容，而且其片内的 4 KB 程序存储器是 FLASH 工艺的，这种工艺的存储器用户可以用电的方式瞬间擦除、改写，一般专为 ATMEL AT89xx 做的编程器均带有这些功能。显而易见，这种单片机对开发设备的要求很低，开发时间也大大缩短。写入单片机内的程序还可以进行加密，这样很好地保护了程序。再者，AT89C51、AT89S51 目前的售价比 8031 还低，市场供应也很充足。

AT89S51、52 是 2003 年 ATMEL 推出的新型品种，除了完全兼容 8051 外，还多了 ISP 在线编程功能和看门狗等功能。AT89C51 目前已停止生产，由于仿真软件无 AT89S51 模型，所以本教材以 AT89C51 为典型机型学习，在实验箱上仍以 AT89S52 进行单片机实验。

5）STC89 系列单片机

STC89 系列单片机是宏晶科技公司生产，其完全兼容 51 单片机，并有其独到之处，其抗干扰性强，加密性强，超低功耗，可以远程升级，内容有 MAX810 专用复位电路，在系统/在应用可编程（ISP，IAP）。STC89 系列单片机价格便宜，性价比高，ISP 编程器即可为单片机提供电源，也可以对单片机录入程序，其连接的是电脑的 USB 接口，这样大大方便了初学者的使用，特别适合产品开发的现场调试。

1.2.2 51 系列单片机内部结构

单片机是在单一芯片上构成的微型计算机，51 系列单片机的内容结构如图 1-1-3 所示。

1. 振荡器

振荡器是外接晶振和微调电容构成单片机的时钟电路，用来产生单片机内部各部件同步工作的时钟信号。

2. 中央处理器（CPU）

CPU 是单片机的核心，由运算器和控制器组成。控制器主要完成指令的读取、指令的译码和指令的执行等工作，并协调单片机各部分工作。运算器主要完成算术运算和逻辑运算。

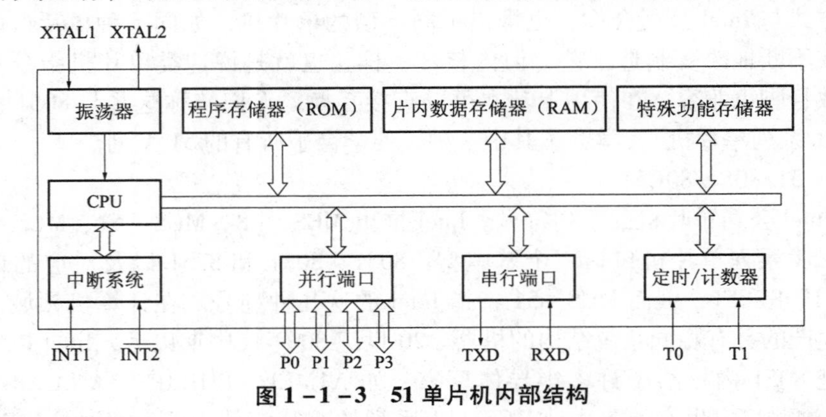

图 1-1-3 51 单片机内部结构

3. 中断系统

AT89C51 单片机有 5 个中断源，2 个来自外部，3 个来自内部。

4. 并行端口

AT89C51 单片机有 4 个 8 位并行输入/输出端口（P0、P1、P2、P3），可以实现数据的并行输入/输出。

5. 串行端口

AT89C51 单片机有一个全双工的串行口，可以实现单片机与其他单片机之间进行串行数据通信，也可作为同步移位寄存器使用，用于扩展外部输入/输出端口。

6. 定时/计数器

AT89C51 单片机有 2 个 16 位的定时/计数器，用于产生各种时间间隔或者记录外部事件的数量。

7. 程序存储器

程序存储器用于保存用户程序和用户表格数据。

8. 片内数据存储器

片内数据存储器用于存放运算的中间结果。

9. 特殊功能寄存器

特殊功能寄存器用于设置单片机的运行方式和记录单片机的运行状态。

1.2.3　51 系列单片机的引脚功能

1. AT89C51 引脚图

AT89C51 是 51 单片机的一个典型型号，本教材的仿真实验脚就以此芯片为模型，AT89C51 有 PDIP、PLCC、PQFP/TQPF 等几种封装形式。其中 PDIP（双列直插式封装，40 引脚）外形及引脚如图 1-1-4，按照国际标准，双列直插封装（PDIP）方式的集成电路，都要制造出引脚识别标志。

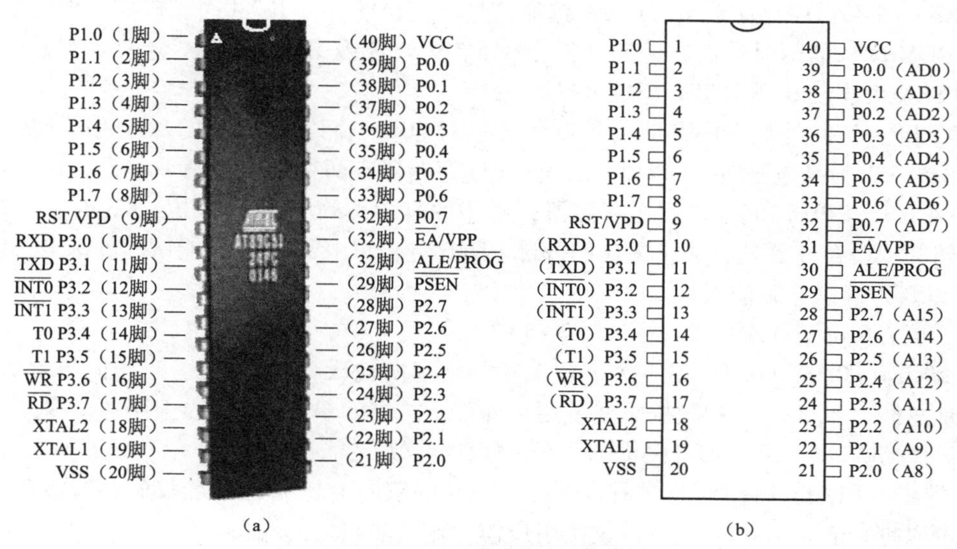

图 1-1-4　AT89C51 PDIP 外形及引脚

（a）外形；（b）引脚

（1）缺口标志——在集成电路的封装壳（无引边）制造一个缺口，缺口的左边第一引脚为集成电路的 1 脚，按逆时针方向排列顺序为：1，2，3，4，5，…，N。

（2）打点标志——在集成电路的封装壳上，用打点来标志第一引脚，并按逆时针方向排列顺序为：1，2，3，4，5，…，N。

2. AT89C51 的引脚定义及功能

（1）主电源引脚 VCC 和 VSS。

VCC：电源端，工作电源和编程校验（+5 V）。

VSS：接地端。

（2）时钟振荡电路引脚 XTAL1 和 XTAL2。

XTAL1 和 XTAL2 分别用作晶体振荡器电路的反相器输入端和输出端。在使用内部振荡电路时，这两个端子用来外接石英晶体，振荡频率为晶振频率，振荡信号送至内部时钟电路产生时钟脉冲信号。若采用外部振荡电路，则 XTAL2 用于输入外部振荡脉冲，该信号直接送至内部时钟电路，而 XTAL1 必须接地。

（3）控制信号引脚 RST/VPD、ALE/PROG、PSEN 和 EA/VPP。

RST/VPD：为复位信号输入端。当 RST 端保持 2 个机器周期（24 个时钟周期）以上的高电平时，使单片机完成了复位操作。第二功能 VPD 为内部 RAM 的备用电源输入端。主电源一旦发生断电，降到一定低电压值时，可通过 VPD 为单片机内部 RAM 提供电源，以保护片内 RAM 中的信息不丢失，使上电后能继续正常运行。

ALE/PROG：ALE 为地址锁存允许信号。在访问外部存储器时，ALE 用来锁存 P0 扩展地址低 8 位的地址信号；在不访问外部存储器时，ALE 也以时钟振荡频率的$\frac{1}{6}$的固定速率输出，因而它又可用作外部定时或其他需要。但是，在遇到访问外部数据存储器时，会丢失一个 ALE 脉冲。ALE 能驱动 8 个 LSTTL 门输入。第二功能 PROG 是内部 ROM 编程时的编程脉冲输入端。

PSEN：外部程序存储器 ROM 的读选通信号。当访问外部 ROM 时，PSEN 产生负脉冲作为外部 ROM 的选通信号；而在访问外部数据 RAM 或片内 ROM 时，不会产生有效的 PSEN 信号。PSEN 可驱动 8 个 LSTTL 门输入端。

EA/VPP：访问外部程序存储器控制信号。对 80C51 而言，它们的片内有 4 KB 的程序存储器，当 EA 为高电平时，CPU 访问片内程序存储器有两种情况：第 1 种是，访问地址空间在 0～4 KB，CPU 访问片内程序存储器；第 2 种是，访问的地址超出 4 KB 时，CPU 将自动执行外部程序存储器的程序，即访问外部 ROM。当 EA 接地时，只能访问外部 ROM。第 2 种功能 VPP 为编程电源输入。

（4）4 个 8 位 I/O 端口 P0、P1、P2 和 P3。

P0 端口（P0.0～P0.7）是一个 8 位漏极开路双向输入/输出端口，当访问外部数据时，它是地址总线（低 8 位）和数据总线复用。外部不扩展而单片应用时，则作为一般双向 I/O 端口用。P0 端口每一个引脚可以推动 8 个 LSTTL 负载。

P1 端口（P1.0～P1.7）是具有内部提升电路的双向 I/O 端口（准双向并行 I/O 端口），其输出可以推动 4 个 LSTTL 负载，仅供用户作为输入输出用的端口。

P2 端口（P2.0～P2.7）是具有内部提升电路的双向 I/O 端口（准双向并行 I/O 端口），当访问外部程序存储器时，它是高 8 位地址。外部不扩展而单片应用时，则作为一般双向 I/O 端口用。每一个引脚可以推动 4 个 LSTL 负载。

P3 端口（P3.0～P3.7）是具有内部提升电路的双向 I/O 端口（准双向并行 I/O 端口），

它还提供特殊功能，包括串行通信、外部中断控制、计时计数控制及外部随机存储器内容的读取或写入控制等功能。其特殊功能引脚分配见表 1－1－2。

表 1－1－2　P3 端口的特殊功能引脚分配

P3 端口的各引脚	第 2 功能
P3.0	RXD（串行口输入）
P3.1	TXD（串行口输出）
P3.2	INT0（外部中断 0 输入）
P3.3	INT1（外部中断 1 输入）
P3.4	T0（定时/计数器的外部输入）
P3.5	T1（定时/计数器的外部输入）
P3.6	WR（片外数据存储器写选通控制输出）
P3.7	RD（片外数据存储器读选通控制输出）

1.2.4　51 系列单片机存储器配置

存储器是储存二进制信息的数字电路器件。微型计算机的存储器包括主存储器和外存储器。外存储器（外存）主要指各种大容量的磁盘存储器、光盘存储器等。主存储器（内存）是指能与 CPU 直接进行数据交换的半导体存储器。半导体存储器具有存取速度快、集成度高、体积小、可靠性高、成本低等优点。单片机是微型计算机的一种，它的主存储器也采用半导体存储器。

半导体存储器的一些基本概念：

（1）位。信息的基本单位是位（bit 或 b），表示一个二进制信息“1”或“0”。在存储器中，位信息是由具有记忆功能的半导体电路实现的。

（2）字节。在微型计算机中信息大多是以字节（Byte 或 B）形式存放的，一个字节由 8 个位信息组成（1 Byte＝8 bit），通常称作一个存储单元。

（3）存储容量。存储器芯片的存储容量是指一块芯片中所能存储的信息位数，例如 4 K×8 位芯片，其存储容量为 4×1 024×8＝32 768 位信息。存储体的容量则指由多块存储器芯片组成的存储体所能存储的信息量，一般以字节的数量表示。

（4）地址。地址表示存储单元所处的物理空间的位置，用一组二进制代码表示。地址相当于存储单元的“单元编号”，CPU 可能通过地址码访问某一存储单元，一个存储单元对应一个地址码。例如 AT89C51 单片机有 16 位地址线，能访问的内部程序存储器（ROM）最大地址空间为 4K（4 096）字节，对应的 16 位地址码为 0000H～0FFFH，第 0 个字节的地址为 0000H，第 1 个字节的地址为 0001H……，第 4095 字节的地址为 0FFFH。

（5）存取周期。存取周期是指存储一次数据所需的时间。存储容量和存取周期是存储器的两项重要性能指标。

1. 程序存储器（ROM）的地址空间

程序存储器（ROM）用来存放程序和表格常数。程序存储器以程序计数器 PC 做地址指针，通过 16 位地址总线，可寻址的地址空间为 64 KB，片内、片外统一编址，如图 1－1－5 所示。

AT89C51、AT89S51 单片机片内带有 4 KB Flash 存储器，4 KB 可存储约两千多条指令，对于一个小型的单片机控制系统来说完全足够了，不必另加外部扩展，若程序较大，存储容量不够，还可选 8KB、12KB、32KB 内存的单片机，价格贵不了多少，如 AT89C52、AT89S53、STC89C58 等。总之，尽量不要扩展外部程序存储器，这会增加成本，增大产品体积，元器件和连接线增加会降低产品的可靠性。

FFFFH
外部扩展
60 KB
1000H
0FFFH
内部4 KB
0000H

图 1－1－5　程序存储器

2. 内部数据存储器（RAM）地址空间

数据存储器主要用来存放中间结果、数据等，51 系列单片机的数据存储器分为两个地址空间，一个为内部数据存储器，访问内部数据存储器用 MOV 指令，另一个为外部数据存储器，访问外部数据存储器用 MOVX 指令。

内部数据存储器是程序中使用最为频繁、最为灵活的存储器，学会内部数据存储器的使用，单片机的编程就轻而易举了。

内部数据存储器的地址范围为 00H～FFH，共 256 个字节（256 B），它们又分为两个部分，低 128 B（00H～7FH）是真正的片内 RAM，高 128 B（80H～FFH）为特殊功能寄存器（SFR）区。对于片内有 256 B RAM 的单片机，如 AT89C52、AT89S52 等，高 128 B（80H～FFH）空间特殊功能寄存器和高位 RAM 地址是重叠的，可以通过不同的寻址方式访问。特殊功能寄存器采用直接寻址访问，高位 RAM 采用寄存器间址寻址访问，具体内容见寻址方式。

内部数据存储器分为 4 个区域，从低地址开始依次为“工作寄存器区”“可位寻址区”“字节寻址区”和“特殊功能寄存器区”，如图 1－1－6 所示。

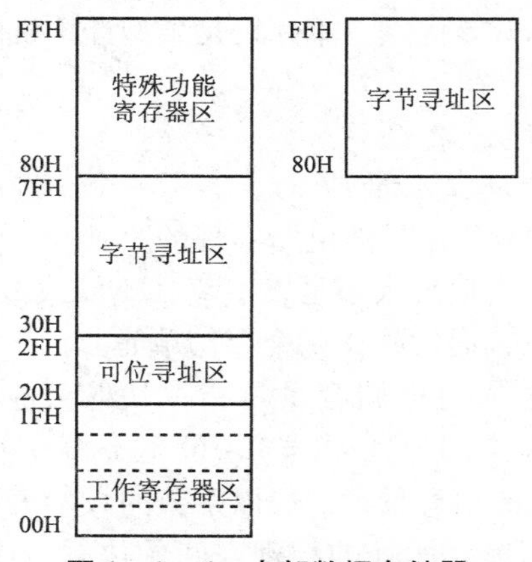

图 1－1－6　内部数据存储器

1）工作寄存器区

本区共有 32 个字节，地址为 00H～1FH，共分为 4 组，每组 8 个存储单元。本区可按字节寻址区使用，也可按工作寄存器区使用，按工作寄存器区使用时，每次只能用其中一组，其名称都是 R0～R7。具体用法见程序状态字（PSW）中内容。

2）可位寻址区

51 系列单片机具有位逻辑运算功能，内部数据存储器地址 20H～2FH 共 16 字节。存储器既可按字节寻址，也可按位寻址，每一字节有 8 位，共有 16×8＝128 个位地址（00H～7FH）。其字节地址与位地址的对应关系如表 1－1－3 所示。

表1-1-3 字节地址与位地址的对应关系

字节地址 20H~2FH	位地址号							
	第7位	第6位	第5位	第4位	第3位	第2位	第1位	第0位
2FH	7FH	7EH	7DH	7CH	7BH	7AH	79H	78H
2EH	77H	76H	75H	74H	73H	72H	71H	70H
2DH	6FH	6EH	6DH	6CH	6BH	6AH	69H	68H
2CH	67H	66H	65H	64H	63H	62H	61H	60H
2BH	5FH	5EH	5DH	5CH	5BH	5AH	59H	58H
2AH	57H	56H	55H	54H	53H	52H	51H	50H
29H	4FH	4EH	4DH	4CH	4BH	4AH	49H	48H
28H	47H	46H	45H	44H	43H	42H	41H	40H
27H	3FH	3EH	3DH	3CH	3BH	3AH	39H	38H
26H	37H	36H	35H	34H	33H	32H	31H	30H
25H	2FH	2EH	2DH	2CH	2BH	2AH	29H	28H
24H	27H	26H	25H	24H	23H	22H	21H	20H
23H	1FH	1EH	1DH	1CH	1BH	1AH	19H	18H
22H	17H	16H	15H	14H	13H	12H	11H	10H
21H	0FH	0EH	0DH	0CH	0BH	0AH	09H	08H
20H	07H	06H	05H	04H	03H	02H	01H	00H

可位寻址区既可按字节寻址，也可按位寻址，使用时应当注意不要发生冲突。例如：地址20H，如果是字节寻址，指的是20H存储单元，寻址数据为8位二进制数；如果是位寻址，指的是20H位，寻址数据为1位二进制数“1”或“0”。

3）字节寻址区

内部数据存储器30H~7FH为字节寻址区，供程序中保存数据使用。这一部分存储器只能使用字节寻址，即一次只能读出或写入一个字节。

为了给用户提供更多的空间，型号为52系列的器件其内部数据存储器中多一区域，其地址为80H~FFH，如图1-1-5所示。这样选用52系列芯片用户可以使用的内部数据存储器就达256字节。而在80H~FFH区间就出现一个与下面介绍的特殊功能寄存器区间重叠，寻址时需要使用不同的指令，具体方法见寻址方式。

4）特殊功能寄存器区

内部存储器80H~FFH为系统中特殊用途的寄存器，称为特殊功能寄存器（SFR）。特殊功能寄存器的每一个字节一般都有一个固定的名称（符号），其内容和地址如表1-1-4所示。

表 1-1-4 特殊功能寄存器地址表

名称	符号	字节地址	位地址							
			D0	D1	D2	D3	D4	D5	D6	D7
P0 端口锁存器	P0	80H	P0.0	P0.1	P0.2	P0.3	P0.4	P0.5	P0.6	P0.7
			80H	81H	82H	83H	84H	85H	86H	87H
堆栈指针	SP	81H								
数据指针低 8 位	DPL	82H								
数据指针高 8 位	DPH	83H								
电源控制寄存器	PCON	87H								
定时/计数器控制寄存器	TCON	88H	IT0	IE0	IT1	IE1	TR0	TF0	TR1	TF1
			88H	89H	8AH	8BH	8CH	8DH	8EH	8FH
定时/计数器工作方式控制寄存器	TMOD	89H	M0	M1	C/T	GATE	M0	M1	C/T	GATE
定时/计数器 T0 计数器低 8 位	TL0	8AH								
定时/计数器 T1 计数器低 8 位	TL1	8BH								
定时/计数器 T0 计数器高 8 位	TH0	8CH								
定时/计数器 T1 计数器高 8 位	TH1	8DH								
P1 端口锁存器	P1	90H	P1.0	P1.1	P1.2	P1.3	P1.4	P1.5	P1.6	P1.7
			90H	91H	92H	93H	94H	95H	96H	97H
串行口控制寄存器	SCON	98H	RI	TI	RB8	TB8	REN	SM2	SM1	SM0
			98H	99H	9AH	9BH	9CH	9DH	9EH	9FH
串行口数据缓冲器	SBUF	99H								

续表

名称	符号	字节地址	位地址							
			D0	D1	D2	D3	D4	D5	D6	D7
P2 端口锁存器	P2	A0H	P2.0	P2.1	P2.2	P2.3	P2.4	P2.5	P2.6	P2.7
			A0H	A1H	A2H	A3H	A4H	A5H	A6H	A7H
中断允许寄存器	IE	A8H	EX0	ET0	EX1	ET1	ES			EA
			A8H	A9H	AAH	ABH	ACH			AFH
P3 端口锁存器	P3	B0H	P3.0	P3.1	P3.2	P3.3	P3.4	P3.5	P3.6	P3.7
			B0H	B1H	B2H	B3H	B4H	B5H	B6H	B7H
中断优先级控制寄存器	IP	B8H	PX0	PT0	PX1	PT1	PS			
			B8H	B9H	BAH	BBH	BCH			
程序状态字寄存器	PSW	D0H	P		OV	RS0	RS1	F0	AC	CY
			D0H	D1H	D2H	D3H	D4H	D5H	D6H	D7H
累加器 A	ACC	E0H								
			E0	E1	E2	E3	E4	E5	E6	E7
B 寄存器	B	F0H								
			F0	F1	F2	F3	F4	F5	F6	F7

注：上表中，凡有位地址的寄存器既可字节寻址，也可位寻址，没有位地址的寄存器只能字节寻址。

5）几种特殊的存储器

（1）程序计数器 PC。

PC 是一个 16 位计数器，其内容为单片机将要执行的指令机器码所在存储单元的地址。PC 具有自动加 1 的功能，从而实现程序的顺序执行。由于 PC 不可寻址，因此用户无法对它直接进行读写操作，但可以通过转移、调用、返回等指令改变其内容，以实现程序的转移。PC 的寻址范围为 64 KB，即地址空间为 0000H ~ FFFFH。

（2）累加器 ACC 或 A。

累加器 ACC 是 8 位寄存器，是最常用的专用寄存器，功能强，地位重要。它既可存放操作数，又可存放运算的中间结果。51 系列单片机中许多指令的操作数来自累加器 A。

（3）寄存器 B。

寄存器 B 是 8 位寄存器，主要用于乘除运算。乘法运算时，B 中存放乘数，乘法操作后，高 8 位结果存于 B 寄存器中。除法运算时，B 中存放除数，除法操作后，余数存于寄存器 B 中。寄存器 B 也可作为一般的寄存器用。

（4）程序状态字 PSW。

程序状态字 PSW 是 8 位寄存器，用于指示程序运行状态信息。其中有些位是根据程序执行结果由硬件自动设置的，而有些位可由用户通过指令设定。PSW 中各标志位名称及地址如表 1－1－5 所示，各标志位含义如表 1－1－6 所示。

表 1-1-5　PSW 中各标志位名称及地址

PSW	D0H	CY	AC	F0	RS1	RS0	OV		P
		D7H	D6H	D5H	D4H	D3H	D2H	D1H	D0H

表 1-1-6　各标志位含义

<table>
<tr><th>符号</th><th>名称</th><th>功能</th></tr>
<tr><td>CY</td><td>进（借）位标志位</td><td>在加减运算中，若操作结果的最高位有进位或有借位时，CY 由硬件自动置“1”，否则清“0”。在位操作中，CY 作为位累加器 C 使用，参与进行位传送、位与、位或等位操作。另外，某些控制转移类指令也会影响 CY 位状态，具体详见指令系统</td></tr>
<tr><td>AC</td><td>辅助进（借）位标志位</td><td>在加减运算中，当操作结果的低四位向高四位进位或借位时此标志位由硬件自动置“1”，否则清“0”</td></tr>
<tr><td>OV</td><td>溢出标志位</td><td>在带符号数（补码数）的加减运算中，OV=1 表示加减运算的结果超出了累加器 A 的 8 位符号表示范围（-128 ~ +127），产生溢出，因此运算结果是错误的；OV=0 表示加减运算的结果未超出了累加器 A 的 8 位符号，运算结果是正确的</td></tr>
<tr><td>P</td><td>奇偶标志位</td><td>表示累加器 A 中数的奇偶性，在每个指令周期由硬件根据 A 的内容的奇偶性对 P 自动置位或复位。P=1，表示 A 中内容有奇数个 1</td></tr>
<tr><td>F0</td><td>用户标志位</td><td>由用户通过软件设定，用以控制程序转向</td></tr>
<tr><td>RS1、RS0</td><td>工作寄存器组选择位</td><td>用于设定当前工作寄存器组的组号。工作寄存器组共有 4 组，其对关系如下：
<table>
<tr><th>RS1</th><th>RS0</th><th>工作寄存器组</th><th>R0 ~ R7 地址</th></tr>
<tr><td>0</td><td>0</td><td>0</td><td>00 ~ 07H</td></tr>
<tr><td>0</td><td>1</td><td>1</td><td>08 ~ 0FH</td></tr>
<tr><td>1</td><td>0</td><td>2</td><td>10 ~ 17H</td></tr>
<tr><td>1</td><td>1</td><td>3</td><td>18 ~ 1FH</td></tr>
</table>
RS1、RS0 的状态由软件设置，设置后选中的工作寄存器组即为当前工作寄存器组。单片机开机或复位后，RS1、RS0 为 0、0 状态，即如果 RS1、RS0 在软件中不做任何设置，就默认程序中使用 0 组工作寄存器组</td></tr>
</table>

（5）数据指针 DPTR。

数据指针 DPTR 是 16 位寄存器，它是 51 系列单片机中唯一的一个 16 位寄存器。编程时，既可按 16 位寄存器使用，也可作为两个 8 位寄存器分开使用。DPH 为 DPTR 的高 8 位寄存器，DPL 为 DPTR 的低 8 位寄存器。DPTR 通常在访问外部数据存储器时作为地址指针使用，寻址范围为 64 KB。

（6）堆栈指针 SP。

SP 是 8 位寄存器，用于指示栈顶单元地址。

所谓堆栈是一种数据项按序排列的数据结构，只能在一端［称为栈顶（top）］对数据项进行插入和删除。堆，顺序随意；栈，后进先出（Last－In/First－Out）。数据写入堆栈叫入栈（PUSH），数据读出堆栈叫出栈（POP）。堆栈最大的特点是“先进后出、后进先出”的数据操作原则。

①堆栈的主要功用是保护断点和保护现场。

保护断点指单片机在程序中执行中断程序或调用子程序前，把当前主程序地址的断点保护起来，执行完中断程序或调用子程序后，能从断点处返回主程序。

保护现场指单片机在程序中执行中断程序时，可能要用到一些主程序正在使用的寄存器，所以，执行中断程序之前，需要把这些寄存器的当前内容保护起来。

②由于 SP 的内容就是堆栈“栈顶”的存储单元地址，因此可以用改变 SP 内容的方法来设置堆栈的初始位置。当系统复位后，SP 的内容为 07H，但为防止数据冲突现象发生，堆栈最好设置在内部 RAM 的 30H～7FH。

③51 系列单片机堆栈是向上生长型，操作规则是：进栈操作，先 SP 加 1，后写入数据；出栈操作，先读出数据，后 SP 减 1。

④堆栈使用方式有两种：一种是自动方式，在调用子程序或中断时，返回地址自动进栈，程序返回时，断点再自动弹回 PC，这种方式无须用户操作；另一种是用户通过指令方式实现，进栈指令是 PUSH，出栈指令是 POP，保护现场就是进栈操作，恢复现场就是出栈操作。

（7）电源控制寄存器 PCON。

PCON 是 8 位寄存器，主要用于控制单片机工作于低功耗方式。51 系列单片机的低功耗方式有空闲方式和掉电保护方式两种。可以设置 PCON 的有关位对单片机的空闲方式和掉电保护方式两种进行控制。PCON 寄存器不可位寻址，只能字节寻址，其各位名称及功能如表 1－1－7 所示。

表 1－1－7　PCON 寄存器各位名称及功能

位序	D7	D6	D5	D4	D3	D2	D1	D0
位符号	SMOD				GF1	GF0	PD	IDL

SMOD——波特率倍增位，在串行通信中使用。

GF1、GF0——通用标志位，供用户使用。

PD——掉电保护位，PD＝1，进入掉电保护方式，单片机一切工作停止，只有内部 RAM 的内容被保存。

IDL——空闲（CPU 睡眠）方式位，IDL＝1，CPU 停止工作（CPU 睡眠），外部中断、定时/计数器、串行口仍正常工作，特殊功能寄存器的值不变，程序中各变量的值保持不变，P0～P3 口的输出状态不变。任意一中断都可以将 CPU 唤醒。

AT89C51 复位后内部各寄存器的数据值如表 1－1－8 所示。

表 1－1－8　AT89C51 复位后内部各寄存器的数据值

寄存器	数据值	寄存器	数据值
PC	0000H	TMOD	00H

续表

寄存器	数据值	寄存器	数据值
A	00H	TCON	00H
B	00H	TH0	00H
PSW	00H	TL0	00H
SP	07H	TH1	00H
DPTR	0000H	TL1	00H
P0 - P3	0FFH	SCON	00H
IP	***00000	SBUF	不变
IE	0**00000	PCON	0

其余特殊功能寄存器在用到时会相应介绍。

任务1.3 51系列单片机指令

要使用单片机，就要学会编写程序。一台计算机，无论是大型机还是微型机，如果只有硬件，没有软件（程序），是不能工作的。单片机也不例外，它必须配合各种各样的软件才能发挥其运算和控制功能。单片机的程序一般用汇编语言指令或C语言指令来表示。

所谓指令是规定计算机进行某种操作的命令。一条指令只能完成有限的功能，为使计算机完成一定的或复杂的功能就需要一系列指令。计算机能够执行的各种指令的集合称为指令系统。计算机的主要功能也是由指令系统来体现的。一般来说，一台计算机的指令越丰富，寻址方式越多，每条指令的执行速度越快，它的总体功能越强。

不同的程序设计语言有不同的指令，本教材同时使用汇编语言和C语言编程。汇编语言编程时，必须严格遵守汇编语言的语法规定，掌握汇编语言指令，用汇编语言编程对单片机的结构原理能产生更深刻的理解；用C语言编程效率高，初学者更容易掌握。

1.3.1 概述

1. 程序

就是把能够完成各项任务的指令（命令），按照完成任务的前后顺序排列起来称为程序。

2. 指令

编程人员给单片机发出的执行命令，由CPU接收后统一指挥单片机各功能部件的行动。那么，编程人员又如何编写这些“命令”，而CPU又是如何认识这些“命令”的呢？这就涉及语言问题。要求编程人员和单片机的CPU都懂得同一种语言，才能进行“人机”交流。编写单片机程序人们常用机器语言、汇编语言和C语言。

3. 机器语言

计算机中的指令都是存放在存储器中的二进制代码，单片机的每一条指令都对应有相应的二进制代码，这种用二进制代码表示的程序称为机器语言程序。某程序机器语言代码如下：

01110101

10010000

00000000

这种二进制代码很难看懂，特别容易出错。

4. 汇编语言

为了方便使用，人们将每一种机器语言指令用英文符号来代替，这个英文符号称为助记符，这样就克服了机器语言编写程序的缺点，利用助记符人们就能够比较方便地使用指令，这种指令编写的程序称为汇编语言程序。但是，单片机对用汇编语言书写的指令是不认识的，必须把它翻译成机器语言，这个翻译过程称为：汇编或产生代码。程序的编写和翻译过程，可以使用 Keil 编译软件在微型计算机上完成。

5. C 语言

使用汇编语言编写的程序尽管比使用机器语言好读好懂些，但汇编语言与人们语言习惯有很大的差距，用汇编语言编程必须对单片机的汇编语言指令有深刻的理解，才能编好程序，单片机汇编语言指令有 111 条，掌握它需要一个过程，这也是初学者使用汇编语言编程比较困难的原因。为了克服这个困难，单片机编译译件如 Keil C51 把人们习惯、易懂的 C 语言应用于单片机编程。这样，只要有一点 C 语言程序设计基础，再了解单片机的内部资源和 C 语言在单片机的编程规则，就可以将 C 语言直接应用于单片机编程，称为 51 系列单片机的 C 语言，简称 C51。

6. 汇编

在程序的汇编翻译过程中，必须指示汇编软件完成编程人员编写的汇编语言程序（源程序）的翻译工作，这些指令称为伪指令。

7. 汇编语言指令

MCS－51 单片机的指令系统使用了 7 种寻址方式，共有 111 条指令。如按字节数分类，其中单字节指令 49 条，双字节指令 45 条，三字节指令 17 条；如按运算速度分类，单周期指令占 64 条，双周期指令占 45 条，四周期指令占 2 条。可见，MCS－51 指令系统在占用存储空间方面和运行时间方面效率都比较高。另外，MCS－51 有丰富的位操作指令，这些指令与位操作部件组合在一起，可以把大量的硬件组合逻辑用软件来代替，这样可方便地用于各种逻辑控制。

指令一般由两部分组成，即操作码和操作数。对于单字节指令有两种情况：一种是操作码、操作数均包含在这一个字节之内；另一种情况是只有操作码无操作数。对于双字节指令，均为一个字节是操作码，一个字节是操作数；对于三字节指令，一般是一个字节为操作码，二个字节为操作数。

由于计算机只能识别二进制数，所以计算机的指令均由二进制代码组成。为了阅读和书写方便，常把它写成十六进制形式，通常称这样的指令为机器指令。现在一般的计算机都有几十甚至几百种指令。显然，即便用十六进制去书写和记忆也是不容易的。为了便于记忆和使用，制造厂家对指令系统的每一条指令都给出了助记符。助记符是根据机器指令不同的功能和操作对象来描述指令的符号。助记符用英文缩写来描述指令的特征，因此它不但便于记忆，也便于理解和分类。这种用助记符形式来表示的机器指令称为汇编语言指令。因此，汇编语言是一种采用助记符表示指令、数据和地址来设计程序的语言。

汇编语言的特点：

（1）助记符指令和机器指令一一对应。用汇编语言编制的程序，效率高，占用存储空间小，运行速度快。因此，汇编语言能编写出最优化的程序，而且能反映出计算机的实际运行情况。

（2）汇编语言编程比高级语言困难。因为汇编语言是面向计算机的，程序设计人员必须对计算机有相当深入的了解，才能使用汇编语言编制程序。

（3）汇编语言能直接和存储器及接口电路打交道，也能申请中断。因此，汇编语言程序能直接管理和控制硬件设备。

（4）汇编语言缺乏通用性，程序不易移植。各种计算机都有自己的汇编语言，不同计算机的汇编语言之间不能通用。但是掌握了一种计算机的汇编语言，就有助于学习其他计算机的汇编语言。

51 系列单片机汇编语言指令的物理概念明确，共有 111 条指令，每一条指令的执行过程（操作过程）非常简单，只需要完成一个固定不变的任务，按照指令功能可划分为 5 类：

（1）数据传送类指令（29 条）。

（2）算术运算类指令（24 条）。

（3）逻辑运算与移位类指令（24 条）。

（4）控制转移类指令（17 条）。

（5）位操作类指令（17 条）。

1.3.2　51 系列单片机汇编语言指令书写格式

[标号:] 操作码助记符 [第一操作数] [，第二操作数] [，第三操作数] [；注释]

即一条汇编语句是由标号、操作码、操作数和注释四个部分所组成，其中方括号括起来的是可选择部分，可有可无，视需要而定。

1. 标号

标号是表示指令位置的符号地址，它是以英文字母开始的由 1 ~ 6 个字母或数字组成的字符串，并以“:”结尾。通常在子程序入口或转移指令的目标地址处才赋予标号。有了标号，程序中的其他语句才能访问该语句。MCS－51 汇编语言有关标号的规定如下：

（1）标号是由 1 ~ 8 个 ASCII 字符组成的，但头一个字符必须是字母，其余字符可以是字母、数字或其他特定字符。

（2）不能使用本汇编语言已经定义了的符号作为标号，如指令助记符、伪指令记忆符以及寄存器的符号名称等。

（3）标号后边必须跟以冒号。

（4）同一标号在一个程序中只能定义一次，不能重复定义。

（5）一条语句可以有标号，也可以没有标号，标号的有无决定着本程序中的其他语句是否需要访问这条语句。

2. 操作码

操作码助记符是表示指令操作功能的英文缩写。每条指令都有操作码，它是指令的核心部分。操作码用于规定本语句执行的操作，操作码可为指令的助记符或伪指令的助记符，操作码是汇编指令中唯一不能空缺的部分。

3. 操作数

操作数用于给指令的操作提供数据或地址。在一条指令中，可能没有操作数，也可能只包括一项，也可能包括两项、三项。各操作数之间以逗号分隔，操作码与操作数之间以空格分隔。操作数可以是立即数，如果立即数是二进制数，则最低位之后加“B”；如果立即数是十六进制数，则最低位之后加“H”；如果立即数是十进制数，则数字后面不加任何标记。

操作数可以是本程序中已经定义的标号或标号表达式，例如 MOON 是一个已经定义的标号，则表达式 MOON +1 或 MOON -1 都可以作为地址来使用。操作数也可以是寄存器名。此外，操作数还可以是位符号或表示偏移量的操作数。相对转移指令中的操作数还可使用一个特殊的符号“＄”，它表示本相对转移指令所在的地址，例如：“JNB TF0，＄”表示当 TF0 位不为 0 时，就转移到该指令本身，以达到程序在“原地踏步”等待的目的。

4. 注释

注释不属于语句的功能部分，它只是对每条语句的解释说明，它可使程序的文件编制显得更加清楚，是为了方便阅读程序的一种标注。只要用“;”开头，即表明后面为注释内容，注释的长度不限，一行不够时，可以换行接着书写，但换行时应注意在开头使用“;”号。

5. 分界符（分隔符）

汇编程序在上述每段的开头或末尾使用分隔符把各段分开，以便于区分。分界符可以是空格、冒号、分号和逗号等。这些分界符在 MCS -51 汇编语言中使用情况如下：

（1）冒号（:）用于标号之后。

（2）空格（ ）用于操作码和操作数之间。

（3）逗号（,）用于操作数之间。

（4）分号（;）用于注释之前。

例如，数据传送指令：MOVA，#3

A1A1：MOV　A，#3　；十进制立即数 3 传送到累加器 A

　冒号　　　逗号　分号

1.3.3　指令中符号意义说明

（1）Rn：工作寄存器，用来代表 R0 ~ R7 等 8 个工作寄存器。

（2）Ri：间接寻址寄存器，用来代表 R0 ~ R1 等 2 个间接寻址寄存器。

（3）direct：8 位直接地址，用来代表特殊功能寄存器的地址和数据寄存器 00H ~ 7FH 的地址。

（4）#data：8 位立即数据，用来代表 8 位的“二进制数据”。不加#号的数表示地址号码。

（5）#data16：16 位立即数据，用来代表 16 位的“二进制数”。

（6）addr16：16 位目的地址，用来代表 16 位“控制转移”所要达到的目的地址或调用该地址标定的子程序，用在 LCALL 和 LJMP 指令中。目标地址范围是 64 KB 的程序存储器地址空间。

（7）addr11：11 位目的地址，用来代表 11 位“控制转移”所要达到的目的地址和调用该地址标定的子程序，用在 ACALL 和 AJMP 指令中。目标地址范围是 2 KB 的程序存储器地址空间。

（8）rel：8 位偏移量地址，用来代表以当前指令地址为中心的“控制转移”所要达到的目的地址，可分为上转移 -128 字节地址和下转移 +127 字节地址。

（9）DPTR：16 位数据地址指针寄存器，用来存储 16 位地址号。

（10）bit：位，用来代表可以进行位寻址的特殊功能寄存器的位地址和数据寄存器 20H～2FH 的位地址。

（11）A：累加器，用来代表特殊功能寄存器 ACC。

（12）B：寄存器，在乘、除法指令中使用。

（13）C：进位标志位，代表 8 位二进制数在运算时的进位和借位。

（14）@：寄存器间接寻址方式的前缀符号。当寄存器加@ R0～@ R1 时，它们里面存储的数据就被改变为地址号码。

（15）#：立即数据的前缀符号，不带#号的数为地址号码。

（16）$：表示本条指令的起始地址。

1.3.4 寻址方式

寻址的“地址”即为操作数所在单元的地址，绝大部分指令执行时都需要用到操作数，那么到哪里去取得操作数呢？最易想到的就是告诉 CPU 操作数所在的地址单元，从那里可取得响应的操作数，这便是“寻址”之意。MCS-51 的寻址方式很多，使用起来也相当方便，功能也很强大，灵活性强。这便是 MCS-51 指令系统“好用”的原因之一。下面我们分别讨论几种寻址方式的原理。

1. 立即寻址

立即寻址是指操作数在指令中直接给出。通常把出现在指令中的操作数称为立即数。立即寻址指令的机器代码一般是双字节的，第一个字节是指令的操作码，第二个字节是立即数。操作数是放在程序存储器的常数，编程时，立即数前面应加前缀“#”号。例如：

MOV A，#30H

指令中的 30H 就是立即数，该指令的功能是将 30H 这个数传送至累加器 A 中。

2. 直接寻址

直接寻址是指指令中直接给出的是操作数所在的存储单元地址。例如：

MOV A，30H

指令中 30H 是直接地址，该指令的功能是将数据存储器 30H 地址单元的内容传送至累加器 A 中。

3. 寄存器寻址

寄存器寻址是指由指令指定某一个寄存器中的内容作为操作数。例如：

MOV A，R7

指令中 R7 是寄存器地址，该指令的功能是将数据存储器中工作寄存器 R7 地址单元的内容传送至累加器 A 中。

4. 寄存器间接寻址

寄存器间接寻址是指由指令指定寄存器中的内容作为操作数的地址。例如：

MOV A，@R1

指令中 R1 存放的是操作数地址，该指令的功能是以工作寄存器 R1 的内容作为地址，再把这个地址的内容传送至累加器 A 中。寄存器间接寻址只对 R0 和 R1 有效。

5. 变址寻址

变址寻址是以某个寄存器（PC 或 DPTR）中的内容为基础，再与累加器 A 中的数据求和作为地址。这种寻址方式的地址为 16 位地址，用于程序存储器或外部数据存储器寻址。例如：

MOVC A，@ A + DPTR

指令中将 DPTR 中的内容与累加器 A 的内容相加，得到的和为程序存储器的地址，该指令的功能是 A + DPTR 的内容作为程序存储器的地址，把这个地址的内容传送至累加器 A 中。通过改变累加器 A 或 DPTR 的内容，可以改变程序存储器的地址，所以称为变址寻址。

6. 相对寻址

相对寻址是将当前程序计数器 PC 中的内容与指令第二字节所给出的数相加，其和为跳转指令的转移地址。PC 中的当前值称为基地址，指令第二字节的数据为偏移量。例如：

SJMP 08H

该指令代码是双字节，指令代码为 80H、08H，其中 80H 为该指令的操作码，08H 是偏移量。现假设 0050H 为本条指令的起始地址，则执行该指令时 PC = 0050H + 0002H = 0052H，所以转移的目标地址 = 0052H + 08H = 005AH。所以该指令执行后，PC 的值变为 005AH，即程序执行发生了转移。

7. 位寻址

位寻址是指对片内 RAM 的位寻址区（20H ~ 2FH）和可以用位寻址的特殊功能寄存器进行位操作时的寻址方式。例如：

MOV 20H，C

指令中 20H 是位地址，该指令的功能是将进位标志位 C 的状态（0 或 1）传送至 20H 位中。

1.3.5 汇编语言指令

1. 数据传送指令

数据传送指令共有 29 条，数据传送指令一般的操作是把源操作数传送到目的操作数，指令执行完成后，源操作数不变，目的操作数等于源操作数。如果要求在进行数据传送时，目的操作数不丢失，则不能用直接传送指令，要采用交换型的数据传送指令，数据传送指令不影响标志 C、AC 和 OV，但可能会对奇偶标志 P 有影响。

（1）以累加器 A 为目的操作数类指令（4 条），如表 1 - 1 - 9 所示。

这 4 条指令的作用是把源操作数指向的内容送到累加器 A，有直接、立即数、寄存器和寄存器间接寻址方式。

表 1 - 1 - 9 以累加器 A 为目的操作数类指令

指令	传送方向	指令操作过程
MOV A，#data	#data→（A）	立即数送到累加器 A 中
MOV A，direct	（direct）→（A）	直接单元地址中的内容送到累加器 A
MOV A，Rn	（Rn）→（A）	Rn 中的内容送到累加器 A 中
MOV A，@ Ri	（（Ri））→（A）	Ri 内容指向的地址单元中的内容送到累加器 A

（2）以寄存器 Rn 为目的操作数的指令（3 条），如表 1－1－10 所示。

这 3 条指令的功能是把源操作数指定的内容送到所选定的工作寄存器 Rn 中，有直接、立即和寄存器寻址方式。

表 1－1－10　以寄存器 Rn 为目的操作数的指令

指令	传送方向	指令操作过程
MOV　Rn，#data	#data→（Rn）	立即数直接送到寄存器 Rn
MOV　Rn，direct	（direct）→（Rn）	直接寻址单元中的内容送到寄存器 Rn 中
MOV　Rn，A	（A）→（Rn）	累加器 A 中的内容送到寄存器 Rn 中

（3）以直接地址为目的操作数的指令（5 条），如表 1－1－11 所示。

这组指令的功能是把源操作数指定的内容送到由直接地址 direct 所选定的片内 RAM 中，有直接、立即、寄存器和寄存器间接 4 种寻址方式。

表 1－1－11　以直接地址为目的操作数的指令

指令	传送方向	指令操作过程
MOV　direct，#data	#data→（direct）	立即数送到直接地址单元
MOV　direct，A	（A）→（direct）	累加器 A 中的内容送到直接地址单元
MOV　direct，direct	（direct）→（direct）	直接地址单元中的内容送到直接地址单元
MOV　direct，Rn	（Rn）→（direct）	寄存器 Rn 中的内容送到直接地址单元
MOV　direct@ Ri	（（Ri））→（direct）	寄存器 Ri 中的内容指定的地址单元中数据送到直接地址单元

（4）以间接地址为目的操作数的指令（3 条），如表 1－1－12 所示。

这组指令的功能是把源操作数指定的内容送到以 Ri 中的内容为地址的片内 RAM 中，有直接、立即和寄存器 3 种寻址方式。

表 1－1－12　以间接地址为目的操作数的指令

指令	传送方向	指令操作过程
MOV　@Ri，#data	#data→（（Ri））	立即数送到以 Ri 中的内容为地址的 RAM 单元
MOV　@Ri，direct	（direct）→（（Ri））	直接地址单元中的内容送到以 Ri 中的内容为地址的 RAM 单元
MOV　@Ri，A	（A）→（（Ri））	累加器 A 中的内容送到以 Ri 中的内容为地址的 RAM 单元

（5）查表指令（2 条），如表 1－1－13 所示。

这组指令的功能是对存放于程序存储器中的数据表格进行查找传送，使用变址寻址方式。

表1-1-13 查表指令

指令	传送方向	指令操作过程
MOVC A，@A+DPTR	((A)) + (DPTR) → (A)	DPTR中的16位无符号数与累加器A中的8位无符号数相加形成ROM地址，并取出该地址单元的内容送至累加器A中
MOVC A，@A+PC	((PC)) +1→ (PC)，((A)) + (PC) → (A)	PC的内容自动加1，然后新的PC内容与累加器A中的8位无符号数相加形成新地址，并取出该地址单元的内容送至累加器A中

(6) 累加器A与片外数据存储器RAM传送指令（4条），如表1-1-14所示。

这4条指令的作用是累加器A与片外RAM间的数据传送，使用寄存器寻址方式。

表1-1-14 累加器A与片外数据存储器RAM传送指令

指令	传送方向	指令操作过程
MOVX @DPTR，A	(A) → ((DPTR))	累加器中的内容送到数据指针指向片外RAM地址中
MOVX A，@DPTR	((DPTR)) → (A)	数据指针指向片外RAM地址中的内容送到累加器A中
MOVX A，@Ri	((Ri)) → (A)	寄存器Ri指向片外RAM地址中的内容送到累加器A中
MOVX @Ri，A	(A) → ((Ri))	累加器中的内容送到寄存器Ri指向片外RAM地址中

(7) 堆栈操作类指令（2条），如表1-1-15所示。

这4类指令的作用是把直接寻址单元的内容传送到堆栈指针SP所指的单元中，以及把SP所指单元的内容送到直接寻址单元中。这类指令只有两条，下述的第一条常称为入栈操作指令，第二条称为出栈操作指令。需要指出的是，单片机开机复位后，(SP) 默认为07H，但一般都需要重新赋值，设置新的SP首址。入栈的第一个数据必须存放于SP+1所指存储单元，故实际的堆栈底为SP+1所指的存储单元。

表1-1-15 堆栈操作类指令

指令	传送方向	指令操作过程
PUSH direct	(SP) +1→ (SP)，(direct) → (SP)	堆栈指针首先加1，直接寻址单元中的数据送到堆栈指针SP所指的单元中
POP direct	(SP) → (direct) (SP) -1→ (SP)	堆栈指针SP所指的单元数据送到直接寻址单元中，堆栈指针SP再进行减1操作

(8) 交换指令（5条），如表1-1-16所示。

这5条指令的功能是把累加器A中的内容与源操作数所指的数据相互交换。

表 1-1-16 交换指令

指令	传送方向	指令操作过程
XCH A，Rn	(A) ⟷ (Rn)	累加器与工作寄存器 Rn 中的内容互换
XCH A，direct	(A) ⟷ (direct)	累加器与直接地址单元中的内容互换
XCH A，@Ri	(A) ⟷ ((Ri))	累加器与工作寄存器 Ri 所指的存储单元中的内容互换
XCHD A，@R	(A_{3-0}) ⟷ $((Ri)_{3-0})$	累加器与工作寄存器 Ri 所指的存储单元中的内容低半字节互换
SWAP A	(A_{3-0}) ⟷ (A_{7-4})	累加器中的内容高低半字节互换

（9）16 位数据传送指令（1 条），如表 1-1-17 所示。这条指令的功能是把 16 位常数送入数据指针寄存器。

表 1-1-17 16 位数据传送指令

指令	传送方向	指令操作过程
MOV DPTR，#data16	#dataH→(DPH)， #dataL→(DPL)	16 位常数的高 8 位送到 DPH，低 8 位送到 DPL

2. 算术运算指令

算术运算指令共有 24 条，算术运算主要是执行加、减、乘、除四则运算。另外 MCS-51 指令系统中有相当一部分进行加、减 1 操作，BCD 码的运算和调整，我们都归类为运算指令。虽然 MCS-51 单片机的算术逻辑单元 ALU 仅能对 8 位无符号整数进行运算，但利用进位标志 C，则可进行多字节无符号整数的运算。同时利用溢出标志，还可以对带符号数进行补码运算。需要指出的是，除加、减 1 指令外，这类指令大多数都会对 PSW（程序状态字）有影响。这在使用中应特别注意，具体查阅附录 2。

（1）加法指令（4 条），如表 1-1-18 所示。

这 4 条指令的作用是把立即数、直接地址、工作寄存器及间接地址内容与累加器 A 的内容相加，运算结果存在 A 中。

表 1-1-18 加法指令

指令	运算结果传送方向	指令操作过程
ADD A，#data	(A) +#data→(A)	累加器 A 中的内容与立即数#data 相加，结果存在 A 中
ADD A，direct	(A) + (direct) → (A)	累加器 A 中的内容与直接地址单元中的内容相加，结果存在 A 中
ADD A，Rn	(A) + (Rn) → (A)	累加器 A 中的内容与工作寄存器 Rn 中的内容相加，结果存在 A 中
ADD A，@Ri	(A) + ((Ri)) → (A)	累加器 A 中的内容与工作寄存器 Ri 所指向地址单元中的内容相加，结果存在 A 中

（2）带进位加法指令（4 条），如表 1-1-19 所示。

这 4 条指令除与（1）功能相同外，在进行加法运算时还需考虑进位问题。

表 1-1-19　带进位加法指令

指令	运算结果传送方向	指令操作过程
ADDC　A，#data	(A)+#data+(C)→(A)	累加器A中的内容与立即数连同进位位相加，结果存在A中
ADDC　A，direct	(A)+(direct)+(C)→(A)	累加器A中的内容与直接地址单元的内容连同进位位相加，结果存在A中
ADDC　A，Rn	(A)+Rn+(C)→(A)	累加器A中的内容与工作寄存器Rn中的内容、连同进位位相加，结果存在A中
ADDC　A，@Ri	(A)+((Ri))+(C)→(A)	累加器A中的内容与工作寄存器Ri指向地址单元中的内容、连同进位位相加，结果存在A中

（3）带借位减法指令（4条），如表1-1-20所示。

这组指令包含立即数、直接地址、间接地址及工作寄存器与累加器A连同借位位C内容相减，结果送回累加器A中。

这里我们对借位位C的状态做出说明，在进行减法运算中，CY=1表示有借位，CY=0则无借位。OV=1表明带符号数相减时，从一个正数减去一个负数结果为负数，或者从一个负数中减去一个正数结果为正数的错误情况。在进行减法运算前，如果不知道借位标志位C的状态，则应先对CY进行清零操作。

表 1-1-20　带借位减法指令

指令	运算结果传送方向	指令操作过程
SUBB　A，#data	(A)-#data-(C)→(A)	累加器A中的内容与立即数、连同借位位相减，结果存在A中
SUBB　A，direct	(A)-(direct)-(C)→(A)	累加器A中的内容与直接地址单元中的内容、连同借位位相减，结果存在A中
SUBB　A，Rn	(A)-(Rn)-(C)→(A)	累加器A中的内容与工作寄存器中的内容、连同借位位相减，结果存在A中
SUBB　A，@Ri	(A)-((Ri))-(C)→(A)	累加器A中的内容与工作寄存器Ri指向的地址单元中的内容、连同借位位相减，结果存在A中

（4）乘法指令（1条），如表1-1-21所示。

这个指令的作用是把累加器A和寄存器B中的8位无符号数相乘，所得到的是16位乘积，这个结果低8位存在累加器A，而高8位存在寄存器B中。如果OV=1，说明乘积大于FFH，否则OV=0，但进位标志位CY总是等于0。

表 1-1-21　乘法指令

指令	运算结果传送方向	指令操作过程
MUL　AB	(A)×(B)→(A)和(B)	累加器A中的内容与寄存器B中的内容相乘，结果低8位存在累加器A，而高8位存在寄存器B中

（5）除法指令（1条），如表1－1－22所示。

这个指令的作用是把累加器A的8位无符号整数除以寄存器B中的8位无符号整数，所得到的商存在累加器A，而余数存在寄存器B中。除法运算总是使OV和进位标志位CY等于0。如果OV＝1，表明寄存器B中的内容为00H，那么执行结果为不确定值，表示除法有溢出。

表1－1－22 除法指令

指令	运算结果传送方向	指令操作过程
DIV AB	(A)÷(B)→(A)和（B)	累加器A中的内容除以寄存器B中的内容，所得到的商存在累加器A，而余数存在寄存器B中

（6）加1指令（5条），如表1－1－23所示。

这5条指令的功能均为原寄存器的内容加1，结果送回原寄存器。上述提到，加1指令不会对任何标志有影响，如果原寄存器的内容为FFH，执行加1后，结果就会是00H。这组指令共有直接、寄存器、寄存器减间址等寻址方式。

表1－1－23 加1指令

指令	运算结果传送方向	指令操作过程
INC A	(A) +1→(A)	累加器A中的内容加1，结果存在A中
INC direct	(direct) +1→(direct)	直接地址单元中的内容加1，结果送回原地址单元中
INC @Ri	((Ri)) +1→((Ri))	寄存器的内容指向的地址单元中的内容加1，结果送回原地址单元中
INC Rn	(Rn) +1→(Rn)	寄存器Rn的内容加1，结果送回原地址单元中
INC DPTR	(DPTR) +1→(DPTR)	(DPTR)数据指针的内容加1，结果送回数据指针中

在INC direct这条指令中，如果直接地址是I/O，其功能是先读入I/O锁存器的内容，然后在CPU进行加1操作，再输出到I/O上，这就是“读—修改—写”操作。

（7）减1指令（4条），如表1－1－24所示。

这组指令的作用是把所指的寄存器内容减1，结果送回原寄存器，若原寄存器的内容为00H，减1后即为FFH，运算结果不影响任何标志位，这组指令共有直接、寄存器、寄存器间址等寻址方式，当直接地址是I/O口锁存器时，“读—修改—写”操作与加1指令类似。

表1－1－24 减1指令

指令	运算结果传送方向	指令操作过程
DEC A	(A) －1→(A)	累加器A中的内容减1，结果送回累加器A中
DEC direct	(direct) －1→(direct)	直接地址单元中的内容减1，结果送回直接地址单元中
DEC @Ri	((Ri)) －1→((Ri))	寄存器Ri指向的地址单元中的内容减1，结果送回原地址单元中
DEC Rn	(Rn) －1→(Rn)	寄存器Rn中的内容减1，结果送回寄存器Rn中

（8）十进制调整指令（1条），如表1-1-25所示。

在进行BCD码运算时，这条指令总是跟在ADD或ADDC指令之后，其功能是将执行加法运算后存于累加器A中的结果进行调整和修正。

表1-1-25　十进制调整指令

指令	指令操作过程
DA　A	ADD或ADDC指令后， 当和的低4位>9时或AC=1，则 $A_{0\sim3}+6\rightarrow A_{0\sim3}$； 当和的高4位>9时或CY=1，则 $A_{4\sim7}+6\rightarrow A_{4\sim7}$

3. 逻辑运算和移位指令

逻辑运算和移位指令共有24条，有与、或、异或、求反、左右移位、清0等逻辑操作，有直接、寄存器和寄存器间址等寻址方式。这类指令一般不影响程序状态字（PSW）标志。

（1）循环移位指令（4条），如表1-1-26所示。

这4条指令的作用是将累加器中的内容循环左或右移一位，后两条指令是连同进位位CY一起移位。

表1-1-26　循环移位指令

指令	指令操作过程
RL　A	累加器A中的内容左移一位
RR　A	累加器A中的内容右移一位
RLC　A	累加器A中的内容连同进位位CY左移一位
RRC　A	累加器A中的内容连同进位位CY右移一位

（2）求反指令（1条），如表1-1-27所示。

这条指令将累加器中的内容按位取反。

表1-1-27　求反指令

指令	指令操作过程
CPL　A	累加器A中的内容按位取反

（3）清零指令（1条），如表1-1-28所示。

这条指令将累加器中的内容清0。

表1-1-28　清零指令

指令	指令操作过程
CLR　A	累加器A中的内容清0

（4）逻辑与操作指令（6 条），如表 1－1－29 所示。

这组指令的作用是将两个单元中的内容执行逻辑与操作，如果直接地址是 I/O 地址，则为“读—修改—写”操作。

表 1－1－29　逻辑与操作指令

指令	指令操作过程
ANL　A，direct	累加器 A 中的内容和直接地址单元中的内容执行与逻辑操作，结果存在寄存器 A 中
ANL　direct，#data	直接地址单元中的内容和立即数执行与逻辑操作，结果存在直接地址单元中
ANL　A，#data	直接地址单元中的内容和立即数执行与逻辑操作，结果存在直接地址单元中
ANL　A，Rn	累加器 A 的内容和寄存器 Rn 中的内容执行与逻辑操作，结果存在累加器 A 中
ANL　data，A	直接地址单元中的内容和累加器 A 的内容执行与逻辑操作，结果存在直接地址单元中
ANL　A，@Ri	累加器 A 的内容和工作寄存器 Ri 指向的地址单元中的内容执行与逻辑操作，结果存在累加器 A 中

（5）逻辑或操作指令（6 条），如表 1－1－30 所示。

这组指令的作用是将两个单元中的内容执行逻辑或操作。如果直接地址是 I/O 地址，则为“读—修改—写”操作。

表 1－1－30　逻辑或操作指令

指令	指令操作过程
ORL　A，direct	累加器 A 中的内容和直接地址单元中的内容执行逻辑或操作，结果存在寄存器 A 中
ORL　direct，#data	直接地址单元中的内容和立即数执行逻辑或操作，结果存在直接地址单元中
ORL　A，#data	累加器 A 的内容和立即数执行逻辑或操作，结果存在累加器 A 中
ORL　A，Rn	累加器 A 的内容和寄存器 Rn 中的内容执行逻辑或操作，结果存在累加器 A 中
ORL　data，A	直接地址单元中的内容和累加器 A 的内容执行逻辑或操作，结果存在直接地址单元中
ORL　A，@Ri	累加器 A 的内容和工作寄存器 Ri 指向的地址单元中的内容执行逻辑或操作，结果存在累加器 A 中

（6）逻辑异或操作指令（6 条），如表 1－1－31 所示。

这组指令的作用是将两个单元中的内容执行逻辑异或操作，如果直接地址是 I/O 地址，则为“读—修改—写”操作。

表 1-1-31 逻辑异或操作指令

指令	指令操作过程
XRL A，direct	累加器A中的内容和直接地址单元中的内容执行逻辑异或操作，结果存在寄存器A中
XRL direct，#data	直接地址单元中的内容和立即数执行逻辑异或操作，结果存在直接地址单元中
XRL A，#data	累加器A的内容和立即数执行逻辑异或操作，结果存在累加器A中
XRL A，Rn	累加器A的内容和寄存器Rn中的内容执行逻辑异或操作，结果存在累加器A中
XRL direc，A	直接地址单元中的内容和累加器A的内容执行逻辑异或操作，结果存在直接地址单元中
XRL A，@Ri	累加器A的内容和工作寄存器Ri指向的地址单元中的内容执行逻辑异或操作，结果存在累加器A中

4. 控制转移指令

控制转移指令用于控制程序的流向，所控制的范围即为程序存储器区间，MCS-51系列单片机的控制转移指令相对丰富，有可对64 KB程序空间地址单元进行访问的长调用、长转移指令，也有可对2 KB字节进行访问的绝对调用和绝对转移指令，还有在一页范围内短相对转移及其他无条件转移指令，这些指令的执行一般都不会对标志位有影响。

（1）无条件转移指令（4条），如表1-1-32所示。

这组指令执行完后，程序就会无条件转移到指令所指向的地址上去。长转移指令访问的程序存储器空间为16地址64 KB空间，短转移指令访问的程序存储器空间为11位地址2 KB空间，相对转移指令访问的程序存储器空间为相对地址上转移-128字节地址和下转移+127字节地址。

表 1-1-32 无条件转移指令

指令	转移地址	指令操作过程
LJMP addr16	addr16→（PC）	给程序计数器赋予新值（16位地址）
AJMP addr11	（PC）+2→（PC）	addr11→（PC_{10-0}）程序计数器赋予新值（11位地址），（PC_{15-11}）不改变
SJMP rel	（PC）+2+rel→（PC）	当前程序计数器先加上2再加上偏移量给程序计数器赋予新值
JMP @A+DPTR	（A）+（DPTR）→（PC）	累加器所指向地址单元的值加上数据指针的值给程序计数器赋予新值

（2）条件转移指令（8条），如表1-1-33所示。

程序可利用这组丰富的指令根据当前的条件进行判断，看是否满足某种特定的条件，从而控制程序的转向。

表 1-1-33 条件转移指令

指令	转移地址	指令操作过程
JZ rel	A=0, (PC)+2+rel→(PC)	累加器中的内容为 0，则转移到偏移量所指向的地址，否则程序往下执行
JNZ rel	A≠0, (PC)+2+rel→(PC)	累加器中的内容不为 0，则转移到偏移量所指向的地址，否则程序往下执行
CJNE A, direct, rel	A≠(direct), (PC)+3+rel→(PC)	累加器中的内容不等于直接地址单元的内容，则转移到偏移量所指向的地址，否则程序往下执行，执行结果影响标志位 CY
CJNE A, #data, rel	A≠#data, (PC)+3+rel→(PC)	累加器中的内容不等于立即数，则转移到偏移量所指向的地址，否则程序往下执行，执行结果影响标志位 CY
CJNE Rn, #data, rel	Rn≠#data, (PC)+3+rel→(PC)	工作寄存器 Rn 中的内容不等于立即数，则转移到偏移量所指向的地址，否则程序往下执行，执行结果影响标志位 CY
CJNE @Ri, #data, rel	((Ri))≠#data, (PC)+3+rel→(PC)	工作寄存器 Ri 指向地址单元中的内容不等于立即数，则转移到偏移量所指向的地址，否则程序往下执行，执行结果影响标志位 CY
DJNZ Rn, rel	(Rn)-1→(Rn),(Rn)≠0, (PC)+2+rel→(PC)	工作寄存器 Rn 减 1 不等于 0，则转移到偏移量所指向的地址，否则程序往下执行
DJNZ direct, rel	(direct)-1→(direct), (direct)≠0, (PC)+2+rel→(PC)	直接地址单元中的内容减 1 不等于 0，则转移到偏移量所指向的地址，否则程序往下执行

（3）子程序调用指令（4 条），如表 1-1-34 所示。

子程序是为了便于程序编写，减少那些需反复执行的程序占用多余的地址空间而引入的程序分支，从而有了主程序和子程序的概念，需要反复执行的一些程序，我们在编程时一般都把它们编写成子程序，当需要用它们时，就用一个调用命令使程序按调用的地址去执行，这就需要子程序的调用指令和返回指令。

表 1-1-34 子程序调用指令

指令	指令操作过程
LCALL addr16	长调用指令，可在 64 KB 空间调用子程序，即分别从堆栈中弹出调用子程序时压入的返回地址
ACALL addr11	绝对调用指令，可在 2 KB 空间调用子程序
RET	子程序返回指令，与 LCALL 或 ACALL 指令成对出现
RETI	中断返回指令，在中断程序结束后出现

（4）空操作指令（1条），如表1-1-35所示。

表1-1-35 空操作指令

指令	指令操作过程
NOP	这条指令除了使PC加1，消耗一个机器周期外，没有执行任何操作

5. 位操作指令

布尔处理功能是MCS-51系列单片机的一个重要特征，这是出于实际应用需要而设置的。布尔变量也即开关变量，它是以位（bit）为单位进行操作的。

在物理结构上，MCS-51单片机有一个布尔处理机，它以进位标志作为累加位，以内部RAM可寻址的128个作为存储位。

（1）位传送指令（2条），如表1-1-36所示。

位传送指令就是可寻址位与累加位CY之间的传送。

表1-1-36 位传送指令

指令	位传送方向	指令操作过程
MOV C，bit	bit→CY	某位数据送标志位CY
MOV bit，C	CY→bit	标志位CY数据送某位

（2）位置位复位指令（4条），如表1-1-37所示。

这些指令对CY及可寻址位进行置位或复位操作。

表1-1-37 位置位复位指令

指令	位传送方向	指令操作过程
CLR C	0→CY	标志位CY清零
CLR bit	0→bit	某一位清零
SETB C	1→CY	标志位CY置1
SETB bit	1→bit	某一位置1

（3）位运算指令（6条），如表1-1-38所示。

位运算都是逻辑运算，有与、或、非三种指令。

表1-1-38 位运算指令

指令	位逻辑传送方向	指令操作过程
ANL C，bit	（CY）$\wedge$（bit）→CY	标志位CY的内容与某位地址的内容逻辑与，结果送回标志位CY中
ANL C，/bit	（CY）$\wedge$（$\overline{\text{bit}}$）→CY	标志位CY的内容与某位地址的内容取反后逻辑与，结果送回标志位CY中
ORL C，bit	（CY）$\vee$（bit）→CY	标志位CY的内容与某位地址的内容逻辑或，结果送回标志位CY中

续表

指令	位逻辑传送方向	指令操作过程
ORL C，/bit	$(CY) \wedge (\overline{bit}) \rightarrow CY$	标志位 CY 的内容与某位地址的内容取反后逻辑或，结果送回标志位 CY 中
CPL C	$(\overline{CY}) \rightarrow CY$	标志位 CY 的内容取反，结果送回标志位 CY 中
CPL bit	$(\overline{bit}) \rightarrow bit$	某位地址的内容取反，结果送回某位地址中

(4) 位控制转移指令（5 条），如表 1-1-39 所示。

位控制转移指令是以位的状态作为实现程序转移的判断条件。

表 1-1-39 位控制转移指令

指令	指令操作过程
JC rel	标志位 CY=1 转移，否则程序往下执行
JNC rel	标志位 CY=0 转移，否则程序往下执行
JB bit，rel	位状态为 1 转移，否则程序往下执行
JNB bit，rel	位状态为 0 转移，否则程序往下执行
JBC bit，rel	位状态为 1 转移，并使该位清“0”，否则程序往下执行

6. 伪指令

汇编语言除了定义了汇编指令外，还定义了一些汇编伪指令，以支持汇编的运行。伪指令是汇编时不产生机器语言代码的指令，是 CPU 不能执行的指令，仅提供汇编用的某些控制信息。下面介绍 5 条常用的伪指令。

(1) ORG 定位伪指令。

格式：ORG m

m 一般是 16 位二进制数，m 指出在该指令后的（伪）指令的汇编地址，即生成的机器指令的起始存储器地址。它必须放在每段源程序或数据段的开始行，在一个汇编语言的源程序中允许存在多条定位伪指令，但其中每一个 m 值都应和前面生成的机器指令存放地址不重叠。

(2) DB 定义字节伪指令。

格式：标号：DB X1，X2，…，Xn

标号可有可无，Xi 是单字节数据，它可为十进制数或十六进制数，可以为一个表达式，也可以是括在引号（‘’）中的字符串，表示 ASCII 码的字符，两个数据之间用逗号（,）分开。它通知汇编程序从当前 ROM 地址开始，保留存储单元，并存入 DB 后面的数据。

(3) EQU 赋值伪指令。

格式：字符名称 EQU 项（数或汇编符号）

EQU 伪指令是把“项”赋给“字符名称”，需要注意的是，这里的字符名称不同于标号（其后面没有冒号）. 但它是必需的，其中的项可以是数也可以是汇编符号。

用 EQU 赋过值的符号名称必须先定义后使用，这些被定义的字符名称可以用作数据地址、代码地址、位地址或一个立即数。因此，它可以是 8 位的，也可以是 16 位的。

（4）BIT 定义位符号伪指令。

格式：字符名称 BIT 位地址

这里的字符名称与标号不同，但它是必需的，其功能是把 BIT 之后的位地址赋给字符名称。

（5）END 汇编结束伪指令。

END 伪指令通知汇编程序结束汇编，在 END 之后即使还有指令，汇编程序也不做处理。在程序中不可以有多条 END 指令，一般在程序的最后需要一条 END 伪指令，否则汇编程序会提示警告错误，但这不会影响程序的正常执行。

项目 2

单片机最小系统及开发工具

前面我们学习了单片机基础知识，现在拿到一片单片机芯片，就想知道怎么用它。首先必须要知道怎样连线，然后知道用什么工具进行开发。

任务 2.1　51 系列单片机的最小系统

单片机最小系统，或者称为最小应用系统，是指用最少的元件组成的单片机可以工作的系统。对 51 系列单片机来说，最小应用系统一般应该包括：单片机、时钟电路、复位电路和电源。51 系列单片机的最小系统电路图如图 1 –2 –1 所示。

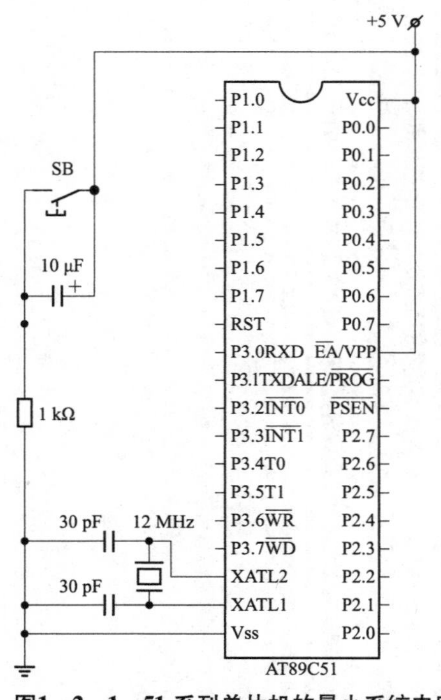

图1 –2 –1　51 系列单片机的最小系统电路

1. 时钟电路

CPU 的工作都是在一个统一的时钟脉冲控制下进行的，因此任何一个计算机系统都必须使用一个时钟脉冲。时钟电路用来产生时钟脉冲信号，单片机缺少了时钟信号就无法工作。51 系列单片机常用的时钟电路如图 1 –2 –2所示。

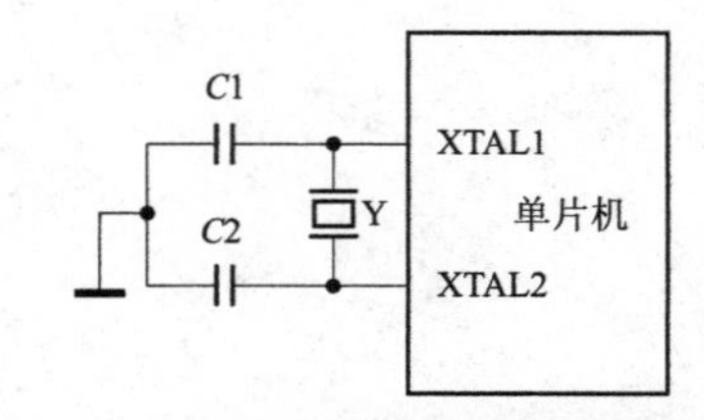

图 1 –2 –2　51 系列单片机常用的时钟电路

单片机的内部有一个高增益的放大电路，XTAL1 是放大电路的输入端，XTAL2 是放大电路的输出端，XTAL1、XTAL2 引脚间接上晶振 Y 后就构成了自激振荡电路，它产生的脉冲信号的频率就是晶振的固有频率。

晶振 Y 起反馈选频作用，它的频率决定了单片机运行速度的快慢。单片机系统中通常选用 6 MHz 或 12 MHz 的晶振，如果系统中使用了串行通信，一般选择 11.059 2 MHz 的晶振，这样就能得到合适的波特率。本教材选用 12 MHz，定时时间好计算。

电容 $C1$、$C2$ 为振荡微调电容器，可以加快起振，同时起到稳定频率和微调振荡频率的作用。实际应用中，$C1$、$C2$ 的容量相等，一般取 5 ~ 30 pF。

在装配电路时，为了减小寄生电容，保证电路可靠工作，要求晶振和电容 $C1$、$C2$ 要尽可能地安装在 XTAL1、XTAL2 引脚附近。

在单片机应用中，与时钟有关的概念有时钟周期和机器周期，它们是单片机工作时序的基本单位。

（1）时钟周期（T_{osc}）：又称为振荡周期，即时钟信号的周期。若晶振的频率为 f_{osc}，则 $T_{osc}=1/f_{osc}$，如 $f_{osc}=12$ MHz，则 $T_{osc}=1/f_{osc}=(1/12)$ μs。

（2）机器周期（MC）：CPU 完成一个基本操作所需要的时间。51 系列单片机的一个机器周期包括 12 个振荡周期。即 $MC=12/f_{osc}$，如选用 $f_{osc}=12$ MHz 的晶振，则单片机的机器周期 $MC=12/f_{osc}=12/12=1$ μs。单片机的基本指令有单机器周期、双机器周期和四机器周期，即执行一条单片机指令的时间是微秒级的。

2. 复位电路

复位电路的作用是为单片机产生复位信号，保证单片机上电后从一个确定的状态开始工作。51 系列单片机的复位条件是，时钟信号建立后，RST 引脚上加上至少 2 个机器周期的高电平。常用的复位电路如图 1－2－3 所示。

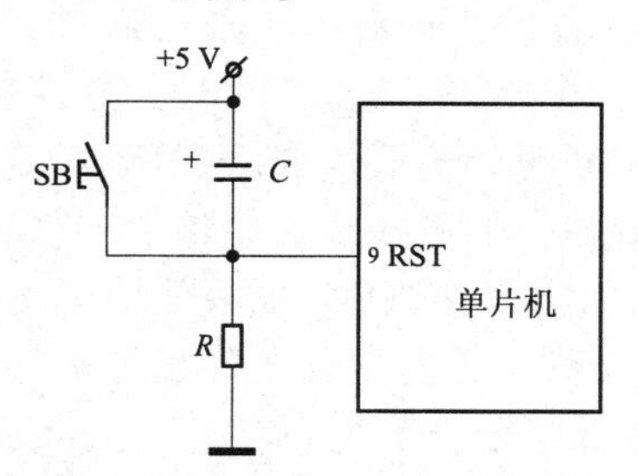

图 1－2－3　常用的复位电路

图 1－2－3 中 R、C 构成上电复位电路。单片机上电时，电源通过电阻 R 对电容 C 充电，由于电容两端电压不能突变，RST 端为高电平。过一段时间后，电容两端电荷充满，电容等效为开路，RST 端为低电平。由此可见，RST 端的高电平持续时间取决于 RC 电路的充电时间常数，合理选择 R 和 C 就可以实现上电复位。晶振频率为 12 MHz 时，可取 $R=10\text{k}\Omega$、$C=10\mu\text{F}$。

图 1－2－3 中 C 两端加按键，是常用的按键复位电路。单片机正常工作时，按下按键 SB，电容 C 两端电荷经按键、导线迅速放电，SB 断开后，由 R、C 及电源构成复位操作。

复位电路的作用非常重要，能否成功复位关系到单片机系统能否正常运行，如果振荡电路正常而单片机系统不能正常运行，其主要原因是单片机没有完成复位操作，这时可以检查复位电路的容阻值或连接情况。

单片机复位后，21 个特殊功能寄存器将恢复到初始状态。

单片机的复位操作使单片机进入初始化状态，其中包括使程序计数器 PC =0000H，这表明程序从 0000H 地址单元开始执行。单片机冷启动后，片内 RAM 为随机值，运行中的复位操作不改变片内 RAM 区中的内容，21 个特殊功能寄存器复位后的状态为确定值，如表 1 –2 –1 所示。值得指出的是，记住一些特殊功能寄存器复位后的主要状态，对于了解单片机的初态，减少应用程序中的初始化部分是十分必要的。

表 1 –2 –1　51 系列单片机复位后特殊功能寄存器的初始状态

特殊功能寄存器	初始状态	特殊功能寄存器	初始状态
A	00H	TMOD	00H
B	00H	TCON	00H
PSW	00H	TH0	00H
SP	07H	TL0	00H
DPL	00H	TH1	00H
DPH	00H	TL1	00H
P0 – P3	FFH	SBUF	不定
IP	*** 00000B	SCON	00H
IE	0 ** 00000B	PCON	0 ******* B

说明：表 1 –2 –1 中符号 * 为随机状态；A =00H，表明累加器已被清零。

PSW =00H，表明选寄存器 0 组为工作寄存器组；SP = 07H，表明堆栈指针指向片内 RAM 07H 字节单元，根据堆栈操作的先加后压法则，第一个被压入的内容写入到 08H 单元中；P0 – P3 = FFH，表明已向各端口线写入 1，此时，各端口既可用于输入又可用于输出；IP = × × ×00000B，表明各个中断源处于低优先级；IE =0 × ×00000B，表明各个中断均被关断；系统复位是任何微机系统执行的第一步，使整个控制芯片回到默认的硬件状态下。

51 单片机的复位是由 RST 引脚来控制的，此引脚与高电平相接超过 24 个振荡周期后，51 单片机即进入芯片内部复位状态，而且一直在此状态下等待，直到 RST 引脚转为低电平后，才检查 EA 引脚是高电平或低电平，若为高电平则执行芯片内部的程序代码，若为低电平便会执行外部程序。51 单片机在系统复位时，将其内部的一些重要寄存器设置为特定的值，RAM 内部的数据则不变。

任务 2. 2　51 系列单片机开发工具的使用

Keil C51 是目前世界上最优秀、最强大的 51 系列单片机开发应用平台之一。它集编辑、编译、仿真于一体，支持汇编语言和 C 语言的程序设计，界面友好，易学易用。图 1 –2 –4 所示为 Keil C51 的工作界面。

1. 建立工程文件

启动 Keil μVision3 并创建一个新工程。

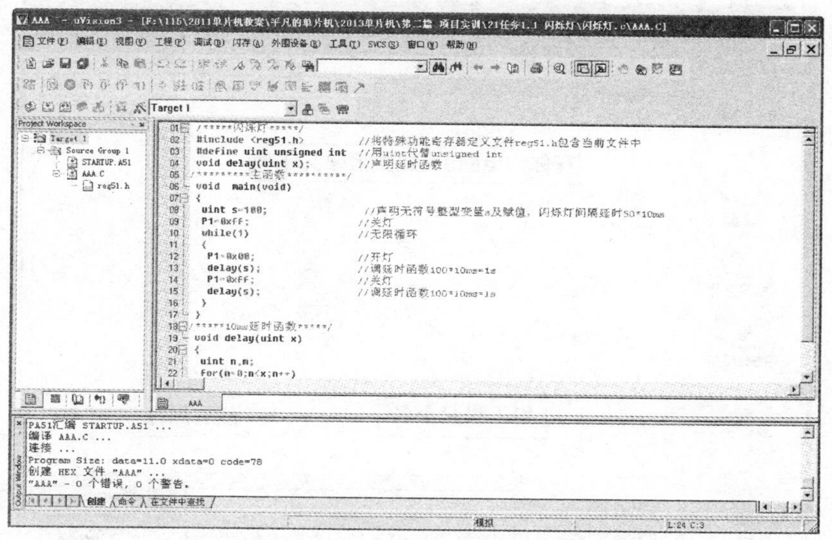

图 1-2-4 Keil C51 的工作界面

从 Project（工程）菜单中选择 New Project（新工程），如图 1-2-5 所示。

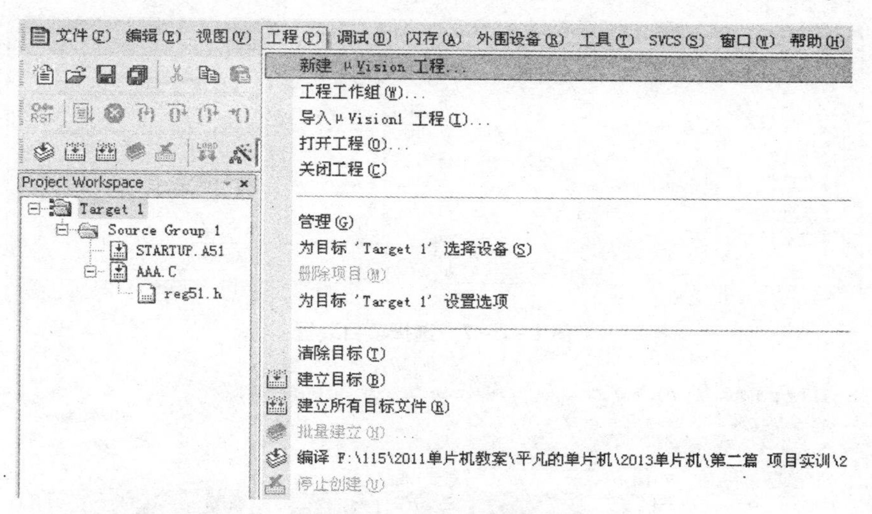

图 1-2-5 建立新项目

弹出如图 1-2-6 所示的新建工程对话框，建议为每一工程建立一个单独的文件夹并命名，如“闪烁灯”，打开子文件夹并键入工程的名称，如“AAA”，然后保存。

接着弹出 Select Device for Target（选择项目装置）对话框，需要为项目选择一个 CPU。如图 1-2-7 所示，选 Atmel AT89C51。

2. 新建一个源文件并加入到工程

单击 File（文件）菜单→New 新建一个源文件，在源程序窗口出现一个新的文件输入窗口，单击 File →Save（保存），给源文件取名保存，要求和上述建立的项目名称一样并保存在同一文件夹，取名字时必须要加上扩展名，如用汇编语言则“ 闪烁灯 . asm”，如用 C 语言则“闪烁灯 . c”，如图 1-2-8 所示。

单击左侧列表框目录 Target1（目标 1）下的 Source Group 子目录，使其反白显示；然后

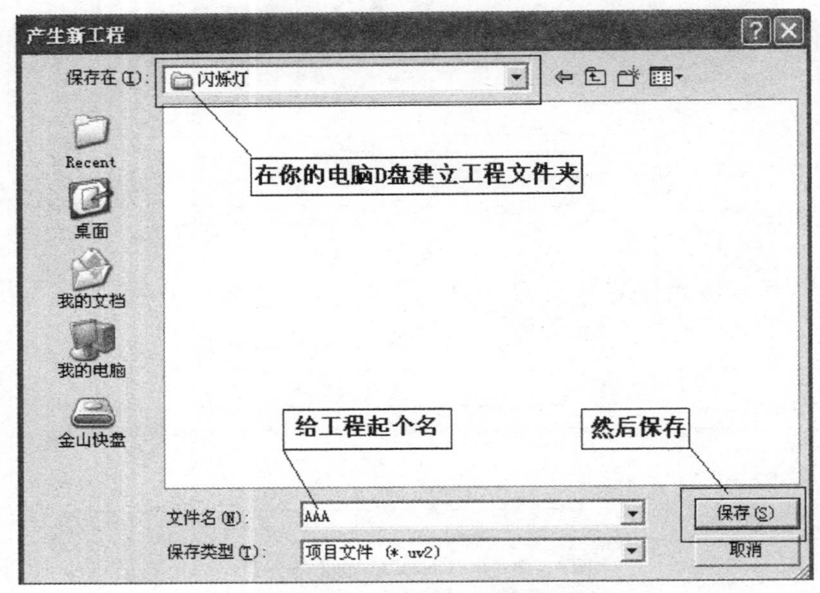

图 1-2-6　新建工程对话框

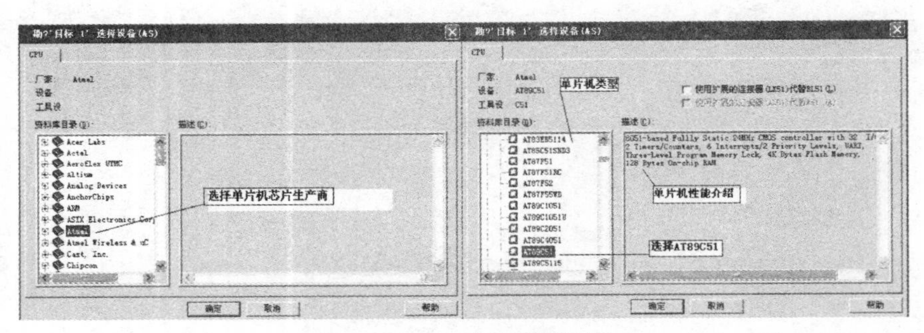

图 1-2-7　选择项目装置

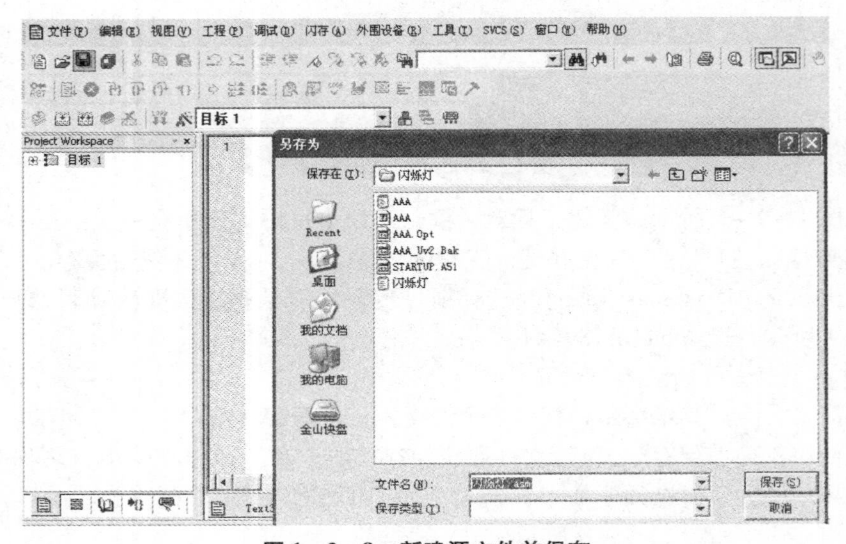

图 1-2-8　新建源文件并保存

左击鼠标，在出现的快捷菜单中选择“Add File to Group 'Source Group1'（添加文件到组‘源代码组 1’）”出现如图 1－2－9 所示的对话框。

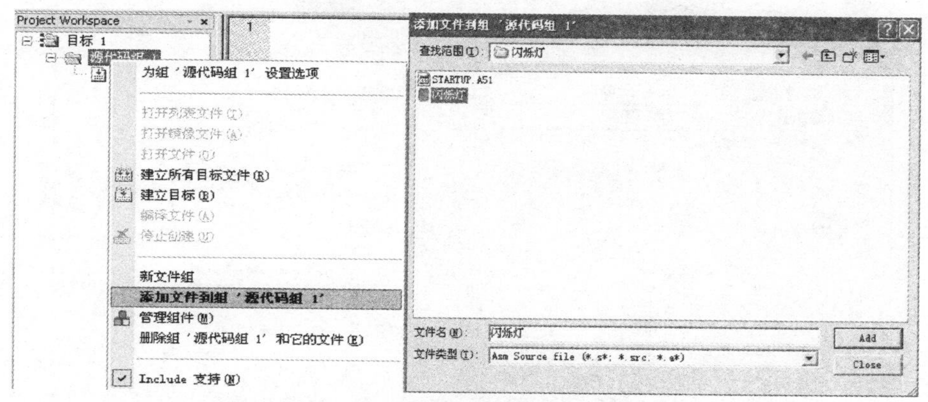

图 1－2－9　把源文件添加到工程对话框

汇编语言选择“Asm Source file（*.s*；*.src；*a*）”，双击要加入的文件名，如双击“闪烁灯.asm”，然后单击 Add 按钮，将文件加入到工程中。C 语言选择“C Source file（*.c）”，双击要加入的文件名，如双击“闪烁灯.c”，然后单击 Add 按钮，将文件加入到工程中，如图 1－2－10 所示。

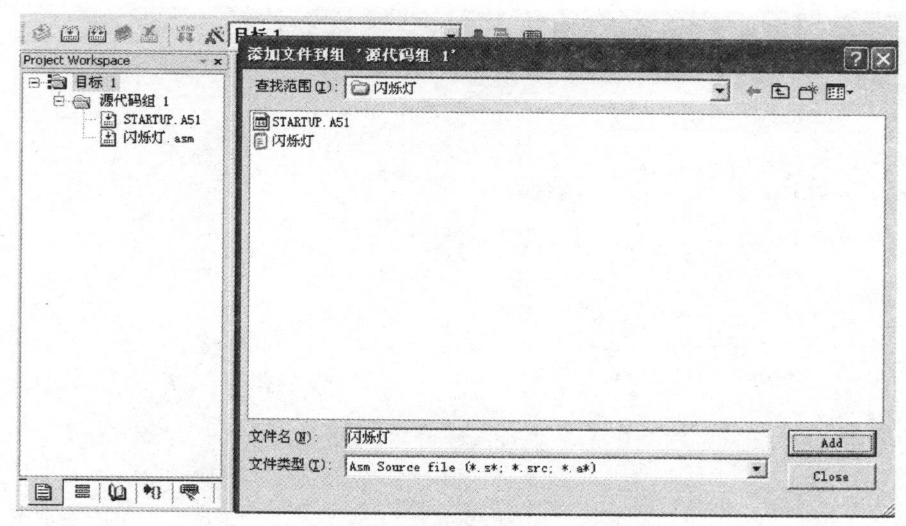

图 1－2－10　将文件加入到工程中

3. 工程的设置

工程建立好以后，还要对工程进行进一步设置，以满足每个工程的个性化要求。

单击左侧列表框目录 Target1，使其高亮显示；然后选择“Project（项目）菜单→Option for target ‘target1’（为目标‘目标 1’设置选项）”，或单击工具条 Target 1 出现对工程设置对话框，设置如图 1－2－11 和图 1－2－12 所示。

设置 Debug（调试程序）选项卡。

这里有两类仿真可选：Use Simulator 和 Use Keil Monitor－51 Driver，前一种是纯软件仿真，后一种是带有 Monitor－51 目标仿真器的仿真，如图 1－2－13 所示。

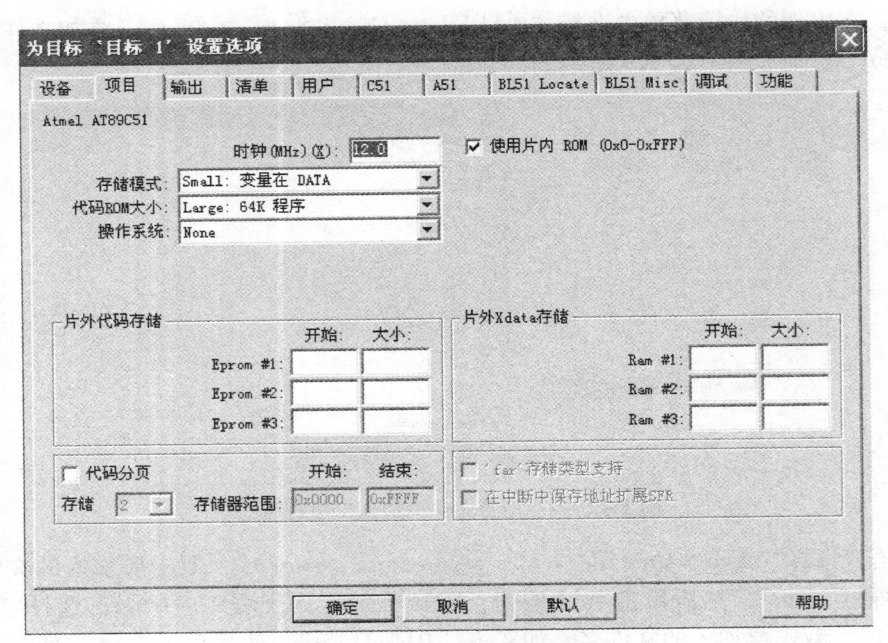

图 1－2－11　工程设置对话框

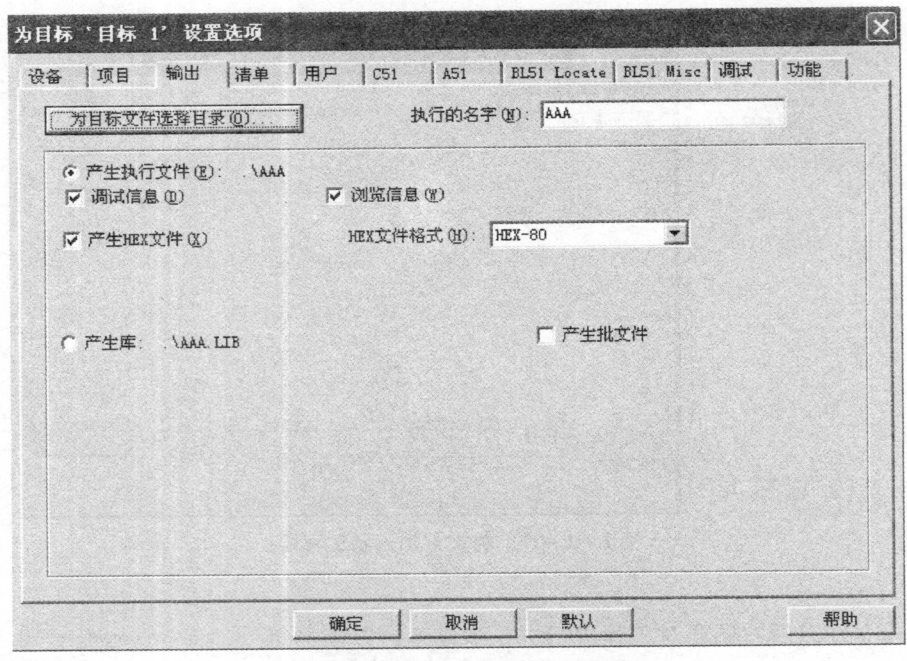

图 1－2－12　设置 Output 选项卡

4. 编译程序

单击工具栏的按钮，如图 1－2－14 所示，开始编译程序。

如果编译成功，开发环境下面会显示编译成功的信息，如图 1－2－15 所示。

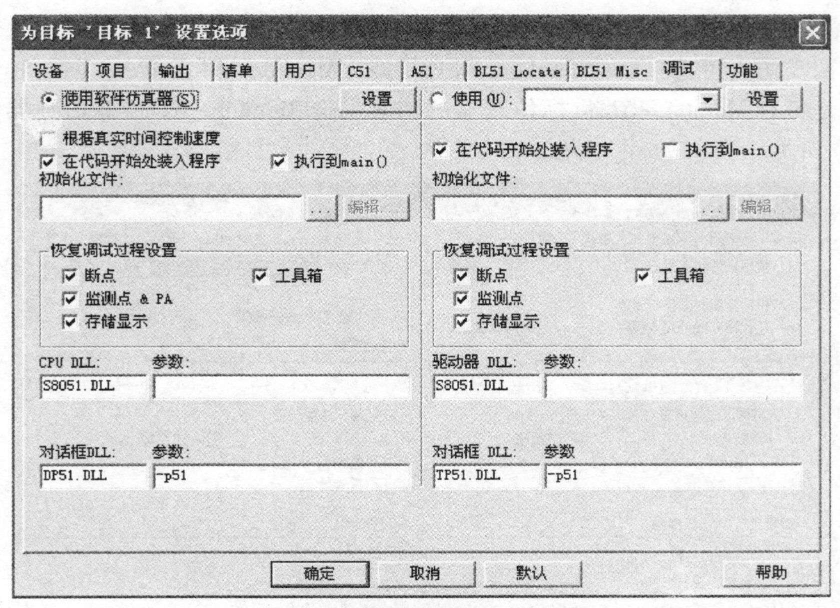

图 1－2－13　设置 Debug 选项卡

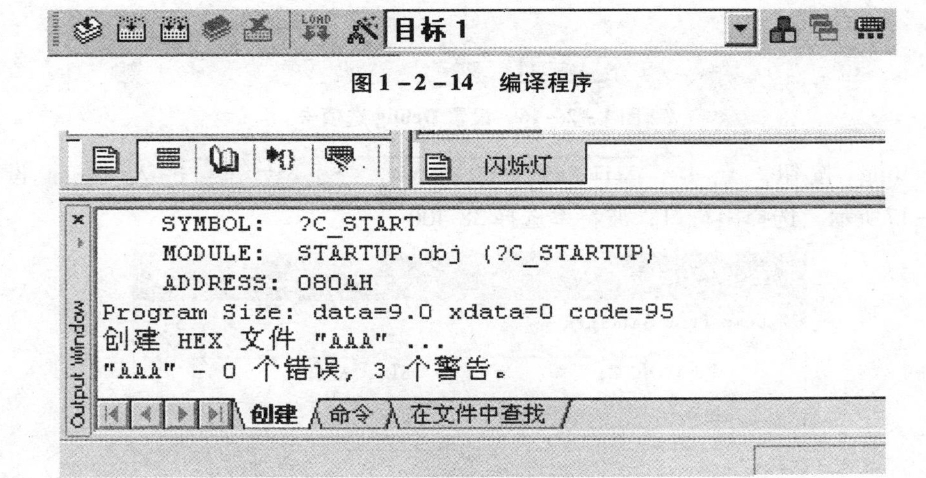

图 1－2－14　编译程序

图 1－2－15　显示编译信息

5. 软件仿真运行

单击工具栏的按钮，即进入仿真环境；再单击按钮，进入编程界面。

单击工具栏的按钮，运行程序；单击工具栏的按钮，停止运行程序。

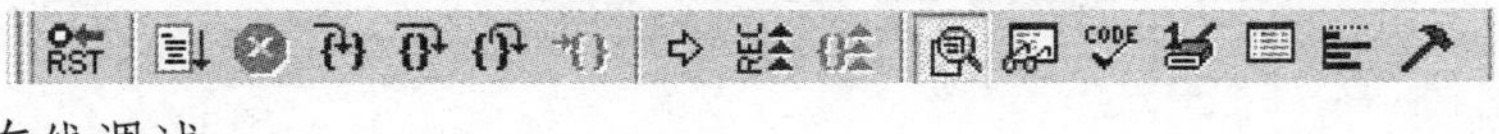

6. 仿真器在线调试

实训箱连接好电源线，串口线连接好 PC 机和 THKL－C51 仿真器，把仿真器插入单片机最小应用系统的锁紧插座。

打开 Keil 软件，创建相关实训的应用项目，包括添加源文件、编译项目文件。

设置 Debug 选项卡：

这里有两类仿真可选：Use Simulator 和 Use Keil Monitor－51 Driver；前一种是纯软件仿真，后一种是带有 Monitor－51 目标仿真器的仿真。选 Monitor－51 目标仿真器的仿真，如图 1－2－16 所示。

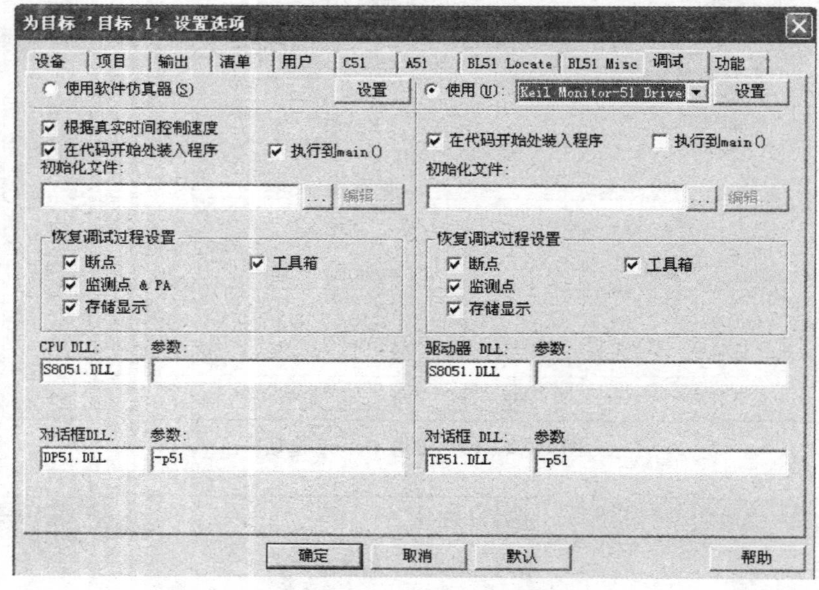

图 1－2－16　设置 Debug 选项卡

按 Settings 按钮，Use: Keil Monitor-51 Driver Settings 进入 Target 设置，如图 1－2－17所示，选择串行口，波特率选择 38 400。

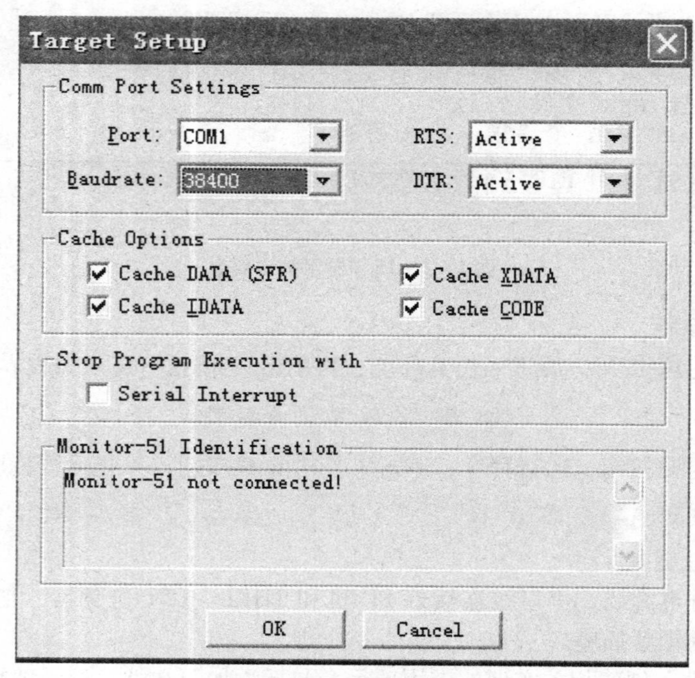

图 1－2－17　波特率选择

单击工具栏的 按钮，开始调试。

7. Keil μVision3 字体设置

1）汇编语言字体

（1）选 Fixedsys 字体，其大小 10 号，如图 1－2－18 所示。

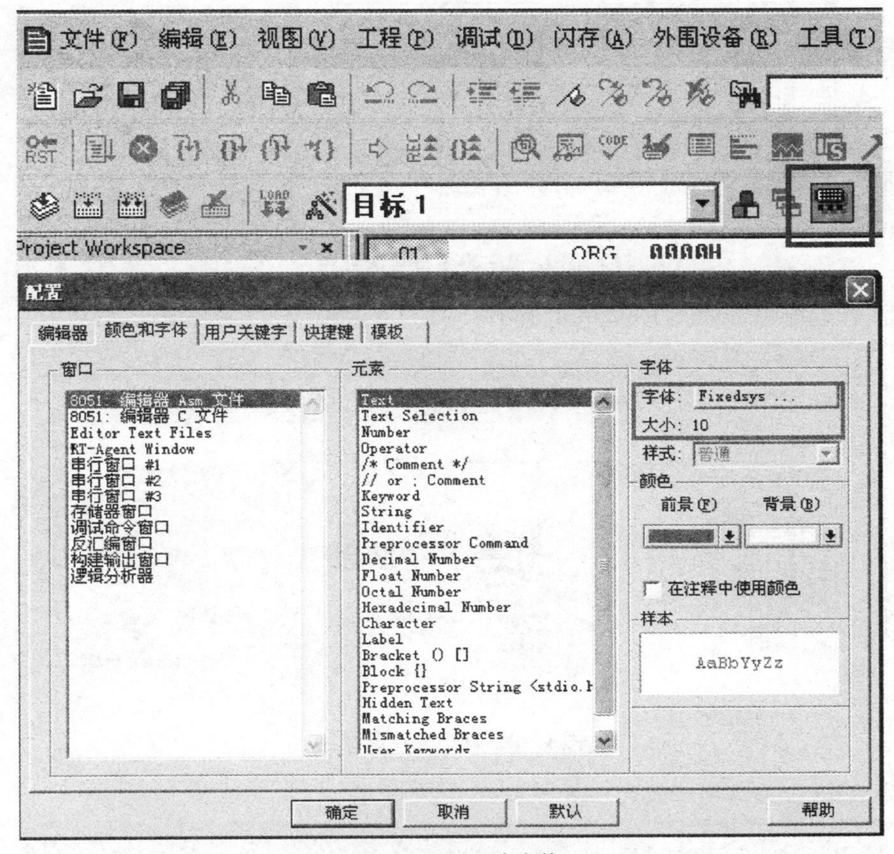

图 1－2－18　选字体

（2）立即数符号选择，如图 1－2－19 所示。

图 1－2－19　立即数符号选择

（3）符号选红色，如图 1－2－20 所示。

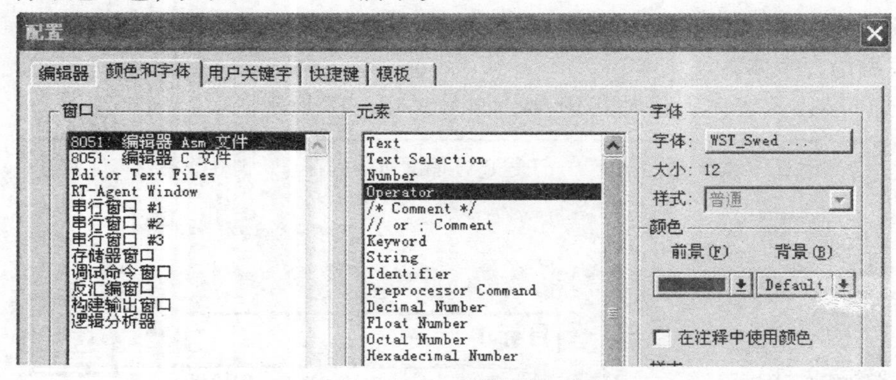

图 1－2－20　符号选红色

（4）注释选绿色，如图 1－2－21 所示。

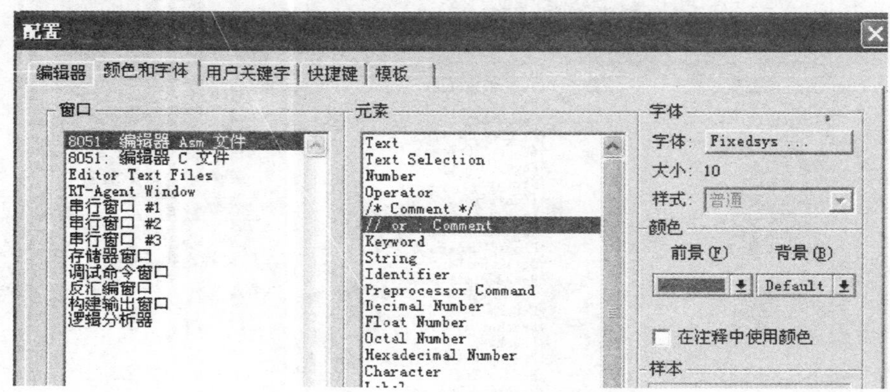

图 1－2－21　注释选绿色

（5）汇编语言关键字选蓝色，如图 1－2－22 所示。

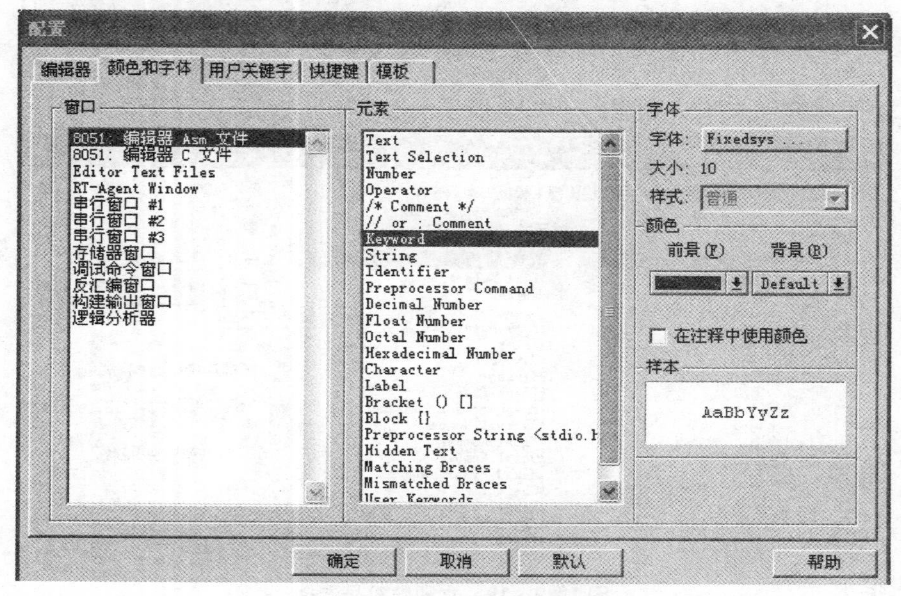

图 1－2－22　汇编语言关键字选蓝色

（6）字母开头选黑色，如图 1－2－23 所示。

图 1－2－23　字母开头选黑色

（7）十进数选棕色，如图 1－2－24 所示。

图 1－2－24　十进数选棕色

（8）十六进制数选粉红色，如图 1－2－25 所示。

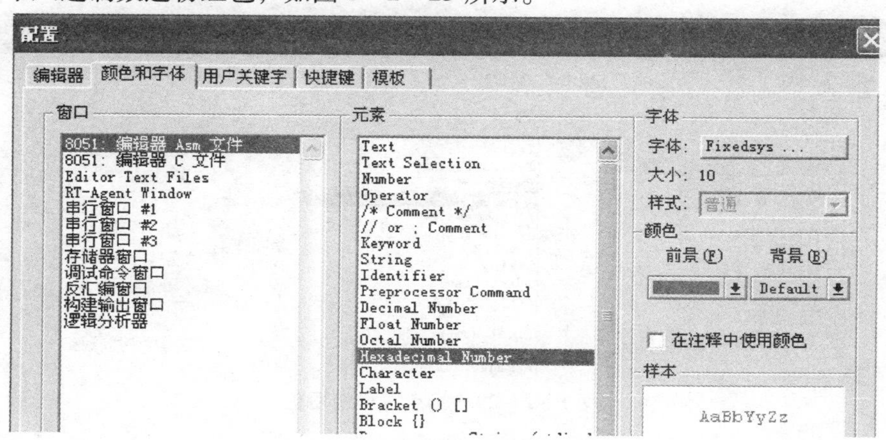

图 1－2－25　十六进制数选粉红色

（9）标号选红色，如图1－2－26所示。

图1－2－26　标号选红色

2）C语言字体

（1）选Fixedsys字体，其大小10号，如图1－2－27所示。

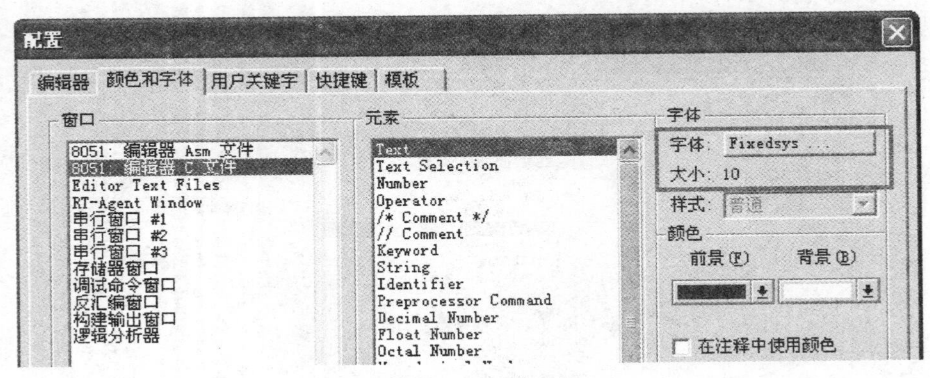

图1－2－27　选字体

（2）标点符号选橙色，如图1－2－28所示。

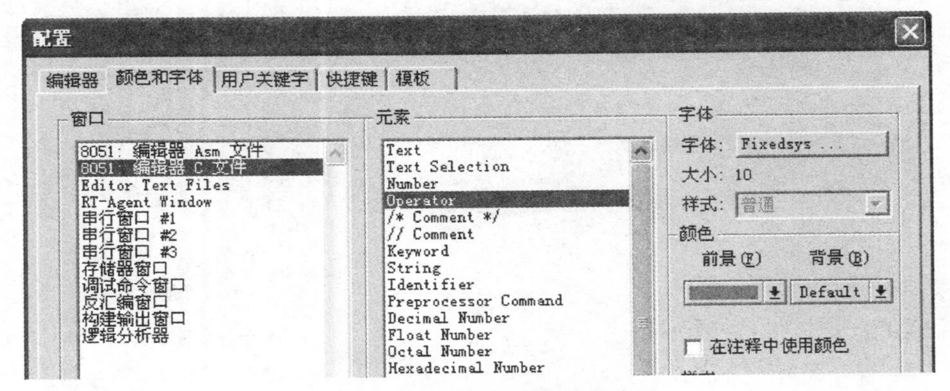

图1－2－28　标点符号选橙色

（3）注释选绿色，如图1－2－29所示。

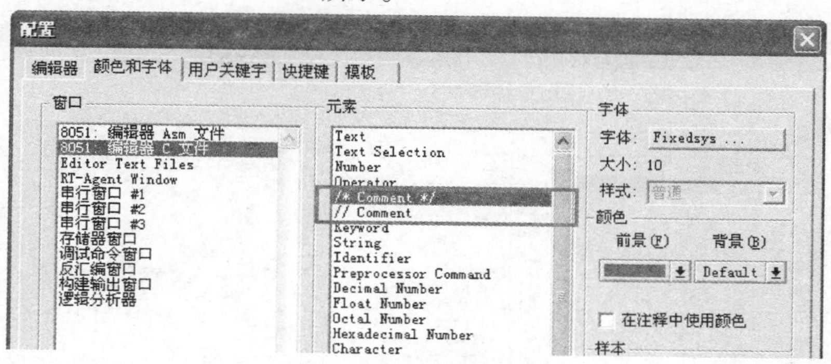

图1－2－29　注释选绿色

（4）C51关键字选蓝色，如图1－2－30所示。

图1－2－30　C51关键字选蓝色

（5）字母选黑色，如图1－2－31所示。

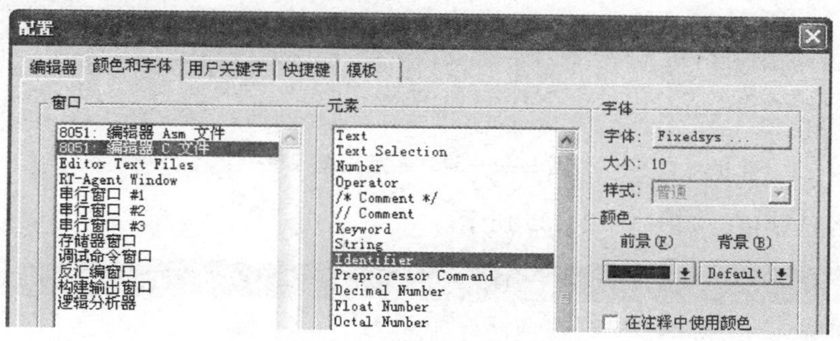

图1－2－31　字母选黑色

（6）十进制数选红色，如图1－2－32所示。

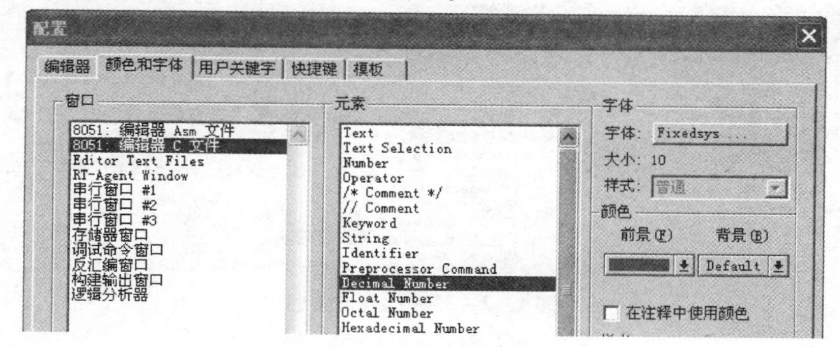

图1－2－32　十进制数选红色

（7）十六进制数选粉红色，如图 1－2－33 所示。

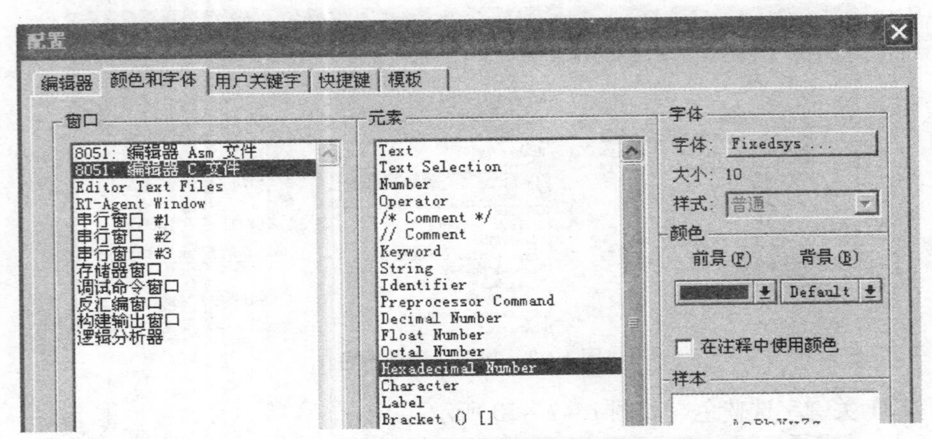

图 1－2－33　十六进制数选粉红色

（8）宏定义选棕色，如图 1－2－34 所示。

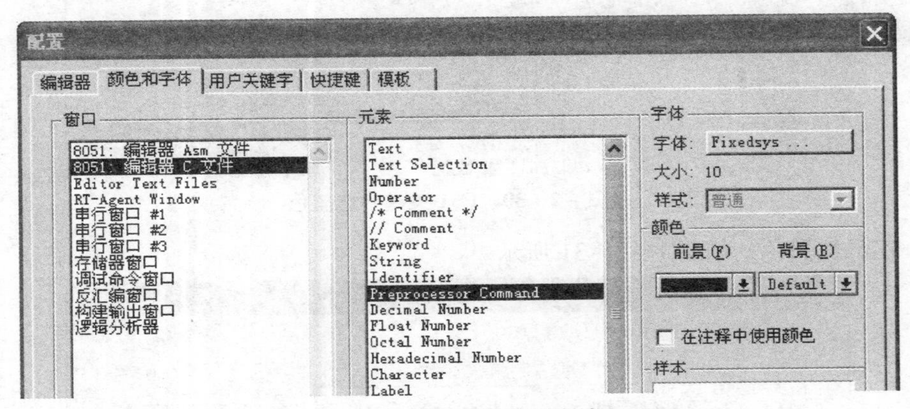

图 1－2－34　宏定义选棕色

（9）括号选紫色，如图 1－2－35 所示。

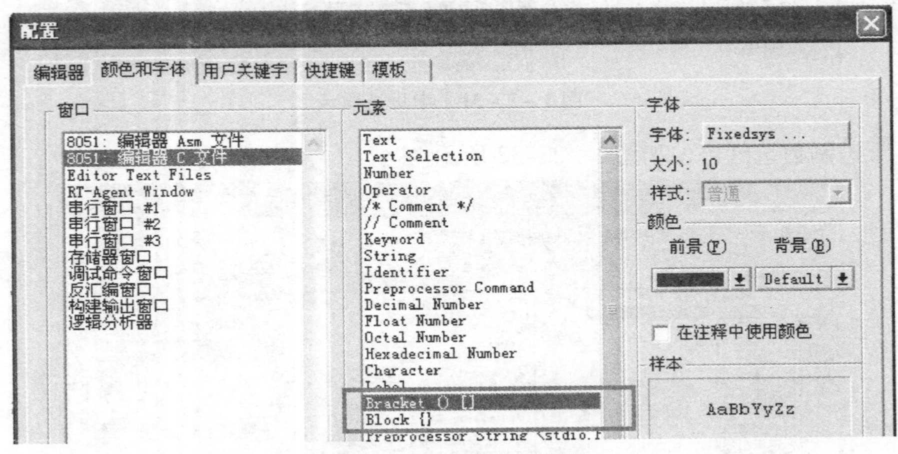

图 1－2－35　括号选紫色

任务 2.3 Proteus 仿真软件的使用简介

Proteus ISIS 是英国 Labcenter 公司开发的电路分析与实物仿真软件。它运行于 Windows 操作系统上，可以仿真、分析各种模拟器件和集成电路，该软件的特点是：

（1）实现了单片机仿真和 SPICE 电路仿真相结合，具有模拟电路仿真、数字电路仿真、单片机及外围电路组成的系统仿真、键盘和 LCD 等系统仿真功能；具有各种虚拟仪器，如示波器等。

（2）支持主流单片机系统的仿真。

（3）提供软件调试功能。

（4）具有强大的原理图绘制功能。

总之，该软件是一款集单片机和 SPICE 分析于一身的仿真软件，功能极其强大。这里主要介绍 Proteus ISIS 软件的工作环境和一些基本操作。

一、进入 Proteus ISIS

双击桌面上的 ISIS 6 Professional 图标或者单击屏幕左下方的“开始”→“程序”→“Proteus 6 Professional”→“ISIS 6 Professional”，出现如图 1－2－36 所示启动界面，表明进入 Proteus ISIS 集成环境。

图 1－2－36 启动界面

工作界面介绍：

Proteus ISIS 的工作窗口界面是一种标准的 Windows 界面，英文主界面如图 1－2－37 所示，中文主界面如图 1－2－38 所示，包括：标题栏、主菜单、标准工具栏、绘图工具栏、状态栏、对象选择按钮、预览对象位控制按钮、仿真进程控制按钮、预览窗口、对象选择器窗口、图形编辑窗口。

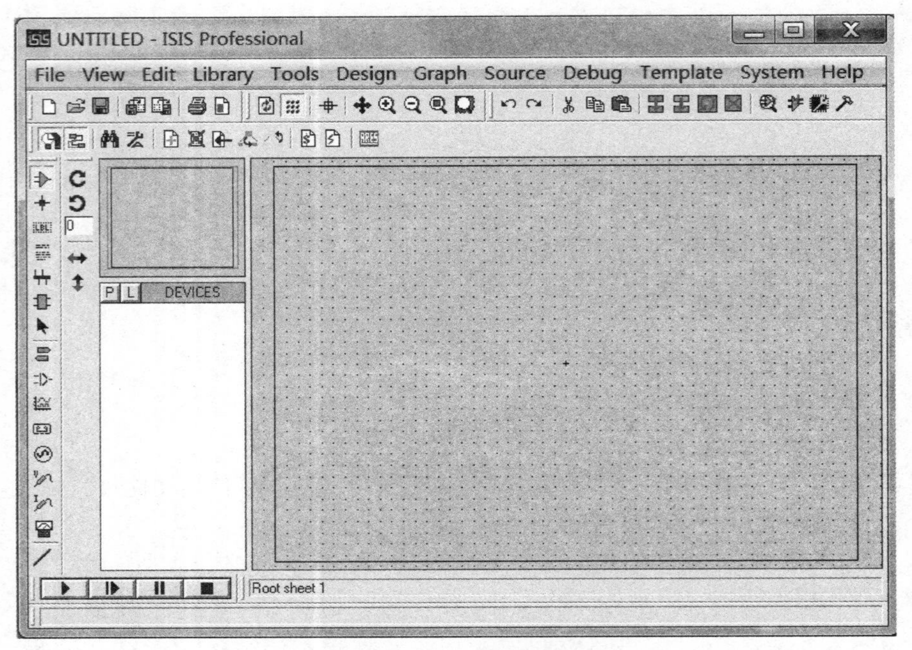

图 1－2－37 英文主界面

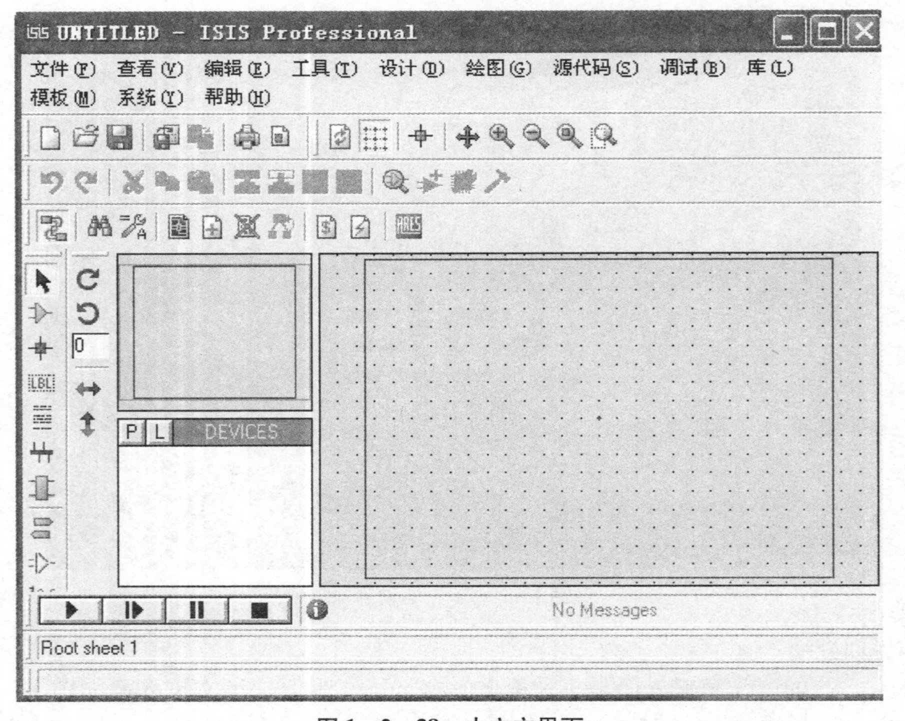

图 1－2－38 中文主界面

我们以一个具体绘图为例来介绍。

步骤 1：打开 Proteus ISIS。

步骤2：单击[元件模式]，选择元器件，如图1－2－39所示。在拾取元件对话框中搜索相关元件的关键字"单片机芯片（AT89C51）""按钮（BUTTON）""普通电容（CAP）""电解电容（CAP－ELEC）""晶体振荡器（CRYSTAL）""红色发光二极管（LED－RED）""电阻（RES）"等。搜索到需要的元件双击鼠标左键，即可添加到拾取元件列表中。

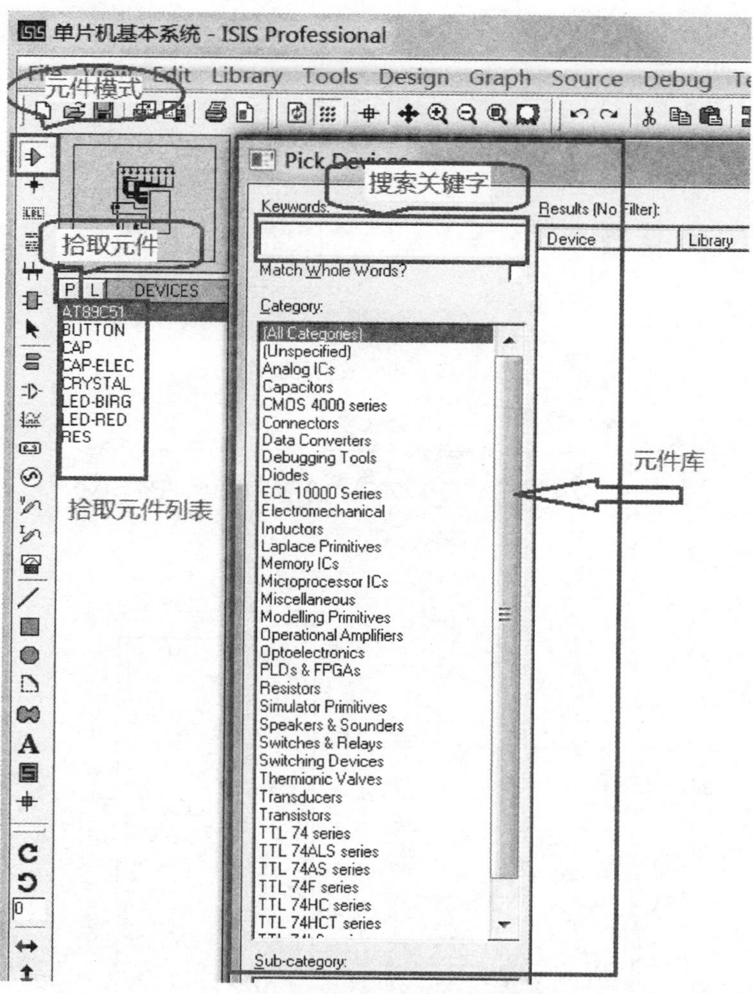

图1－2－39　选择元器件

步骤3：把相关元器件合理布局放到绘图区，如图1－2－40所示。

步骤4：放置高低电平。绘图工具栏选择[终端模式]，找到Power和Ground分别表示高电平和低电平。

步骤5：连接导线。Proteus具有自动捕捉连线端点以及自动布线功能，只需鼠标单击导线的起始端点和结束端点即可自动连接，方便、简单。

步骤6：电路图完成以后，还可以添加文字信息，如图1－2－41所示。

步骤7：电路中所有的元器件属性都可以进行修改。方法：右键选中元件，左键即可打开元件编辑对话框，如图1－2－42所示，其中重要参数可以根据需要修改。以电阻元件为

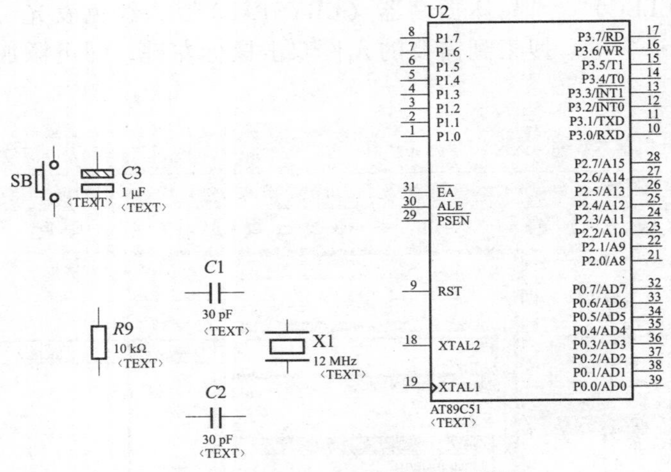

图 1－2－40　放置元器件

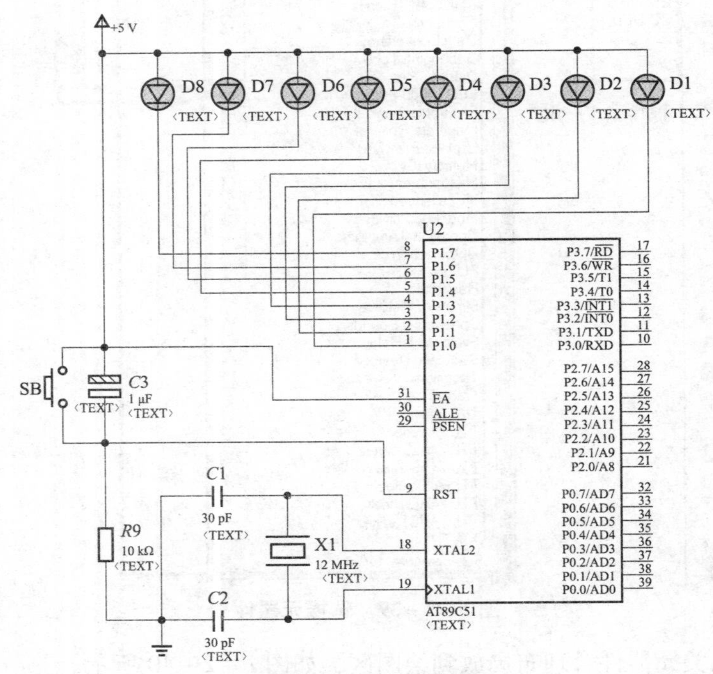

图 1－2－41　电路图

例，其元件编辑对话框如图 1－2－42 所示，可修改阻值、元件名称、编号等参数，对应参数行的 Hidden 栏打钩可隐藏对应的参数，反之，显示该参数。

步骤 8：要进行单片机仿真，必须对单片机芯片加载相关程序文件。即用 Keil 软件编译生成“aaa. hex”文件，加入仿真电路的单片机中，右键单击单片机，如图 1－2－43 所示。最后在你放置程序的相应文件中找到“aaa. hex”，按“OK”（“确定”）就录入单片机了，如图 1－2－44 所示。

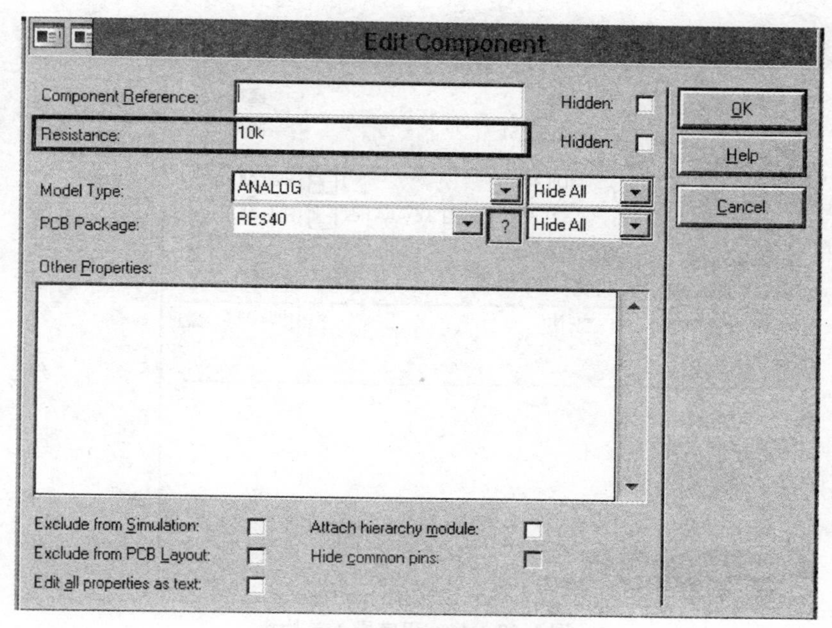

图 1－2－42　元件编辑对话框

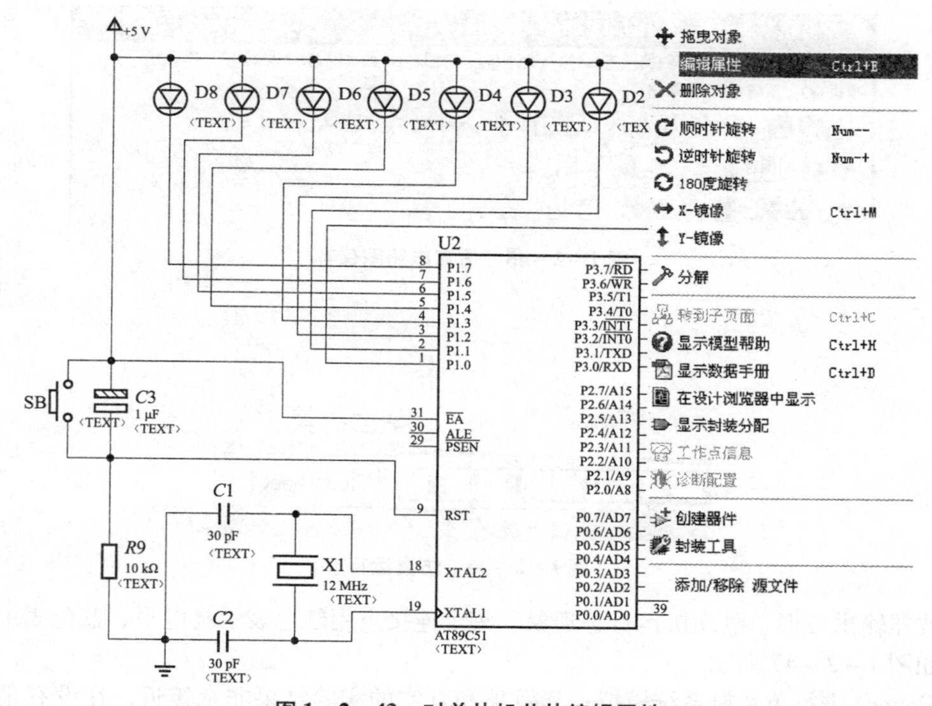

图 1－2－43　对单片机芯片编辑属性

步骤 9：如需保存绘制好的仿真电路图，单击保存，如图 1－2－45 所示。

步骤 10：鼠标左键单击左下角的运行按钮即可进行仿真，单击停止按钮即可停止仿真，如图 1－2－46 所示。

步骤 11：仿真调试。仿真运行以后，可以看到原理图中相应的现象，比如二极管点亮，

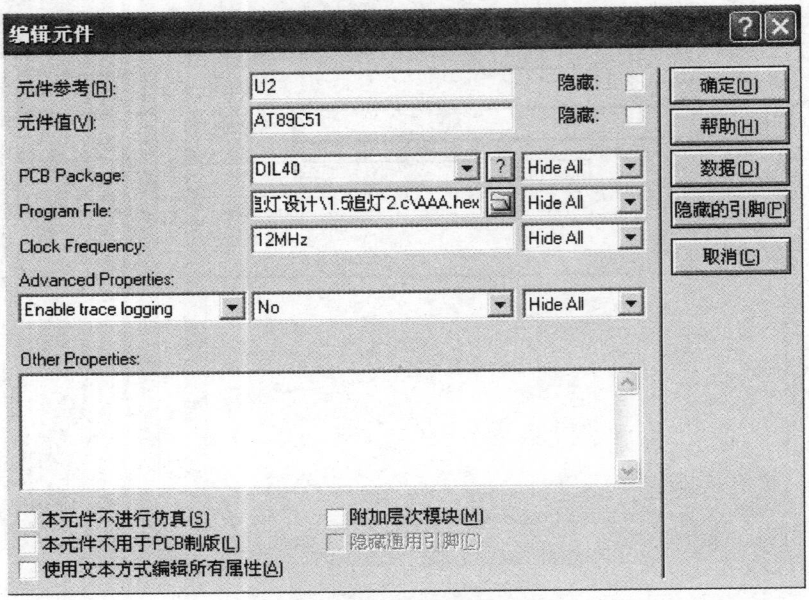

图 1－2－44　程序录入单片机

图 1－2－45　仿真电路图保存

图 1－2－46　仿真运行

或者示波器输出波形、电动机运行等现象。每个连接点用红色表示高电平、蓝色表示低电平状态，如图 1－2－47 所示。

用 Proteus 进行单片机系统模拟，其效果和真实的实验结果非常接近，在没有足够的硬件设施或者项目开发实施之前，可以采用 Proteus 仿真软件来模拟调试。

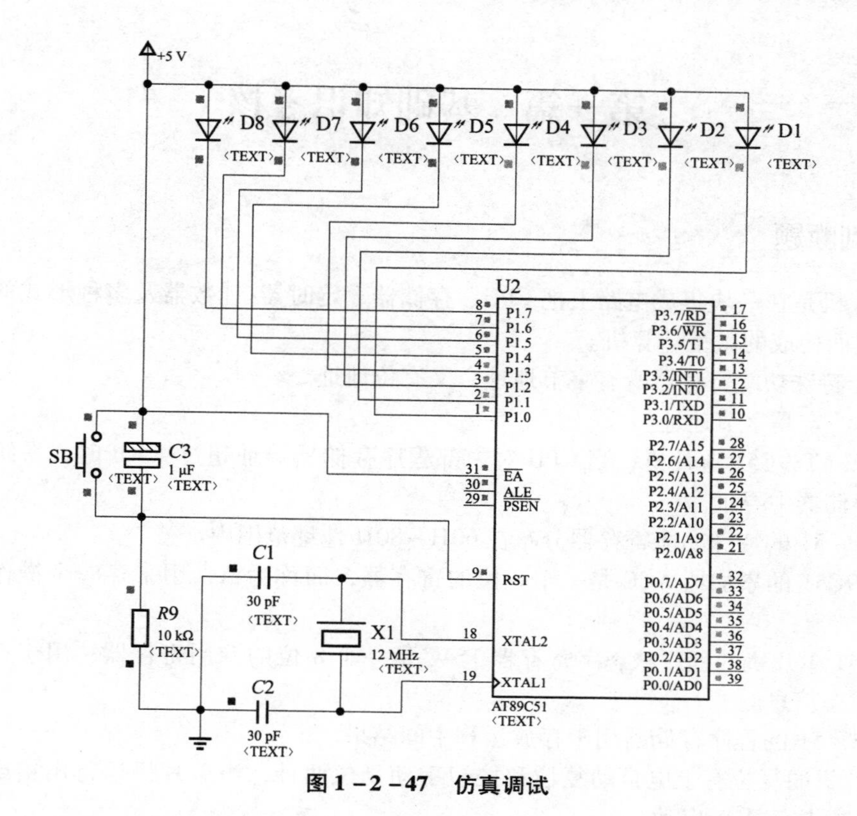
+5 V
D8
D7
D6
D5
D4
D3
D2
D1
U2
P1.7
P1.6
P1.5
P1.4
P1.3
P1.2
P1.1
P1.0
EA
ALE
PSEN
RST
XTAL2
XTAL1
AT89C51
P3.7/RD
P3.6/WR
P3.5/T1
P3.4/T0
P3.3/INT1
P3.2/INT0
P3.1/TXD
P3.0/RXD
P2.7/A15
P2.6/A14
P2.5/A13
P2.4/A12
P2.3/A11
P2.2/A10
P2.1/A9
P2.0/A8
P0.7/AD7
P0.6/AD6
P0.5/AD5
P0.4/AD4
P0.3/AD3
P0.2/AD2
P0.1/AD1
P0.0/AD0
SB
C3
1 μF
C1
30 pF
C2
30 pF
R9
10 kΩ
X1
12 MHz

图 1-2-47　仿真调试

第一篇　基础知识考核

一、判断题

1. 单片机是在一块集成电路上把 CPU、存储器、定时器/计数器及多种形式的 I/O 接口集成在一起而构成的微型计算机。（　　）

2. 每个特殊功能寄存器既有字节地址，又有位地址。（　　）

3. 50H 一定是字节地址。（　　）

4. 对于 AT89C51 单片机，当 CPU 对内部程序存储器寻址超过 4 KB 时，系统会自动在外部程序存储器中寻址。（　　）

5. MCS - 51 的特殊功能寄存器分布在 60H ~ 80H 地址范围内。（　　）

6. AT89C51 的累加器 ACC 是一个 8 位的寄存器，简称为 A，用来存一个操作数或中间结果。（　　）

7. 80C51 单片机的程序状态字寄存器 PSW 是一个 8 位的专用寄存器，用于存程序运行中的各种状态信息。（　　）

8. MCS - 51 的程序存储器用于存放运算中间结果。（　　）

9. 单片机的复位有上电自动复位和按钮手动复位两种，当单片机运行出错或进入死循环时，可按复位键重新启动。（　　）

10. 汇编语言源程序是单片机可以直接执行的程序。（　　）

11. MCS - 51 单片机的特殊功能寄存器集中布置在片内数据存储器的一个区域中。（　　）

12. 片内 RAM 中工作寄存器区在任何时刻 CPU 只能使用其中一个区。（　　）

13. 80C51 单片机是高档 16 位单片机。（　　）

14. 80C51 产品系列中的 80C51 与 80C31 的区别是：80C31 片内无 ROM。（　　）

15. 单片机的 CPU 从功能上可分为运算器与存储器。（　　）

16. AT89C51 单片机加电复位后，片内数据存储器的内容均为 00H。（　　）

17. 80C51 单片机片内 RAM 从 00H ~ 1FH 的 32 个单元，不仅可以作为工作寄存器使用，而且可作为 RAM 来读写。（　　）

18. CPU 的时钟周期为振荡器频率的倒数。（　　）

二、填空题

1. AT89C51 单片机内部程序存储器（ROM）容量________，地址从________开始，用于存放程序和表格常数。

2. 单片机的寻址方式有________________________。

3. 单片机复位方式有________和________。

4. MCS - 51 单片机的 CPU 包括了________和________两部分电路。

5. 以助记符形式表示的计算机指令就是它的________语言。

6. 八位无符号二进制数中，最大的十进制数是________。

7. 当使用8031单片机时，需要扩展外部程序存储器，此时EA应接________电平。
8. 当MCS－51单片机RST信号复位时，I/O口锁存器值为________。
9. 80C51单片机使用电源为________。
10. 在立即寻址方式中，在数前使用________号来表示立即数。
11. 设MCS－51外接12 MHz的石英晶体，则一个机器周期的时间宽度为________。
12. MCS－51单片机的汇编语言源程序的扩展名为________。
13. 当MCS－51单片机复位后，程序的入口地址为________。
14. 单片机AT89C51的片内程序存储器（ROM）的容量为________，可以外接容量为________的片外程序存储器。
15. 单片机AT89C51的数据存储器（RAM）的低128字节分为________区、________区和________区。

三、选择题

1. MCS－51单片机复位后，从下列哪个地址单元开始取指令（　　）。
A. 0003H　　B. 000BH　　C. 0000H　　D. 0030H
2. 当晶振频率是12 MHz时，MCS－51单片机的机器周期是（　　）。
A. 1 μs　　B. 1 ms　　C. 2 μs　　D. 2 ms
3. 在CPU内部，反映程序运行状态的寄存器是（　　）。
A. PC　　B. PSW　　C. A　　D. SP
4. 当标志寄存器PSW的RS0和RS1分别为1和0时，系统选用的工作寄存器组为（　　）。
A. 组0　　B. 组1　　C. 组2　　D. 组3
5. AT89C51单片机中，唯一一个用户可使用的16位寄存器是（　　）。
A. PSW　　B. DPTR　　C. ACC　　D. PC
6. 指令和程序是以（　　）形式存放在程序存储器中的。
A. 源程序　　B. 汇编程序　　C. 二进制编码　　D. BCD码
7. 提高单片机的晶振频率，则机器周期（　　）。
A. 不变　　B. 变长　　C. 变短　　D. 不定
8. 80C51单片机中，唯一一个用户不能直接使用的寄存器是（　　）。
A. PSW　　B. DPTR　　C. PC　　D. B
9. 计算机的主要组成部件为（　　）。
A. CPU、内存、I/O口　　B. CPU、键盘、显示器
C. 主机、外部设备　　D. 以上都是
10. 单片机应用程序一般存放在（　　）。
A. RAM　　B. ROM　　C. 寄存器　　D. CPU
11. 单片机上电后或复位后，工作寄存器R0是在（　　）。
A. 0区00H单元　　B. 0区01H单元
C. 0区09H单元　　D. SFR
12. 进位标志CY在（　　）中。
A. 累加器　　B. 逻辑运算部件ALU
C. 程序状态字寄存器PSW　　D. DPOR

13. 单片机 AT89C51 的 XTAL1 和 XTAL2 引脚是（　　）引脚。
A. 外接定时器　B. 外接串行口　C. 外接中断　D. 外接晶振
14. 工作寄存器区设定为 2 组，则（　　）。
A. RS1 = 0，RS0 = 0　B. RS1 = 0，RS0 = 1
C. RS1 = 1，RS0 = 0　D. RS1 = 1，RS0 = 1
15. 80C51 单片机中既可位寻址又可字节寻址的单元是（　　）。
A. 20H　B. 30H　C. 00H　D. 70H
16. 80C51 单片机的 CPU 主要的组成部分为（　　）。
A. 运算器、控制器　B. 加法器、寄存器
C. 运算器、加法器　D. 运算器、译码器
17. 单片机的程序计数器 PC 用来（　　）。
A. 存放指令　B. 存放正在执行的指令地址
C. 存放下一条指令地址　D. 存放上一条指令地址
18. 单片机加电复位后，PC 的内容和 SP 的内容为（　　）。
A. 0000H、00H　B. 0000H、07H
C. 0003H、07H　D. 0800H、08H
19. 单片机 80C51 的 ALE 引脚是（　　）。
A. 输出高电平　B. 输出矩形脉冲，频率为 f_{osc} 的 1/6
C. 输出低电平　D. 输出矩形脉冲，频率为 f_{osc} 的 1/12
20. 单片机 AT89C51 要使用片内存储器，EA 引脚（　　）。
A. 必须接 +5 V　B. 必须接地　C. 可悬空　D. 接脉冲

第 二 篇

项目实训

前面我们学习了单片机的最小系统，认识了单片机芯片，又知道一点点编程、指令、仿真……但还是有点糊涂，现在让我们通过一系列的任务来深入学习。

任务1.1 闪烁灯

1.1.1 任务要求

使接在AT89C51单片机实验电路板P1端口的8只LED灯，按照间隔1 s的时间同时闪烁（亮1 s，灭1 s），并反复进行亮和灭的操作。

1.1.2 相关知识

1. P1端口的应用特性

对单片机的控制，其实就是对I/O端口的控制，无论单片机对外界进行何种控制，或接受外部的何种控制，都是通过I/O端口进行。本任务是单片机要实现对8只LED灯的控制功能，必须通过引脚（I/O）与外部设备进行信息交换。

51系列单片机片内集成有4个并行（8位数据同时通过并行线进行传送）I/O端口：P0端口、P1端口、P2端口、P3端口，每一个端口都有8根I/O端口线，内部都有一个8位的特殊功能寄存器（P0、P1、P2、P3）作为端口的锁存器（把信号暂存以维持某种电平状态）。锁存器最主要的作用是缓存，其次完成高速的控制与慢速的外设的不同步问题，再其次是解决驱动的问题，最后是解决一个I/O端口既能输出也能输入的问题。所以，单片机的4个I/O端口都可以以整字节方式进行并行输入/输出，每条I/O端口线都可以单独地用作一位输入/输出线。

P1端口是通用I/O端口，它是一个准双向静态端口。双向口与准双向口的区别为双向口有高阻态，输入为真正的外部信号，准双向口内部有上拉，故高电平为内部给出，不是真正的外部信号。软件做处理时都要先向口写“1”，每一位都可以单独定义为输入口或输出口。

1）输出特性

输出具有锁存功能：位于片内RAM高128位的特殊功能寄存器P1（表1-1-4）是P1端口的输出锁存器。向特殊功能寄存器P1写入一个数据（如果没有新的数据输入刷新，该数据一直保存），该数据就会从P1端口引脚上输出。P1端口输出电路内接有上拉电阻，作为输出端口使用时，其外部引脚上可以不接上拉电阻。

2）输入特性

P1端口作为输入使用时，具有缓冲功能。读引脚输入信息的方法是，先向特殊功能寄存器P1的每一位写1，再读端口。

3）输出驱动能力

P1端口只能驱动4个LSTTL负载。LSTTL负载是指低功耗高速门电路，这些门电路都有一个功耗指标，如2 mW/每个门，就是说P1端口每个I/O都可以接上4个这样的门电路作为负载，如果超过了，那么P1端口的功率不足，产生电平效果会不稳定，导致外接门电路不能正常识别P1端口电平的真正值。如果负载过大，则需要在端口上外接驱动电路后接负载。

4）复位状态

复位时P1端口输出全为高电平，即输出0FFH（0xff）。

现代增强型51系列单片机中（如STC89C52单片机），片内新增了定时/计数器T2，在P1.0、P1.1两个引脚上分配了第二功能，P1.0用作定时/计数器2的外部事件计数输入引脚，P1.1引脚用作定时/计数器2的外部控制端。某位引脚上的第二功能没有使用时，该端口可作为普通的I/O端口使用。复位时，P1.0引脚和P1.1引脚的第二功能自动关闭，要它们具有第二功能时，需要在程序中做相应的设置。

2. 单片机控制发光二极管亮灭

1）发光二极管

发光二极管是采用特殊材料制作的半导体二极管，正向导通时PN结会发出可见光线或红外线。根据制作二极管的材料和工艺不同发出光线的颜色也不同，常用的有红、黄、绿、橙、蓝、白色和红外光等。发光二极管有发光效率高、功耗低、寿命长等许多优点，广泛应用于各类显示器件。

分立元件的发光二极管根据外形分为圆形、矩形、异形等，单片机测控常用的是圆形LED，圆形根据直径又可分为ϕ3 mm、ϕ5 mm、ϕ12 mm等，根据封装还可分为散光型和聚光型，单片机测控常用的是ϕ3 mm和ϕ5 mm散光型LED。

单只发光二极管有两个引脚，一个为正，另一个为负，使用时不可接反。区分外部引脚正负的常用方法有两种：一是引脚长者为正；二是封装外沿圆周上有一个小缺口，靠近缺口的引脚为负，如图2-1-1所示。

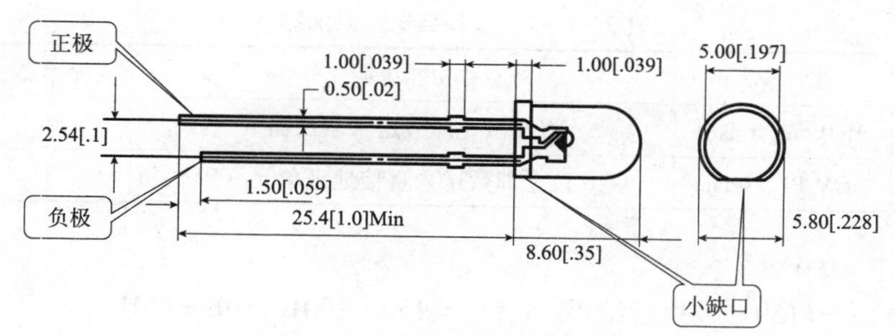

图 2 -1 -1　ϕ 5 mm 发光二极管

2）发光二极管的驱动方法

由于发光二极管在工作点附近曲线较陡，工作中即使发光二极管两端的正向电压发生较小的变化也会造成发光二极管电流较大变化，为此发光二极管最好使用恒流源供电，但一般电路均为电压源，使用发光二极管时需串联一只限流电阻保证发光二极管安全工作，具体使用方法如下：

（1）CPU 直流驱动。

AT89S51 端口的驱动能力为 8 mA 灌电流负载，因此只能使用灌电流负载驱动发光二极管，同时添加限流电阻使发光二极管正向电流限制在 5 mA 左右。限流电阻大小的计算方法为

$$R=\frac{U_{\mathrm{CC}}-U_{\mathrm{LED}}-U_{\mathrm{OL}}}{I_{\mathrm{LED}}}=\frac{5\ \mathrm{V}-2\ \mathrm{V}-0\ \mathrm{V}}{5\ \mathrm{mA}}=600\ \Omega$$

式中，U_{CC}为电源电压（5 V）；U_{LED}为发光二极管的正向压降（取 2 V）；U_{OL}为 CPU 低电位输出时的输出电位（可忽略，取 0 V）；I_{LED}为发光二极管正向电流（取 5 mA）。计算得电阻 R 为 600 Ω，可取电阻系列值 510 Ω 或 1 kΩ。

使用此方法驱动时，当 CPU 端口输出为“1”时，发光二极管熄灭；当 CPU 端口输出为“0”时，发光二极管点亮，连接方法如图 2 -1 -2 所示。

（2）使用分立元件驱动。

由于 CPU 的驱动能力不强，一般使用分立元件驱动发光二极管，如图 2 -1 -3 所示。图 2 -1 -3 中，当 CPU 端口输出为“1”时，三极管 VT 截止，发光二极管熄灭；当 CPU 端口输出为“0”时，三极管 VT 饱和导通，发光二极管点亮。

图 2 -1 -2　CPU 直接驱动 LED　　　**图 2 -1 -3　三极管驱动 LED**

3. 汇编语言相关指令学习

（1）立即数送入累加器 A（或送特殊功能寄存器 SFR），如表 2 -1 -1 所示。

表 2-1-1　立即数送入累加器 A

指令分类	助记符	功能说明	字节数	机器周期
数据传送指令	MOV A，#data	将 8 位立即数送入累加器 A	2	1
	MOV P1，#data	将 8 位立即数送入直接地址单元（P1）	3	2

◆MOV A，#150

操作：（A）←#150　　执行结果：（A）=150=10010110B=96H

执行时间：1 μs（采用 12 MHz 晶振，以下同）

◆MOV P1，#0FFH

操作：（P1）←#0FFH　　执行结果：（P1）=0FFH=11111111B=255

执行时间：2 μs

◆MOV 30H，#0FEH

操作：（30H）←#0FEH　　执行结果：（30H）=0FEH=11111110B=254

执行时间：2 μs

（2）立即数送入工作寄存器 Rn，如表 2-1-2 所示。

表 2-1-2　立即数送入工作寄存器 Rn

指令分类	助记符	能说明	字节数	机器周期
数据传送指令	MOV Rn，#data	将 8 位立即数送入工作寄存器 Rn	2	1

◆MOV R1，#7

操作：（R1）#7　　执行结果：（R1）=7

执行时间：1 μs

（3）工作寄存器 Rn 里面的数据减 1，不等于“0”转移指令，如表 2-1-3 所示。

表 2-1-3　工作寄存器 Rn 里面的数据减 1

指令分类	助记符	功能说明	字节数	机器周期
控制转移指令	DJNZ Rn，rel	将工作寄存器 Rn 的内容减 1，不为 0 则转移到标号地址 rel。 rel——编程人员给定的地址标号，rel 偏移范围为 -128 ~ +127 B	2	2

地址标号：用来标记某一条“指令”或者一段程序存放在 ROM 中的地址号码。使用英文大写字母和数字混合标记，不能超过 8 个字符，第 1 个字符必须使用英文字母。

◆ MOV R7，#7

DJNZ R7，A1A1

CPU 操作：

（R7）←#7

（R7）←（R7）-1　减 1 后，数据存入工作寄存器 R7

若（R7）≠0，转移至 A1A1 地址标号

（R7）=0，继续按顺序运行程序

指令执行时间（12 MHz 时钟）：2 μs

（4）无条件长转移指令，如表 2－1－4 所示。

表 2－1－4 无条件长转移指令

指令分类	助记符	功能说明	字节数	机器周期
控制转移指令	LJMP addr16	无条件转移至 addr16 地址（转移目标地址可以在 64 KB 程序存储器地址空间的任何地方）	3	2

◆ LJMP AA0

无条件转移至 AA0 标号地址　执行时间：2 μs

（5）调用子程序指令，如表 2－1－5 所示。

表 2－1－5 调用子程序指令

指令分类	助记符	功能说明	字节数	机器周期
控制转移指令	LCALL addr16	64 KB 程序存储器地址范围内调用子程序	3	2
	RET	子程序返回	1	2

◆ LCALL B1B1

……

B1B1：……

RET

（6）伪指令，如表 2－1－6 所示。

表 2－1－6 伪指令

指令分类	助记符	功能说明	字节数	机器周期
伪指令	ORG 16 位地址	规定程序块或数据导块存放的起始位置	不产生机器码	
	END	汇编语言源程序结束标志，用于整个汇编语言程序的末尾处		

◆ORG 0000H

（7）空操作，如表 2－1－7 所示。

表 2－1－7 空操作

指令分类	助记符	功能说明	字节数	机器周期
控制转移指令	NOP	空操作	1	1

1.1.3 任务实施

1. 搭建仿真电路

在 Proteus 仿真软件中搭建如图 2－1－4 所示的仿真电路图，所用仿真元件清单如表 2－

1－8 所示。

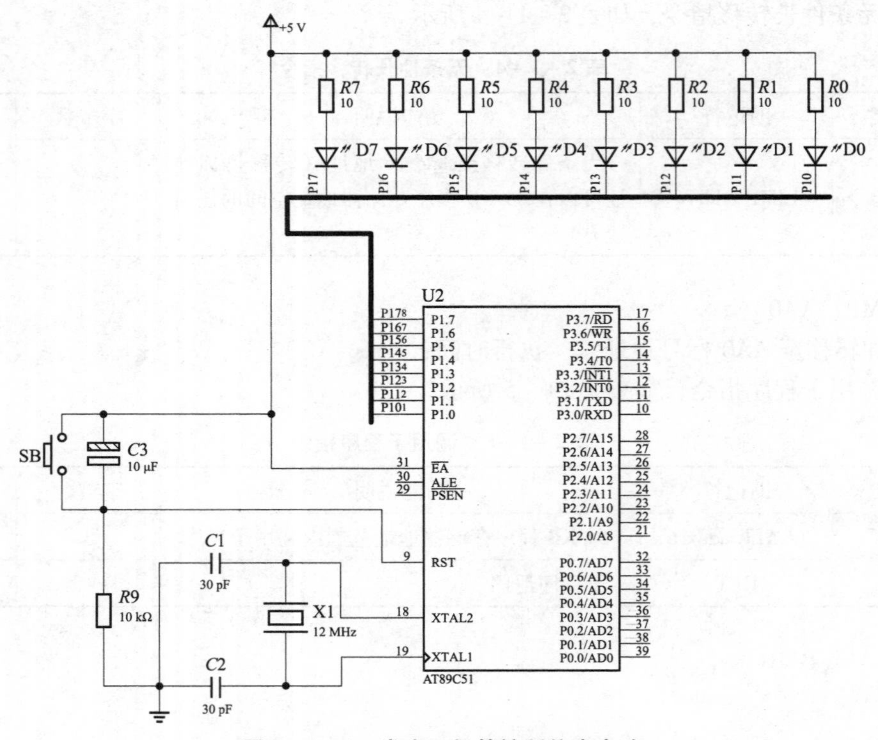

图 2－1－4　发光二极管控制仿真电路

表 2－1－8　仿真电路元件清单

序号	元件名称
1	单片机 AT89C51
2	瓷片电容 CAP 30 pF
3	晶振 CRYSTAL 12 MHz
4	发光二极管 LED－BIRG
5	按钮 BUTTON
6	电解电容 CAP－ELEC
7	电阻 *R*

2. 任务分析和解决方案

1）任务分析

程序应具备以下两个功能：

（1）可以控制 8 只 LED 亮、灭操作。

（2）可以控制 8 只 LED 亮、灭操作的时间。

2）解决方案

（1）要 LED 亮，程序指令使 P1 端口输出低电平即可，即 P1＝00H＝00000000B；要 LED 灭，程序指令使 P1 端口输出高电平即可，即 P1＝0FFH＝11111111B。

（2）要LED闪烁，即LED亮→延时→LED灭→……不断循环。

3. 程序思路

绘制闪烁灯流程图，如图2－1－5所示。

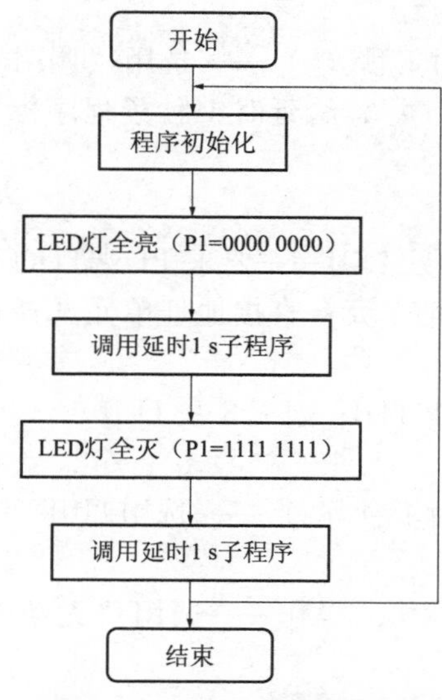

图2－1－5 闪烁灯流程图

4. 汇编语言程序设计

（1）程序开始——由于单片机复位时，规定从ROM的0000H地址号开始运行程序。因此，必须选用“伪指令”来定义程序的第一条指令存放在ROM中的0000H地址号。

书写格式：ORG 0000H

（2）避开ROM中特殊用途的地址号0003H～002AH来存放指令——选用“无条件转移指令”来完成这项任务。当使用无条件转移LJMP addr16指令时，我们需要给它设定一个目标地址（转移到达的地址），也就是前面所讲到的地址标号，这个地址标号可以由编程人员自由设定，如：A1A1。

书写格式：LJMP A1A1（地址标号）

（3）选用“伪指令”重新定义指令在ROM中的存放地址号——由于需要避开0003H～002AH地址号存放指令，而翻译系统又是从ROM的0000H地址号按照顺序进行指令的翻译工作，这样就会出现翻译错误。因此，必须再一次使用“伪指令”定义后续指令的存放地址号（为了方便记忆，选择0030H，实际上可以从002BH地址号开始存放指令）。

书写格式：ORG 0030H

（4）初始化设置——选用“数据传送指令”MOV对单片机的输入/输出端口和内部各存储器里面的数据进行初始参数的设置。由于重新定义了存放指令的地址号，必须在后续的第一条指令的前面标定1个地址标号，这个地址标号一定要与避开ROM中特殊用途的地址号所使用的“无条件转移指令”LJMP A1A1的地址标号相一致，否则指令找不到转移的目的地址。

书写格式：A1A1：MOV P1，#0FFH

本程序初始化设置就是让P1端口上电先熄灭LED。

（5）功能程序段——要求P1端口连接的8只LED点亮或熄灭。

点亮P1端口连接的8只LED，就需要给P1端口（8位）全部输出“0”。可以选用

“立即数传送（存入）到直接地址单元”的指令来完成此项任务（直接地址单元选择特殊功能寄存器 P1）。

书写格式：MOV P1，#00000000B；点亮 8 只 LED

或 MOV P1，#00H

（6）点亮 8 只 LED 后，延时 1 秒（s）——选用“调用子程序指令 LCALL addr16”，该子程序被定义为“延时 1 秒子程序”，给延时 1 秒子程序标定一个地址号为 M1M1。因此，调用延时 1 秒子程序的指令为：

书写格式：LCALL M1M1

（7）熄灭 P1 端口连接的 8 只 LED——要求 P1 端口的 8 位全部输出“1”，可以选用“立即数传送到（存入）直接地址单元：直接地址单元选择特殊功能寄存器 P1”指令来完成此项任务：

书写格式：MOV P1，#11111111B；熄灭 8 只 LED

或 MOV P1，#0FFH

（8）熄灭 8 只 LED 后，延时 1 秒（s）——选用调用子程序指令：

书写格式：LCALL M1M1

（9）反复执行点亮或熄灭 LED 的操作——选用“无条件转移指令”。转移回到功能程序段（MOV P1，#00H）。

书写格式：LJMP 地址标号

（10）编写延时 1 秒子程序。

在编程中，常常需要设置一些延时或准确定时，一般可以采用硬件定时器来定时（定时/计数器内容介绍），也可以采用软件编程的方法来实现延时的目的。软件延时采用循环结构程序，使机器重复执行一些无用的操作，适当赋值和控制循环次数，就可以获得所需的延时，本模块采用软件延时。延时“1 s”子程序模块如下：

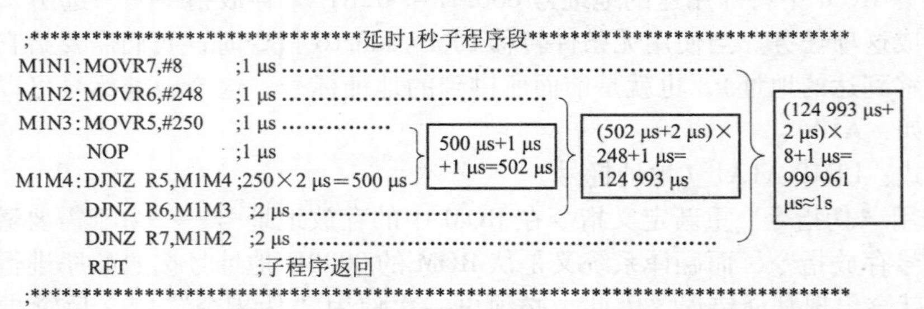

由于晶振 $f_{osc}=12$ MHz，因此 1 个机器周期等于 1 μs，上面延时程序分为三重循环，由寄存器 R5、R6、R7 内数据决定循环次数，可得出相应的延时时间，具体计算如下：

第一循环时间 t_1 = R5 数据 ×2 μs +1 μs +1 μs =250 ×2 μs +1 μs +1 μs =502 μs

第二循环时间 t_2 =（t_1 +2 μs）×R6 数据 +1 μs =（502 +2 μs）×248 +1 μs =124 993 μs

第三循环时间 t_3 =（t_2 +2 μs）×R7 数据 +1 μs =（124 993 +2 μs）×8 +1 μs =999 961 μs≈1 s

汇编语言源程序：

```
; **** 闪烁灯 ******
        ORG 0000H                 ; 定义从 ROM 的 0000H 地址开始执行指令
        LJMP A1A1                 ; 无条件转移到 A1A1 地址标号执行指令
        ORG 0030H                 ; 重新定义从 ROM 的 0030H 地址执行指令
```

```
A1A1: MOV P1, #0FFH          ; 初始化设置（关闭 P1 端口）
A1A2: MOV P1, #00000000B     ; 点亮 8 只 LED
      LCALL M1M1             ; 调用延时 1 秒子程序
      MOV P1, #11111111B     ; 熄灭 8 只 LED
      LCALL M1M1             ; 调用延时 1 秒子程序
      LJMP A1A2              ; 无条件转移到 A1A2 地址标号反复执行程序
; *********; 延时 1 秒子程序段 *************
M1M1: MOVR7, #8
M1M2: MOVR6, #248
M1M3: MOVR5, #250
      NOP
M1M4: DJNZ R5, M1M4
      DJNZ R6, M1M3
      DJNZ R7, M1M2
      RET
; ****************************************
      END                    ; 程序结束
```

在 Keil 软件中输入以下程序并保存在 D 盘“单片机应用”“任务 1. 1”文件夹里，工程名命名为“闪烁灯 ASM”，源文件命名为“闪烁灯 . asm”。

5. C51 程序设计（C51 格式）

C51 是针对 51 单片机的 C 语言，C51 基本结构和规则同《C 语言程序设计》基本一样，还有其自身的特点。例如，增加了位变量数据类型（如 bit、sbit），中断服务函数（如 interrupt n），对 51 单片机特殊功能寄存器的定时/计数器是 C51 所特有的。C51 主要包括以下几个部分：

1）包含说明

#include <reg51. h> //将特殊功能寄存器定义文件 reg51. h 包含当前文件中

指定本程序包含头文件 reg51. h。

一个 C51 程序可以包含其他的说明文件和库函数文件，这个语句的含义就是包含一个名为“reg51. h”的说明文件，也称头文件。此文件用来说明 MCS－51 系列单片机的寄存器。51 系列单片机中有许多用符号表示的专用寄存器，如 A、B、DPTR 等。这些符号固定对应到内部寄存器的地址，但是计算机并不知道这些对应关系，此处的头文件 reg51. h 中记录了这些对应关系。在 C51 编程时，一开始就声明指定用这个头文件，那么在后面的程序中就可以直接使用这些特殊功能寄存器了。如果使用的是 52 系列单片机，因 52 系列单片机与 51 系列单片机的特殊功能寄存器对应的地址有可能不同，所以用“reg52. h”说明文件。

因此，指定头文件的语句是每一个 C51 程序必不可少的。

2）数据类型

一个程序不可避免地要使用各种数据和变量，C51 程序中规定，任何一个变量在使用前都必须说明其类型。通俗地说，任何一个变量使用前都必须告诉计算机这个变量是存放什么样的数据的。

MCS－51 单片机是 8 位单片机，它可以直接支持的数据类型是无符号字符型、位型

（包括可寻址位）以及特殊功能寄存器，在应用程序设计时应尽量使用无符号字符型、位型数据，以便提高程序运行的速度。表 2－1－9 所示为 C51 常用数据类型。

表 2－1－9　C51 常用数据类型

数据类型	名称	长度	值域
unsigned char	无符号字符型	1 字节	0～255
signed char	有符号字符型	1 字节	－128～＋127
unsigned int	无符号整型	2 字节	0～65 535
signed int	有符号整型	2 字节	－32 768～＋32 767
unsigned long	无符号长整型	4 字节	0～4 294 967 295
signed long	有符号长整型	4 字节	－2 147 483 648～＋2 147 483 647
float	浮点型	4 字节	$\pm 1.175\,494 \times 10^{-38} \sim \pm 3.402\,823 \times 10^{38}$
*	指针型	1～3 字节	对象的地址
bit	位型	1 位	0 或 1
sbit	可寻址位	1 位	0 或 1
sfr	特殊功能寄存器	1 字节	0～255
Sfr16	16 位特殊功能寄存器	2 字节	0～65 535

在单片机 C51 编程时，变量使用前需要先声明其类型。例如，需要使用一个变量 n，在使用中它的值始终为正整数，并且不会超过 255，则可以将其声明为 unsigned char 型。

```
unsigned char n;
```

但如果使用中数值会超过 255 但在 65 535 以下，则需要声明为 unsigned int 型。

```
unsigned int n;
```

3）预定义部分

```
#define uint unsigned int        //定义数据类型
```

将类型 unsigned int 定义为 uint。由于类型说明 unsigned int 太长容易拼写错误，使用此语句将 unsigned int 定义为 uint，以后在程序中用到 unsigned int 就用 uint 代替。

4）函数格式

函数是 C51 程序的主要组成部分，一个 C51 程序就是由若干个函数组成，函数的格式如下：

```
[函数类型] 函数名 ( [函数形式参数表])
{
  [函数说明部分]
  函数执行部分
}
```

函数格式说明如下：

（1）[函数类型]：表示此函数运算结果（称为函数的返回值）的数据类型，如果函数只是处理一项工作，不需要返回运算则没有此部分，此时也可用 void 表示。

方括号 [ ] 中的内容表示可选内容，即可有可无。

（2）函数名：每一个函数都必须有一个函数名，函数名由开发者自己编写。但是一个

C51程序中必须有一个名为main的函数，称为主函数。程序运行后首先执行的函数就是这个main函数。因此，一个C51程序最少有一个名为main的函数。

（3）（[函数形式参数表]）：许多函数需要使用一些数据（称为函数的参数），这些数据在此处列出。即使不使用参数小括号“（）”也必须保留，或用“（void）”表示。

（4）[函数说明部分]：此处说明函数中需要使用的数据及其类型。

（5）函数执行部分：函数的具体内容。

5）主函数

一个C51程序至少包含一个名为main（）的函数，这个函数称为主函数。计算机开始运行时首先执行这个主函数。因此，它是C51中唯一一个不可缺少的函数，也是C51规定名称的函数，称为系统函数。而其他函数均为用户函数，其函数名由用户编制。

C51源程序：

```
/***** 闪烁灯 ***** /
 #include <reg51.h>        //将特殊功能寄存器定义文件reg51.h包含当前文件中
 #define uint unsigned int //声明无符号整型变量用uint代替unsigned int
 void delay (uint x);      //声明延时函数
/********* 主函数 ********** /
 void main (void)
 {
 uint s =100;              //声明无符号整型变量s及赋值，闪烁灯间隔延时100 *
                             10 ms
 P1 =0xff;                 //关灯
 while (1)                 //无限循环
 {
  P1 =0x00;                //开灯
  delay (s);               //调延时函数100 *10 ms =1 s
  P1 =0xff;                //关灯
  delay (s);               //调延时函数100 *10 ms =1 s
 }
 }
/*****10 ms 延时函数 ***** /
void delay (uint x)
{
 uint n, m;
 for (n =0; n <x; n ++)
 for (m =0; m <2000; m ++);
}
```

注：编写C51源程序时，文件名的后缀为.c。Keil C51通过检测源程序后缀来确定使用不同的编译器。如果检测到源程序后缀是.asm，就自动使用A51汇编器；如果检测到源程序后缀是.c，就自动使用C51编译器。C51编译器的作用是把用C51编写的程序编译成51单片机能够识别和执行的目标代码，即生成后缀为.hex的文件。

在 Keil 软件中输入以下程序并保存在 D 盘“单片机应用”“任务 1.1”文件夹，工程名命名为“闪烁灯 C”，源文件命名为“闪烁灯 . c”。

把上述源程序编译生成“闪烁灯 . hex”格式文件。在仿真电路中，右键单击单片机，装载“D：\ 项目一 \ 闪烁灯 . hex”文件，运行。

我们发现，通上电源，这时 P1 端口的 8 只 LED 同时点亮，延时 1 s 后又同时熄灭，反复循环。指令数据转化为灯光信号输出，就那么简单，如果程序设计得复杂些，那么这些灯光控制会更神奇。这下我们明白了，点亮/熄灭 LED 灯，就是让 P1 端口输出“0”或“1”，要改变点亮或熄灭 LED 灯的时间，我们只需使延时子程序的某些参数发生改变就行。

1.1.4 再实践

【作业与练习】

使接在 AT89C51 单片机实验电路板 P1 端口的 8 只 LED 灯间隔闪烁，闪烁时间 0.5 s，反复循环，试使用汇编语言及 C51 编程。

任务 1.2 跑马灯

1.2.1 任务要求

使单片机 AT89C51 的 P1 端口 8 只 LED 灯，按照 P1 端口的排列顺序从第 0 位到第 7 位间隔 0.5 s 的时间逐个点亮（后一 LED 灯点亮后，前一 LED 灯熄灭），循环执行。

1.2.2 相关知识

1. 汇编语言相关指令学习，如表 2－1－10 和图 2－1－6 所示。

表 2－1－10 移位指令

指令分类	助记符	功能说明	字节数	机器周期
移位指令	RL A	累加器 A 的内容循环左移	1	1
	RR A	累加器 A 的内容循环右移	1	1

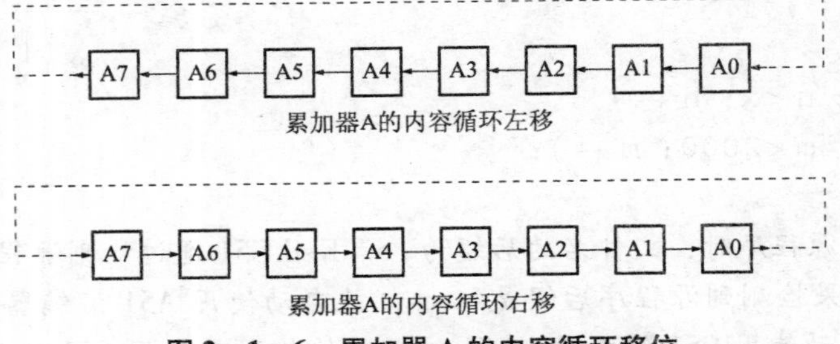

图 2－1－6 累加器 A 的内容循环移位

```
◆MOV A，#0FEH        ；（A）=11111110
  RL A               ；（A）=11111101
```

2. 软件计数方法

```
MOV R7，#7           ；R7 赋值计数次数
AA2：…
DJNZ R7，AA2         ；R7－1≠0 转至 AA2，R7－1=0 往下执行
```

1.2.3　任务实施

1. 搭建仿真电路

在 Proteus 仿真软件中搭建如图 2－1－4 所示的仿真电路图。

2. 任务分析和解决方案

1）任务分析

程序应具备以下两个功能。

（1）按照 P1 端口位的排列顺序，可以控制 8 只 LED 从第 0 位→第 7 位→第 0 位……进行亮、灭操作。

（2）可以控制 LED 亮、灭操作的时间。

2）解决方案

要实现跑马灯控制，即要使 P1 端口第 0 位→第 7 位的数据按如下顺序改变：

P7	P6	P5	P4	P3	P2	P1	P0
1	1	1	1	1	1	1	0
1	1	1	1	1	1	0	1
1	1	1	1	1	0	1	1
1	1	1	1	0	1	1	1
1	1	1	0	1	1	1	1
1	1	0	1	1	1	1	1
1	0	1	1	1	1	1	1
0	1	1	1	1	1	1	1

实现方法：

（1）每隔 0.5 s 向 P1 端口送入上面对应的亮灯码即可，但程序较长。

（2）利用移位的办法，每隔 0.5 s 把初始亮灯码 11111110 循环左移一位，然后送 P1 显示。我们用第二种方法学习移位指令的用法。

3. 设计思路

绘制跑马灯流程图，如图 2－1－7 所示。

4. 汇编语言程序设计

汇编语言源程序：

```
；***** 跑马灯 *****
      ORG 0000H
      LJMP AA0
      ORG 0030H
；******* 主程序 *********
```

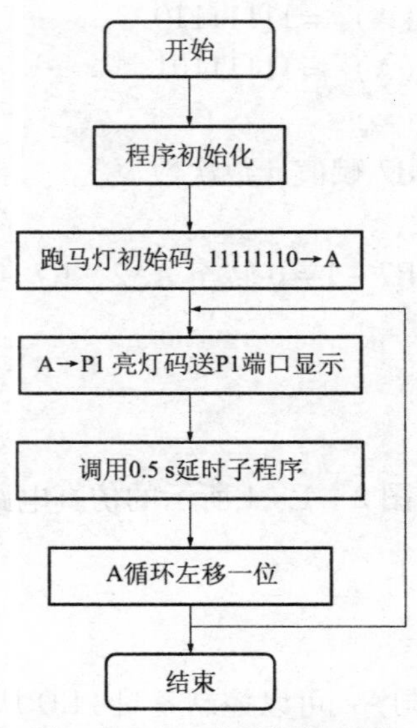

图 2-1-7　跑马灯流程图

```
AA0: MOV P1, #0FFH        ; 关闭 P1 端口
     MOV A, #0FEH         ; 亮灯初始码 11111110 送 A
AA1: MOV P1, A            ; A 的内容送 P1 端口，点亮 LED
     LCALL BB0            ; 调用延时 0.5 s 子程序
     RL A                 ; A 的内容循环左移
     LJMP AA1             ; 无条件转移 AA1 循环执行
; ****** 延时子程序 ******
BB0: MOV R0, #4
BB1: MOV R1, #248
BB2: MOV R2, #250
     NOP
BB3: DJNZ R2, BB3
     DJNZ R1, BB2
     DJNZ R0, BB1
     RET
     END
```

在 Keil 软件中输入以上程序并保存在 D 盘“单片机应用”“任务 1.2”文件夹，工程名命名为“跑马灯 ASM”，源文件命名为“跑马灯 . asm”。

5. C51 程序设计（C51 运算符）

1）C51 常用的运算符

（1）赋值运算符。

符号“ = ”在 C51 中是赋值运算符。赋值运算符的作用是将一个数据赋给一个变量，如“P1 = 0xff”是将数据 0xff 传送到 P1。

赋值运算符“ = ”的作用与汇编语言“MOV”作用一样。例如：C51 中的“P1 = 0xff”语句与汇编语言中的“MOV P1，#0FFH”语句作用是相同的，都是将数据“11111111”送入单片机 P1 端口。

（2）位逻辑运算符。

位逻辑运算符是将各变量或常量的每一位进行逻辑运算，并将结果写入某变量，如表 2－1－11 所示。

表 2－1－11 位逻辑运算符

<table>
<tr><th>运算符号</th><th>例子</th><th>说明</th><th>运算符号</th><th>例子</th><th>说明</th></tr>
<tr><td>&</td><td>a&b</td><td>将 a 与 b 各位做 AND 运算</td><td>~</td><td>~a</td><td>将 a 的内容取反</td></tr>
<tr><td>|</td><td>a | b</td><td>将 a 与 b 各位做 OR 运算</td><td>> ></td><td>a > >b</td><td>将 a 的内容右移 b 位</td></tr>
<tr><td>^</td><td>a^b</td><td>将 a 与 b 各位做 XOR 运算</td><td>< <</td><td>a < <b</td><td>将 a 的内容左移 b 位</td></tr>
</table>

（3）算术运算符。

C51 共有 7 种算术运算符，如表 2－1－12 所示。

表 2－1－12 算术运算符

运算符号	例子	说明
+	a + b	将 a 的内容与 b 的内容相加
–	a – b	将 a 的内容与 b 的内容相减
*	a * b	将 a 的内容与 b 的内容相乘
/	a/b	将 a 的内容与 b 的内容相除取整数
%	a% b	将 a 的内容与 b 的内容相除取余数
++	++ a 或 a ++	先操作 a + 1，再用 a 值或先用 a 值，再操作 a + 1
--	-- a 或 a --	先操作 a – 1，再用 a 值或先用 a 值，再操作 a – 1

（4）关系运算符。

关系运算符用来比较变量的值或常量的值，并将结果返回给变量。若为真，则结果为 1；若为假，则结果为 0。运算的结果不影响各个变量的值，C51 共有 6 种关系运算符，如表 2－1－13 所示。

表 2－1－13 关系运算符

运算符号	例子	说明
>	a > b	a 是否大于 b
> =	a > = b	a 是否大于或等于 b
<	a < b	a 是否小于 b
< =	a < = b	a 是否小于或等于 b
= =	a = = b	a 是否等于 b
！ =	a！ = b	a 是否不等于 b

2）C51 中实现数据移位的方法

（1）左移一位。

语句：a = a << 1

作用：将 a 中的内容左移一位后再送回 a 中。移位后，空白位补 0，舍弃溢出位。

（2）右移一位。

语句：a = a >> 1

作用：将 a 中的内容右移一位后再送回 a 中。移位后，空白位补 0，舍弃溢出位。

（3）循环左移一位。

a = （a << 1） | （a >> 7）

（4）循环右移一位。

a = （a >> 1） | （a << 7）

（5）循环移位。

为了方便编程 C51 编译系统提供了一些通用的标准函数，这些函数保存在文件名为 *. LIB的文件中，这个文件称为函数库文件，简称库文件。此文件中包含的函数称为库函数，用户可以按照库函数的规则直接使用这些函数。使用库函数时需要将库函数对应的头文件“intrins. h”包含在程序说明部分。

循环左移语句：a = _crol_ （a，1）

作用：将 a 中内容循环左移一位送回 a 中。

循环右移语句：a = _cror_ （a，1）

作用：将 a 中内容循环右移一位送回 a 中。

C51 源程序 1：

```
/****** 跑马灯 ******** /
 #include <reg51.h>             //将特殊功能寄存器定义文件 reg51.h 包含当
                                  前文件中
 #define uchar unsigned char    //定义数据类型
 #define uint unsigned int      //定义数据类型
 void delay (uint x);           //声明延时函数
 /******* 主函数 ******* /
 void main (void)               //主函数
 {
  uchar a =0xfe;                //声明无符号字符型变量并赋亮灯码初值 a =
                                  0xfe (a =0 ~255)
  while (1)                     //无限循环
   {
    P1 =a;                      //P1 =a 输出
    a =(a< <1) |(a> >7);        //a 循环左移 1 位
    delay (50);                 //调延时 50 *10 ms =0.5 s
   }
 }
/***** 10 ms 延时函数 ***** /
```

```
void delay (uint x)
{
 uint n, m;
 for (n =0; n <x; n + +)
 for (m =0; m <2000; m + +);
}
```

C51 源程序2:

```
//跑马灯
 #include <reg51.h>                  //指定头文件
 #include <intrins.h>                //指定内嵌函数
 #define uint unsigned int           //定义数据类型
 #define uchar unsigned char         //定义数据类型
 void delay (uint);                  //声明延时函数
/********** 主函数 *********** /
 void main (void)                    //主函数
 {
  uchar i;                           //声明无符号字符型变量 i
  while (1)                          //无限循环
  {
   P1 =0xfe;                         //跑马灯初始码
   delay (50);                       //调延时函数 50 *10 ms =0.5 s
   for (i =0; i <7; i + +)           //循环 7 次
   {
   P1 =_ crol_ (P1, 1);              //将 P1 中内容循环左移一位送回 P1 中
   delay (50);                       //调延时函数 50 *10 ms =0.5 s
   }
  }
 }
/***** 10 ms 延时函数 ***** /
 void delay (uint x)
 {
  uint n, m;
  for (n =0; n <x; n + +)
  for (m =0; m <2000; m + +);
 }
```

在 Keil 软件中输入以上程序并保存在 D 盘“单片机应用”“任务 1.2”文件夹，工程名命名为“跑马灯 C”，源文件命名为“跑马灯 . c”。

汇编调试生成“跑马灯 . hex”格式文件。在仿真电路中，右键单击单片机，装载“D: \ 项目一 \ 跑马灯 . hex”文件，运行。我们发现，这 8 只 LED 按 0. 5 s 顺序逐个点亮和熄灭，形如跑马。

1.2.4　再实践

【作业与练习】

设计单灯点亮左右循环“跑马灯”，延时0.5 s，试使用汇编语言编程。

任务1.3　追灯

1.3.1　任务要求

使单片机AT89C51的P1端口8只LED灯按顺序从第0位→第7位间隔0.5 s的时间逐个点亮（一只LED灯点亮0.5 s后不熄灭，继续点亮下一只LED灯），当8只LED灯点亮后，延时0.5 s，熄灭，延时0.5 s，重复上述工作，循环执行。

1.3.2　相关知识

汇编语言相关指令学习，如表2-1-14所示。

表2-1-14　逻辑指令

指令分类	助记符	功能说明	字节数	机器周期
逻辑指令	ANL direct，A	将直接地址的内容与累加器A的内容相与，结果送回直接地址	2	1

```
◆MOV A，#0FEH      ；（A） =11111110
 MOV P1，A         ；（P1） =11111110
 RL A              ；（A） =11111101
 ANL P1，A         ；（P1） =11111100
```

1.3.3　任务实施

1. 搭建仿真电路

在Proteus仿真软件中搭建如图2-1-4所示的仿真电路图。

2. 任务分析和解决方案

1）任务分析

程序应具备以下三个功能：

(1) 按照P1端口位的排列顺序，可以控制8只LED灯从第0位→第7位进行逐个点亮操作。

(2) 可以控制8只LED灯同时点亮与熄灭（任务1.1已经学习过）。

(3) 可以控制LED灯亮、灭操作的时间。

2）解决方案

要实现追灯控制，即要使P1端口第0位→第7位的数据按如下顺序改变：

P7	P6	P5	P4	P3	P2	P1	P0
1	1	1	1	1	1	1	0
1	1	1	1	1	1	0	0
1	1	1	1	1	0	0	0
1	1	1	1	0	0	0	0
1	1	1	0	0	0	0	0
1	1	0	0	0	0	0	0
1	0	0	0	0	0	0	0
0	0	0	0	0	0	0	0
1	1	1	1	1	1	1	1
0	0	0	0	0	0	0	0

实现方法：

（1）利用模块1的方法，每隔0.5 s向P1端口送入上面对应的亮灯码即可，但程序较长。

（2）利用移位、逻辑与的办法，先点亮最左边第1只，隔0.5 s P1端口向左点亮一只，共点亮7次，然后执行8灯灭亮操作，循环执行。

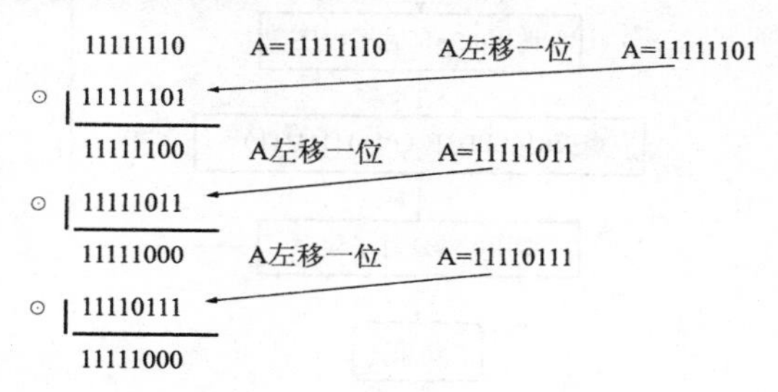

结论：A←11111110

P1←A 先点亮最左边第1只LED

A左移一位与P1与，与的结果送回P1，点亮最左边第1、2只LED。

A左移一位与P1与，与的结果送回P1，点亮最左边第1、2、3只LED。

……

共7次。

我们用第二种方法实现。

3. 设计思路

绘制追灯流程图，如图2-1-8所示。

4. 汇编语言程序设计

汇编语言源程序：

```
;  ****** 追灯 *******
        ORG   0000H
        LJMP  AA0
        ORG   0030H
;  ******* 主程序 *********
AA0: MOV   P1, #0FFH        ; 关闭 P1 端口 LED
AA1: MOV   A, #0FEH         ; 赋亮灯码初值
```

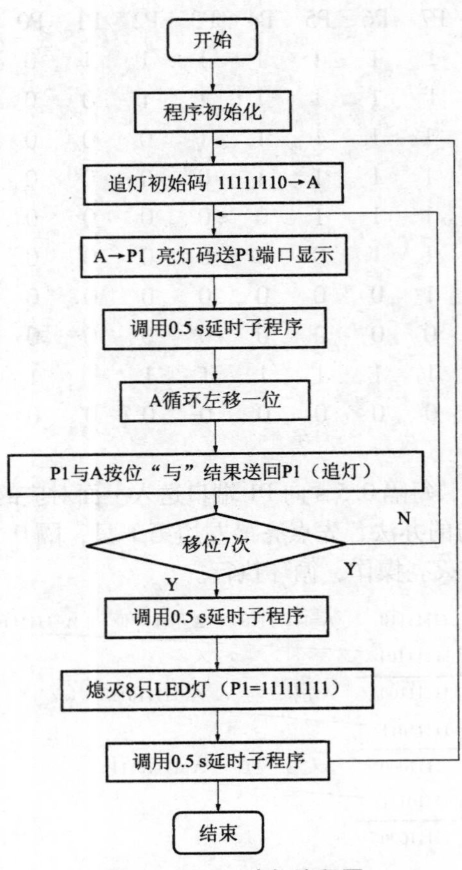

图 2-1-8　追灯流程图

```
     MOV  R0, #7           ; 计数器赋值 7 次
     MOV  P1, A            ; A 送 P1，点亮第 1 只 LED
AA2: RL  A                 ; A 循环左移一位
     LCALL  BB0            ; 调延时 0.5 s 子程序
     ANL  P1, A            ; P1 与 A 与送回 P1
     DJNZ  R0, AA2         ; R0 减速 1 不为 0 转移至 AA2
     LCALL  BB0            ; 调延时 0.5 s 子程序
     MOV  P1, #0FFH        ; 熄灭 P1 端口 LED 灯
     LCALL  BB0            ; 调延时 0.5 s 子程序
     LJMP  AA1
; ******* 延时子程序 *****
BB0: MOV  R1, #4
BB1: MOV  R2, #248
BB2: MOV  R3, #250
     NOP
BB3: DJNZ  R3, BB3
     DJNZ  R2, BB2
```

```
DJNZ  R1, BB1
RET
END
```

在 Keil 软件中输入以上程序并保存在 D 盘“单片机应用”“任务 1.3”文件夹，工程名命名为“追灯 ASM”，源文件命名为“追灯 . asm”。

5. C51 程序设计（C51 循环语句）

1）C51 循环语句

（1）for 循环语句。

在 C 语言中，for 语句使用最为灵活，采用 for 语句构成循环结构的一般形式如下：

for（表达式 1；表达式 2；表达式 3）；

语句；

表达式 1 是给循环变量赋初值；表达式 2 是测试循环变量，看是否结束循环体；表达式 3 是在每次循环后对循环变量做出的修改。

【应用】

①无限循环。

```
for (;;);          //执行无限多次（等待）[相当于汇编语言“JMP $”]
或
for (;;)
{
 语句;             //语句循环执行无限多次
}
```

②执行 n 次。

```
int i;
for (i =0; i <100; i + +)
{
 语句;             //语句执行100 次
}
```

执行过程：

第一步：i 赋初值 0。

第二步：判断 i 是否小于 100，如果是真，执行语句内容，接着 i 加 1；然后判断 i 是否还是小于 100，如果是真，执行语句内容，接着 i 加 1……

第三步：判断 i 是否小于 100，如果是假，跳出循环体。

循环结束。

③时间延时。

```
int i;
for (i =0; i <1 000; i ++);     //执行1 000 次
```

此循环是一个空循环语句，不做其他事情，只是让 CPU 等待一段时间，起软件延时作用。

（2）while 循环语句。

while 与 for 一样，也是循环结构语句，一般表达式为：

```
while (表达式)
{
 语句 A;
}
 语句 B;
```

如果表达式为真，则执行语句 A。若表达式为假，则循环结束，往下执行语句 B。

【应用】

① 无限循环。

```
while (1);          //执行无限多次
 或
while (1)
{
 语句 A;            //执行无限多次
}
```

②执行 n 次。

```
int i;
i =100;
while (i >0)
{
 语句;              //执行100 次
 --i;
}
```

③时间延时。

```
int i;
i =0;
while (i <1 000)
{
 ++i;               //执行1 000 次
}
```

C51 源程序:

```
/********* 追灯 ********* /
 #include <reg51.h>              //将特殊功能寄存器定义文件 reg51.h 包含当前
                                   文件中
 #define uint unsigned int       //声明无符号整型变量, 用 uint 代替 unsigned
                                   int
 #define uchar unsigned char     //声明无符号字符型变量, 用 uchar 代替 unsigned
                                   char
 void delay (uint);              //声明延时函数
/********* 主函数 ********** /
 void main (void)                //主函数
```

```
{
 uchar i;                          //声明 i 为无符号字符型变量
 uint s =50;                       //声明无符号整型变量 s 及赋值 s =50
 while (1)                         //无限循环
  {
  P1 =0xfe;                        //追灯初始码 11111110 赋予 P1
  delay (s);                       //调延时函数 50 *10 ms =0.5 s
  for (i =0; i <7; i + +)          //以下循环 7 次
  {
  P1 = P1 < <1;                    //P1 左移一位
  delay (s);                       //调延时函数 50 *10 ms =0.5 s
  }
  P1 =0xff;                        //关灯
  delay (s);                       //调延时函数 50 *10 ms =0.5 s
  }
}
/*****10 ms 延时函数***** /
void delay (uint x)
{
uint n, m;
for (n =0; n <x; n + +)
for (m =0; m <2000; m + +);
}
```

在 Keil 软件中输入以上程序并保存在 D 盘“单片机应用”“任务 1.3”文件夹，工程名命名为“追灯 C”，源文件命名为“追灯 . c”。

汇编调试生成“追灯 . hex”格式文件。在仿真电路中，右键单击单片机，装载“D：\项目一\追灯 . hex”文件，运行，我们发现，这 8 只 LED 按 0. 5 s 顺序逐个点亮，形如 LED 灯一个追着一个亮。

1. 3. 4　再实践

【作业与练习】

设计左右循环“追灯”，延时 0. 5 s，试使用汇编语言及 C51 编程。

任务 1. 4　广告灯

1. 4. 1　任务要求

使 AT89C51 单片机 P1 端口的 8 只 LED 灯做如下花式控制：

①从左至右单一点亮；
②从右至左单一点亮；
③从左至右逐盏点亮；
④从右至左逐盏熄灭。
各延时0.2 s，反复循环。

1.4.2 相关知识

汇编语言相关指令学习。

（1）16位立即数传送到数据地址指针寄存器DPTR，如表2-1-15所示。

表2-1-15 16位立即数传送到数据地址指针寄存器DPTR

指令分类	助记符	功能说明	字节数	机器周期
数据传送指令	MOV DPTR，#data16	将16位立即数送入数据指针寄存器DPTR	3	2

80C51是一种8位机，这是唯一的一条16位立即数传递指令，其功能是将一个16位的立即数送入DPTR中。其中高8位送入DPH，低8位送入DPL。例：MOV DPTR，#2030H，则执行完了之后DPH中的值为20H，DPL中的值为30H。反之，如果我们分别向DPH，DPL送数，则结果也一样。如有下面两条指令：MOV DPH，#20H，MOV DPL，#30，就相当于执行了MOV DPTR，#2030H。

#data16——代表一个16位的立即数，也可用地址标号表示。

◆MOV DPTR，#005AH　　；16位立即数005AH送DPTR

◆MOV DPTR，#TAB　　；ROM的16位地址的标号送DPTR

（2）程序存储器ROM中的数据向累加器A传送指令，如表2-1-16所示。

表2-1-16 程序存储器ROM中的数据向累加器A传送指令

指令分类	助记符	功能说明	字节数	机器周期
数据传送指令	MOVC A，@A+DPTR	将累加器A的数据与DPTR的数据相加之和作为目的地址进行间接寻址，结果送回累加器A	1	2

此条指令引出一个新的寻址方法：变址寻址。本指令是要在ROM的一个地址单元中找出数据，显然必须知道这个单元的地址，这个单元的地址是这样确定的：DPTR中有一个数，A中有一个数，执行指令时，将A和DPTR中的数加起来，就成为要查找的单元地址。

查找到的结果被放在A中，因此，本条指令执行前后，A中的值不一定相同。这类指令特别适合于读取在程序存储器ROM中建立好的表格中的数据，故也称为查表指令。我们只要预先把相关数据做成表格，放入程序存储器ROM的某地址单元，通过修改A或DPTR即可找到对应的数据。

（3）加 1 指令，如表 2－1－17 所示。

表 2－1－17 加 1 指令

指令分类	助记符	功能说明	字节数	机器周期
算术运算指令	INC DPTR	将数据指针寄存器 DPTR 的内容加 1	1	2

（4）比较不等转移指令，如表 2－1－18 所示。

表 2－1－18 比较不等转移指令

指令分类	助记符	功能说明	字节数	机器周期
控制转移指令	CJNE A，#data，rel	将累加器 A 的内容与 8 位立即数相比较，不等则转移	3	2

本指令的功能是将 A 中的值和立即数 data 比较，如果两者相等，就顺序执行（执行本指令的下一条指令）；如果不相等，就转移。同样，我们可以将 rel 理解成标号，如：CJNE A，#02H，AA5。这样利用这条指令，我们就可以判断两数是否相等，这在很多场合是非常有用的。但有时还想得知两数比较之后哪个大，哪个小，本条指令也具有这样的功能，如果两数不相等，则 CPU 还会反映出哪个数大，哪个数小，这是用 CY（进位位）来实现的。如果前面的数（A 中的）大，则 CY＝0，否则 CY＝1。因此，在程序转移后再次利用 CY 就可判断出 A 中的数比 data 大还是小了。

（5）累加器 A 清零指令，如表 2－1－19 所示。

表 2－1－19 累加器 A 清零指令

指令分类	助记符	功能说明	字节数	机器周期
逻辑运算指令	CLR A	将累加器 A 的内容清零	1	1

（6）定义字节伪指令，如表 2－1－20 所示。

表 2－1－20 定义字节伪指令

指令分类	助记符	功能说明	字节数 1	机器周期
伪指令	DB	把 8 位二进制数表依次存入从标号开始的连续的 ROM 存储单元中	不产生机器码	

1.4.3 任务实施

1. 搭建仿真电路

在 Proteus 仿真软件中搭建如图 2－1－4 所示的仿真电路图。

2. 任务分析和解决方案

1）任务分析

程序应具备以下两个功能。

（1）P1 端口的 LED 灯可以按预定的花式控制。

（2）可以控制 LED 灯亮、灭操作的时间。

2）解决方案

1）要使 LED 灯如任务要求亮灭变化，即 P1 端口的二进制码做如下变化：

①从左至右单一点亮。

二进制码：01111111，10111111，11011111，11101111，11110111，11111011，11111101，11111110

十六进制码：7FH，0BFH，0DFH，0EFH，0F7H，0FBH，0FDH，0FEH

②从右至左单一点亮。

二进制码：11111110，11111101，11111011，11110111，11101111，11011111，10111111，01111111

十六进制码：0FEH，0FDH，0FBH，0F7H，0EFH，0DFH，0BFH，7FH

③从左至右逐只点亮。

二进制码：01111111，00111111，00011111，00001111，00000111，00000011，00000001，00000000

十六进制码：7FH，3FH，1FH，0FH，07H，03H，01H，00H

④从右至左逐只熄灭。

二进制码：00000000，00000001，00000011，00000111，00001111，00011111，00111111，01111111

十六进制码：00H，01H，03H，07H，0FH，1FH，3FH，7FH

（2）把亮灯码按亮灯顺序排列成表格，放进程序存储器 ROM 中，我们每隔 0.2 s 取出一组亮灯码，送 P1 端口显示，就可以按预定花式控制。

3. 设计思路

绘制广告灯流程图，如图 2－1－9 所示。

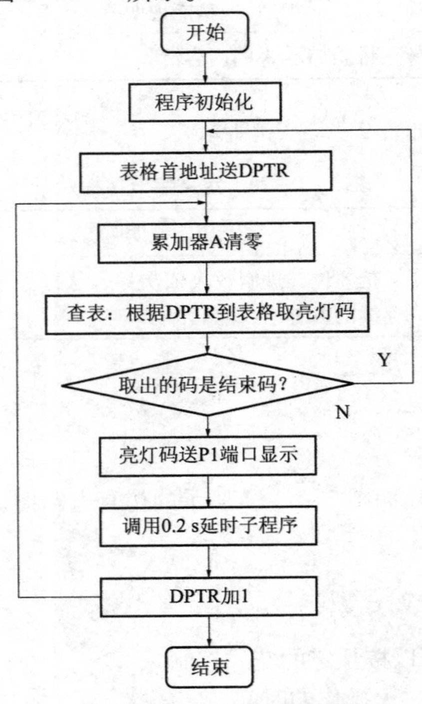

图 2－1－9　广告灯流程图

4. 汇编语言程序设计

汇编语言源程序：

```
; ***** 广告灯 *******
ORG 0000H
LJMP  AA0
ORG  0030H
AA0: MOV  P1, #0FFH            ; 初始化，先关 P1 LED
AA1: MOV  DPTR, #ABC           ; ABC 表格首地址送 DPTR
AA2: CLR  A                    ; 累加器清 0
     MOVC  A, @A+DPTR          ; 到所指的地址取码
     CJNE  A, #02H, AA3        ; A=#02H?(取出的码是结束码吗？不是则转)
     AJMP  AA1                 ; 从头取码
AA3: MOV  P1, A                ; 将 A 输出至 P1 显示
     LCALL BB1                 ; 调 0.2 s 延时子程序
     INC  DPTR                 ; 数据指针 DPTR 加 1
     AJMP  AA2                 ; 继续顺序取码
; ******** 调 0.2s 延时子程序 *********
BB1: MOV  R1, #2
BB2: MOV  R2, #198
BB3: MOV  R3, #250
     NOP
     NOP
BB4: DJNZ R3, BB4              ; 延时：250*2 μs +3 μs =503 μs
     DJNZ R2, BB3              ; 延时：(503 μs +2 μs) *198 +1 μs =99 991 μs
     DJNZ R1, BB2              ; 延时：(99991 μs +2 μs) *2 +1 μs =199 987
                                 μs≈0.2 s
     RET
; ******** 广告灯灯控制码 ********
ABC: DB 0FEH, 0FDH, 0FBH, 0F7H, 0EFH, 0DFH, 0BFH, 7FH          ; 从左至右单一点亮
     DB 7FH, 0BFH, 0DFH, 0EFH, 0F7H, 0FBH, 0FDH, 0FEH          ; 从右至左单一点亮
     DB 0FEH, 0FCH, 0F8H, 0F0H, 0E0H, 0C0H, 80H, 00H           ; 从左至右逐只点亮
     DB 00H, 80H, 0C0H, 0E0H, 0F0H, 0F8H, 0FCH, 0FEH, 0FFH     ; 从右至左逐只熄灭
     DB 02H                                                    ; 结束码
     END
```

在 Keil 软件中输入以下程序并保存在 D 盘“单片机应用”“任务 1.4”文件夹，工程名命名为“广告灯 ASM”，源文件命名为“广告灯 . asm”。

查表程序是一种常用程序，它广泛应用于 LED 显示控制、数码管显示、数值计算、转换及各种音频控制。通过上述工作任务可知，只要把控制码建成一个表格，利用查表指令就可方便地处理一些复杂的控制动作。

5. C51 程序设计（C51 数组与条件语句）

1）数组

在 C51 中，为了方便数据处理，有时需要将同类型的若干个数据项按一定的顺序组织起来，这种按序排列的同类数据元素的集合就是数组（相当于汇编语言的数据表格）。数组中的各个数据项称为数组的元素。

（1）一维数组的定义。

一维数组的定义格式如下：

数据类型 [存储类型] 数组名 [常数表达式]；

其中：

“数据类型”用来说明数组中各元素的数据类型。

“存储类型”用来告诉编译系统在哪一存储区内为数组分配存储空间，此项为可选项，缺省时由编译器根据用户选择的存储模式来确定存储类型，其用法与变量定义时的存储类型相同。若带存储类型，书写时不必书写方括号。

“数组名”是数组的标识符，它的命名规则与变量的命名规则相同。

“常数表达式”用来说明数组中元素的个数，也称为数组长度，常量表达式必须用方括号“ [ ]”括起来，并且不能含变量。

如：unsigned char code tab [8]；　　//在程序存储器（code 区）定义有 8 个元素的无符号字符型数组

（2）数组的赋值。

在定义数组时给数组赋值。这种赋值是在编译阶段完成的，可以减少程序的执行时间。其方法是：定义数组时，将数组中各元素的值依次放在一对大括号内，然后赋给数组，其中各值之间用逗号间隔。

```
如：unsigned char code tab [5] = {0x00,
0x12,                              //在程序存储器（code 区）
0x15, 0xfd, 0xef};                 //定义有 5 个元素的无符号字符型数组
```

如果大括号中值的个数与数组的元素的个数相同，则在定义数组时方括号内的元素个数可以省略。

2）条件语句

条件语句的第一种常用形式如下：

if（条件表达式）语句

当表达式的值为真时，执行后面的语句，接着执行下一语句。表达式的值为假时，就直接执行下一语句。

条件语句的第二种常用形式如下：

if（条件表达式）语句 1

else 语句 2

当表达式的值为真时，执行语句 1，接着执行下一语句。表达式的值为假时，就直接执行下一语句 2，接着执行下一语句。

C51 源程序：

```
/**** 广告灯 ****** /
#include <reg51.h>              //将特殊功能寄存器定义文件 reg51.h 包含当
```

```
                                前文件中
  #define uint unsigned int     //定义无符号整型变量
  #define uchar unsigned char   //定义无符号字符型变量
  uchar code TABLE [] = {       //在程序存储器区定义无符号数组 TABLE []
    0xfe, 0xfd, 0xfb, 0xf7, 0xef, 0xdf, 0xbf, 0x7f,  //从左到右单一点亮
    0x7f, 0xbf, 0xdf, 0xef, 0xf7, 0xfb, 0xfd, 0xfe,  //从右到左单一点亮
    0xfe, 0xfc, 0xf8, 0xf0, 0xe0, 0xc0, 0x80, 0x00,  //从左到右逐只点亮
    0x00, 0x80, 0xc0, 0xe0, 0xf0, 0xf8, 0xfc, 0xfe, 0xff, //从右到左逐只点亮
    0x02};                        //结束码
void delay10ms (uint);            //声明延时函数
//-----------------主函数----------------------------//
void main ( )                     //主函数
{
  uchar i;                        //声明无符号字符型变量 i
  uint s =20;                     //声明无符号整型变量 s 及赋值 s =20
  while (1)                       //无限循环
  {
   if (TABLE [i]! =0x02)          //若取出的码不等于 0x02，则执行括号内语句
   {
   P1 =TABLE [i];                 //P1 =数组里的第 i 位数
   i ++;                          //i +1
   delay10ms (s);                 //调延时函数 20 *10 ms =0.2 s
   }
   else                           //若取出的码等于 0x02，则执行 else 语句
   {
   i =0;                          //i =0 重新从数组里的第 0 位数开始
   }
  }
}
/***** 10 ms 延时函数 ***** /
 void delay10ms (uint x)
 {
  uint n, m;
  for (n =0; n <x; n ++)
  for (m =0; m <2000; m ++);
 }
```

在 Keil 软件中输入以下程序并保存在 D 盘“单片机应用”“任务 1.4”文件夹，工程名命名为“广告灯 C”，源文件命名为“广告灯 . c”。

汇编调试生成“广告灯 . hex”格式文件。在仿真电路中，右键单击单片机，装载“D:\项目一\ “广告灯 . hex”文件，运行，我们发现，这 8 只 LED 按花式广告灯变化。

1.4.4 再实践

【作业与练习】

使 AT89C51 单片机端 P1 端口的 8 只 LED 灯做 8 种变化的花式控制，花样自定。试使用汇编语言及 C51 编程。

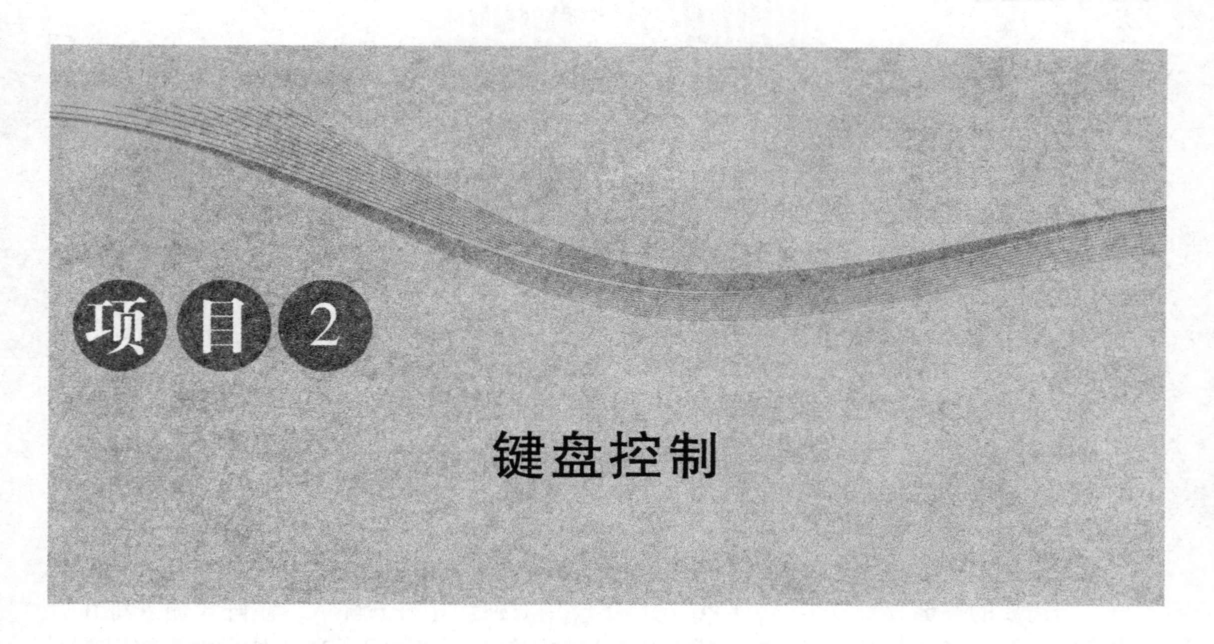

前面我们编的单片机程序，单片机的动作都是预先安排好的，是不可控的。能不能通过输入信号去控制单片机程序的运行呢，让单片机受人的控制，做到可控呢？

键盘控制即开关量的输入是任何一个控制系统中最常用的输入信号，除了手动的开关和按键以外，在自动控制系统中还有许多开关量的输入，如继电器触点、位置开关、接近开关、霍尔开关等。凡是使用机械触点输入信号的都属于此类，本项目训练是学会按键输入的常用方法。

任务 2.1 键盘控制 LED 灯

2.1.1 任务要求

用按钮 SB1、SB2、SB3 做输入，接单片机 P3 端口，控制单片机 P1 端口 8 只 LED 的亮灯状态。要求如下：

（1）按下 SB1，P1 端口 8 只 LED 左边 4 只亮，右边 4 只灭。

（2）按下 SB2，P1 端口 8 只 LED 右边 4 只亮，左边 4 只灭。

（3）按下 SB3，P1 端口 8 只 LED 熄灭。

2.1.2 相关知识

1. P3 端口的应用特性

P3 是一个内部带提升电阻的 8 位准双向 I/O 端口，各端口都具有两种功能选择，第一功能是作为通用 I/O 端口（与 P1 端口的应用特性一样），如果 P3 端口的某一位端口线上的第二功能没有启用，则该位端口线自动地处于第一功能状态，可以单独作为普通 I/O 端口使用。P3 端口第二功能的启用详见项目三、四。

2. MCS－51 单片机端口的输入

MCS－51 单片机的外部端口均为双向端口，也就是说既可以用作输出（前面的任务我们都用作输出），也可用作输入。例如，我们前面用到的 P1 的 8 个端口对应 P1 特殊功能寄存器，用作输出时只需向寄存器 P1 写入输出数据即可，如：MOV P1，#0FFH，P1 输出该数据的状态。用作输入时，将输入信号接到 P1 端口上，程序中读取寄存器 P1 的数据就得到 P1 端口的状态，实现了外部信息的输入。

但是，由于 MCS－51 单片机的外部端口均为准双向端口，用作输入时应注意以下问题：

（1）端口用作输入时，必须先向端口写“1”。

（2）P0 端口中无上拉电阻，用作开关输入时必须外加上拉电阻，而其他端口内部含有上拉电阻，用作开关输入时可不必外加上拉电阻。

3. 按键输入的连接方法

当需要使用的按键数量较少时，一般直接使用独立式按键输入，每个按键占用一个 CPU 端口。当需要的按键数量较多时，CPU 端口不够用时使用矩阵式输入。矩阵式输入将在后续内容中介绍。机械触点按键与单片机 I/O 端口的连接方式如图 2－2－1 所示。当按键按下时单片机端口为“0”，当按键松开时单片机端口为“1”。程序中读取端口状态就能知道按键（或开关）的状态了。

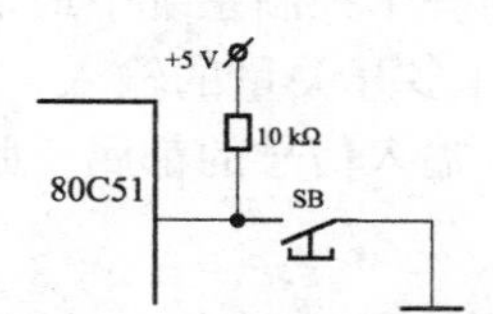

图 2－2－1　独立式按键输入

4. 汇编语言控制转移指令，如表 2－2－1 所示。

表 2－2－1　控制转移指令

指令分类	助记符	功能说明	字节数	机器周期
控制转移指令	JB bit，rel	如直接地址的内容为 1，则转移，否则往下执行	3	2
	JNB bit，rel	如直接地址的内容为 0，则转移，否则往下执行	3	2

如某按钮 SB 接单片机 P3.2 端口，则单片机执行如下指令：

JB P3.2，AA1 ；SB 没按下（P3.2＝1），转移至 AA1。SB 按下，往下执行

通过位控制转移指令，单片机就可检测端口按钮的通断状态。

2.1.3　任务实施

1. 搭建仿真电路

在 Proteus 仿真软件中绘制如图 2－2－2 所示的键盘控制 LED 仿真电路图。

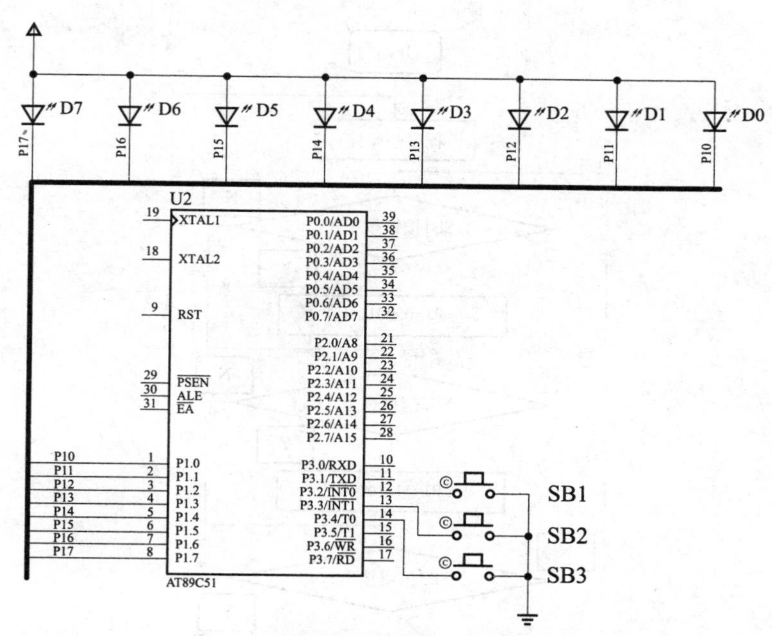

图2-2-2　键盘控制LED仿真电路

2. 任务分析和解决方案

1）任务分析

程序应具备以下两个功能。

（1）单片机可以实时检测到以上3个按钮的状态。

（2）以上3个按钮的状态实时控制8只LED灯亮、灭操作。

2）解决方案

（1）按钮打开，P3.2、P3.3、P3.4钳制为高电平；按钮闭合，分别把低电平送至P3.2、P3.3、P3.4。

（2）通过不断检测P3.2、P3.3、P3.4的状态来控制P1端口的LED灯。

3. 设计思路

绘制键盘控制LED灯流程图，如图2-2-3所示。

4. 汇编语言程序设计

汇编语言源程序：

```
; *** 键盘控制 LED 灯 ****
     ORG   0000H
     AJMP  AA0
     ORG   0030H
AA0: MOV   P1, #0FFH          ; 关闭 P1 端口
     MOV   P3, #0FFH          ; 输入前先置 1
AA1: JB    P3.2, AA2          ; SB1 没按下, 转 AA2
     MOV   P1, #00001111B     ; SB1 按下, 左边 4 只亮, 右边 4 只灭
AA2: JB    P3.3, AA3          ; SB2 没按下转 AA1
     MOV   P1, #11110000B     ; SB2 按下, 右边 4 只亮, 左边 4 只灭
```

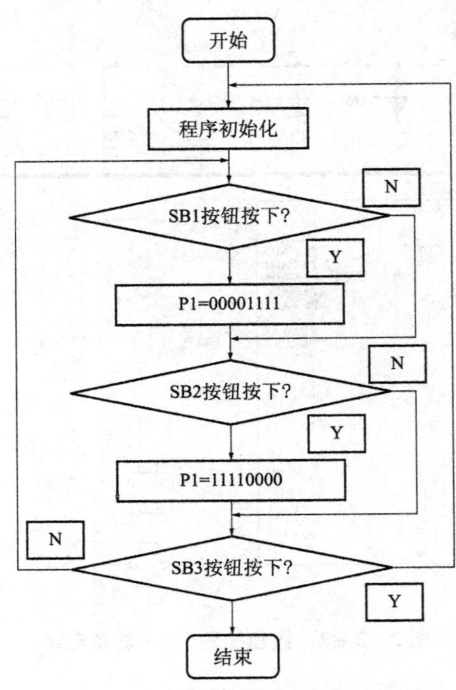

图 2-2-3　键盘控制 LED 灯流程图

```
AA3: JNB  P3.4, AA0          ; SB3 按下熄灭 8 只 LED
     LJMP  AA1
     END
```

在 Keil 软件中输入以下程序并保存在 D 盘“单片机应用”“任务 2. 1”文件夹，工程名命名为“键控 LEDASM”，源文件命名为“键控 LED. asm”。

这样，程序在不断地检测查询 3 个按钮的状态，不同按钮的不同状态就有不同的控制结果。

5. C51 程序设计（C51 条件语句）

C51 程序设计中的位操作与汇编语言中的位操作不同，在 C51 程序设计中，如果要对特殊功能寄存器中某个可寻址位进行操作，需先用一关键字 sbit（见附录 2）来定义。

C51 源程序：

```
//键盘控制 LED 灯
#include <reg51.h>          //头文件
/******** 位定义 ***** /
sbit sb1 = P3^2;
sbit sb2 = P3^3;
sbit sb3 = P3^4;
/********* 主函数 ************* /
void main (void)             //主函数
{
 sb1 =1;                      //输入前端口先置 1
```

```
  sb2 =1;                      //输入前端口先置1
  sb3 =1;                      //输入前端口先置1
  while (1)                    //无限循环
  {
   if (sb1 = =0)               //如果sb1 =0，则执行大括号内语句，否则跳出
  {
   P1 =0x0f;                   //亮左边四灯
  }
  if (sb2 = =0)                //如果sb2 =0，则执行大括号内语句，否则跳出
 {
  P1 =0xf0;                    //亮右边四灯
  }
  if (sb3 = =0)                //如果sb3 =0，则执行大括号内语句，否则跳出
  {
     P1 =0xff;                 //关完灯
 }
 }
}
```

在 Keil 软件中输入以下程序并保存在 D 盘“单片机应用”“任务 2.1”文件夹，工程名命名为“键控 LED C”，源文件命名为“键控 LED. c”。

上述 C51 编程的关键是应用 if 语句进行开关检测判断，if 语句具体用法参照任务 1.4。

汇编调试生成“键控 LED. hex”格式文件。在仿真电路中，右键单击单片机，装载“D:\项目二\键控 LED. hex”文件，运行，我们发现，可以手动控制这 8 只 LED。

2.1.4 再实践

【作业与练习】

用按钮 SB1、SB2、SB3 做输入，控制单片机 P1 端口 8 只 LED 的亮灯状态。要求如下：

(1) 单片机上电或复位后，P1.0LED 亮；

(2) 按下 SB1，P1.0LED、P1.1LED 亮；

(3) 按下 SB2，P1.0LED、P1.2LED 亮；

(4) 按下 SB3，所有 LED 熄灭。

试使用汇编语言及 C51 编程。

任务 2.2 一键控制开关灯

2.2.1 任务要求

使用一个按键控制一只 LED 灯，要求每按一次按键，LED 灯分别开或关。

2.2.2 相关知识

1. 按键开关的抖动问题

组成键盘的按键有触点式和非触点式两种，单片机应用系统中一般是由机械触点构成的。如图2-2-4所示，当开关SB未被按下时，P3.2输入为高电平，SB闭合后，P3.2输入为低电平。由于按键是机械触点，当机械触点断开、闭合时，会有抖动，P3.2输入端的波形如图2-2-5所示。这种抖动对于人来说是感觉不到的，但对计算机来说，则是完全可以感应到的，因为计算机处理的速度是在微秒级，而机械抖动的时间至少是毫秒级，对计算机而言，这已是一个“漫长”的时间了。有时，你只按了一次按键，可是计算机却已执行了多次，赋值的结果就不对了。

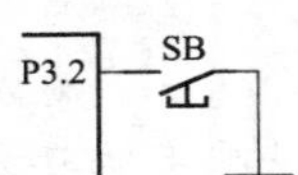

图2-2-4 机械触点式按键

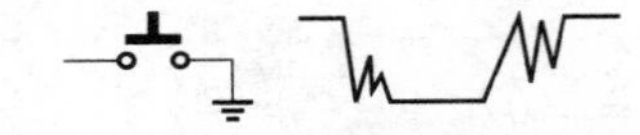
图2-2-5 P3.2输入端的波形

为使CPU能正确地读出P3.2端口的状态，对每一次按键只做出一次响应，就必须先考虑如何去除抖动，常用的去抖动的方法有两种：硬件方法和软件方法。单片机中常用软件法，因此，对于硬件方法我们不介绍。软件法其实很简单，就是在单片机获得P3.2端口为低的信息后，不是立即认定SB已被按下，而是延时5~10 ms或更长一些时间后再次检测P3.2端口，如果仍为低，说明SB的确按下了，这实际上是避开了按键按下时的抖动时间。而在检测到按键释放后（P3.2为高）再延时5~10 ms，消除后沿的抖动，然后再对键值处理。不过一般情况下，我们通常不对按键释放的后沿进行处理，实践证明，也能满足一定的要求。当然，实际应用中，对按键的要求也是千差万别，要根据不同的需要来编制处理程序。

2. 按键开关的多功能处理

如图2-2-5所示，如果按键按下，经过延时消抖，则单片机相应端口输入为低电平，然后释放，单片机相应端口输入为高电平。但是，在按键按下到释放过程中，不管我们人为的控制多么短暂，对单片机来说也是很漫长的，单片机会对这个端口的低电平检测很多次，做出很多次相应的处理，这种现象对任务2.1的按键处理没有造成什么影响，但对于按键的赋值或一键多功能控制，就存在数值的连加（连减）或不确定性。

为了克服这个问题，需单片机在按键的按下到释放过程中只响应一次处理。这时需再添加一个标志位，程序使标志位的状态跟随按键的状态变化。图2-2-6所示为按键的一次处理示意图，标志位BZ=0为按键断开状态，BZ=1为按键按合状态。先判断按键状态，如按键为断开状态，则进入按键处理程序。如按键按合状态，则跳过按键处理程序。这样，按键的按合到断开只进行了一次处理，防止了按键赋值的连加（连减）的不确定性。

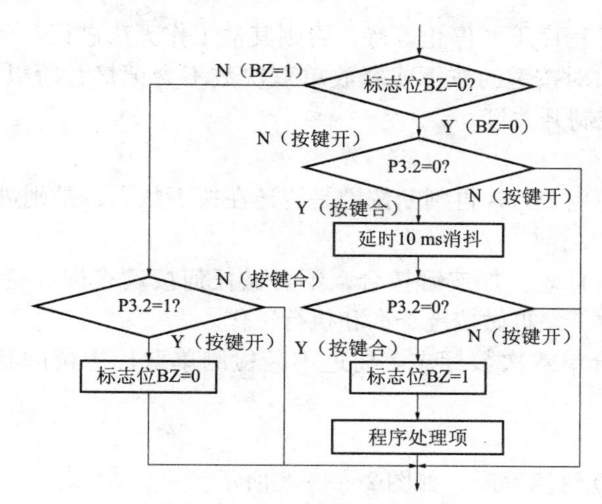

图2－2－6　按键的一次处理

3. 汇编语言位操作指令，如表2－2－2所示。

表2－2－2　位操作指令

指令分类	助记符	功能说明	字节数	机器周期
位操作指令	SETB bit	将位地址内容置1	2	1
	CLR bit	将位地址内容置0	2	1
	CPL bit	将位地址内容取反	2	1

2.2.3　任务实施

1. 搭建仿真电路

在Proteus仿真软件中绘制一键控制LED灯仿真电路图，如图2－2－7所示。

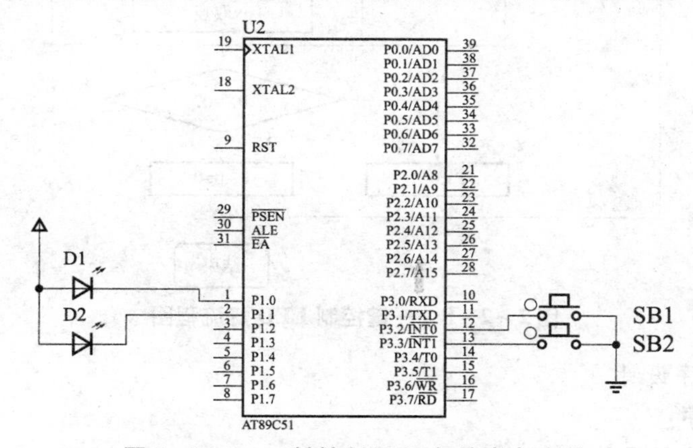

图2－2－7　一键控制LED灯仿真电路图

2. 任务分析和解决方案

1）任务分析

（1）按键抖动要消除，否则灯会闪烁。

（2）按键按下时，程序不要停止等待，否则其他工作无法进行。

（3）单片机的端口对按键的按下或释放单双次数不会记忆，所以要求程序能记忆按键按下的单双次数，以控制开关灯。

2）解决方案

（1）按键按下后延时 10 ms 再判断按键是否还在按下状态，是则进行按键按下操作，否则离开按键判断。

（2）设置按键按合标志。如按键按合，不再做任何按键查询和键执行工作，直接执行其他工作；如按键释放了，再做按键查询和执行工作。

（3）设置按键按合单双次数标志。通过不断检测单双标志位的状态来控制 P1 端口的 LED 灯。

3. 设计思路

绘制一键控制 LED 灯流程图，如图 2－2－8 所示。

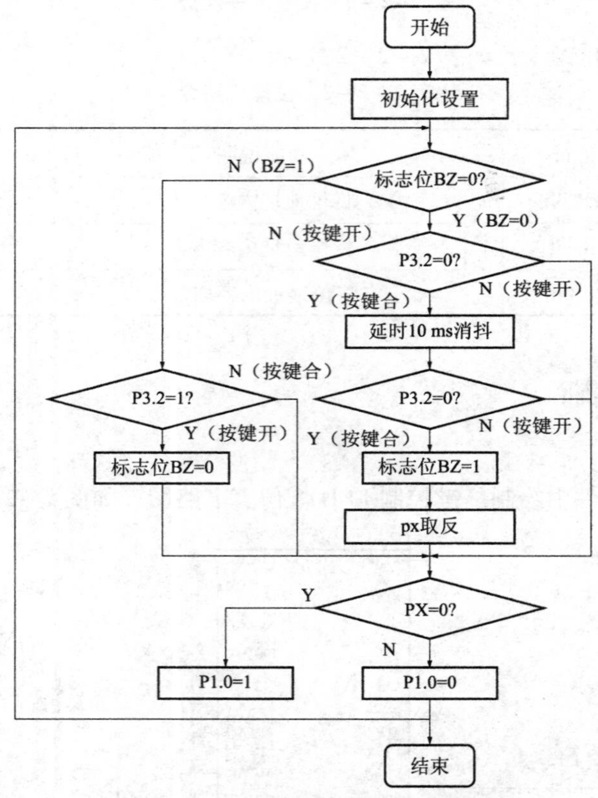

图 2－2－8　一键控制 LED 灯流程图

4. 汇编语言程序设计

汇编语言源程序：

```
; ***** 一键控制开关灯 *****
    ORG  0000H
    AJMP  AA0
    ORG  0030H
```

```
; *********** 主程序 **************
; ********* 初始化设置 *******
AA0: MOV  P1, #0FFH            ; 关闭 P1 端口
     MOV  P3, #0FFH            ; 输入前 P3 先置 1
     CLR  01H                  ; 按键按合状态标志位清零
     CLR  02H                  ; 单双标志位清零
; ********* 键盘查询 *********
AA1: JB  01H, AA3              ; 按键正在按合 01H =1 转 AA3
     JB  P3.2, AA4             ; SB1 没按下, 转 AA4
     LCALL  BB0                ; 调用 10 ms 延时子程序
     JB  P3.2, AA4             ; SB1 没按下, 转 AA4
     SETB  01H                 ; 按键按合状态标志位置 1
     CPL  02H                  ; 单双标志位取反
     AJMP  AA4
AA3: JNB  P3.2, AA4            ; SB1 按下, 转 AA4
     CLR  01H                  ; SB1 已释放, 按键按合状态标志位清零
; ********* LED 亮灭控制 *********
AA4: JNB  02H, AA5             ; 单双标志位 02H =0, 转 AA5
     CLR  P1.0                 ; 开灯
     AJMP  AA1
AA5: SETB P1.0                 ; 关灯
     AJMP AA1
; *********** 延时 10 ms 消抖子程序 **********
BB0: MOV  R7, #01H
BB1: MOV  R6, #26H
BB2: MOV  R5, #82H
     DJNZ  R5, $
     DJNZ  R6, BB2
     DJNZ  R7, BB1
     RET
     END
```

在 Keil 软件中输入以下程序并保存在 D 盘“单片机应用”“任务 2.2”文件夹，工程名命名为“一键控制 ASM”，源文件命名为“一键控制 . asm”。

5. C51 程序设计（C51 条件语句）

C51 源程序：

```
/一键控制 LED 灯/
#include <reg51.h>             //头文件
#define uint unsigned int      //定义无符号整型变量
sbit sb1 = P3^2;               //位定义
sbit led = P1^0;               //位定义
```

```
bit bz, fx;                       //位定义
void delay (uint);                //声明延时函数
/********* 主函数 ************* /
void main (void)
{
 sb1 =1;                          //输入前端口先置1
 led =1;                          //关 LED 灯
 while (1)                        //无限循环
 {
  if (! bz)                       //如果bz =0，则执行大括号语句，否则执行else
  {
  /*---------------------------* /
   if (! sb1)                     //如果 sb1 =0，则执行大括号语句，否则跳出
   {
    delay (1);                    //调用10 ms 延时消抖
   }
   if (! sb1)                     //如果 sb1 =0，则执行大括号语句，否则跳出
   {
    bz =1;                        //bz =1，按键按合状态
    fx = ~fx;                     //fx 取反
   }
  /*---------------------------* /
  }
  else
  /*---------------------------* /
  {
   if (sb1)                       //如果按键已释放，执行大括号内容
   {
    bz =0;                        //标志位清零
   }
  }
  /*---------------------------* /
  if (fx)                         //fx =1 则 led =0
  led =0;
  else
  led =1;                         //fx =0 则 led =1
 }
}
/***** 10 ms 延时函数 ***** /
void delay (uint x)
```

```
{
  uint n, m;
  for (n=0; n<x; n++)
  for (m=0; m<2000; m++);
}
```

在 Keil 软件中输入以下程序并保存在 D 盘“单片机应用”“任务 2.2”文件夹，工程名命名为“一键控制 C”，源文件命名为“一键控制 . c”。

编译生成“一键控制 . hex”格式文件。在仿真电路中，右键单击单片机，装载“D:\项目二\一键控制 . hex”文件，运行，可以一键控制开关灯了。

2.2.4 再实践

【作业与练习】

如图 2-2-7 所示，用两个按键分别一键控制 2 只 LED 灯，要求每按一次按键 LED 灯分别开或关。试使用汇编语言及 C51 编程。

任务 2.3 键盘控制 LED 数码管

2.3.1 工作任务

8 个按键接于单片机 P2 端口，LED 数码管接于单片机 P0 端口。将从 1~8 进行编号，按下其中一个键，则在 LED 数码管上显示相应的键值，其中 LED 数码管为共阴极接法。

2.3.2 相关知识

1. LED 数码管的结构与原理

LED 数码管显示器是由发光二极管显示字段组成的显示器件，有共阴极与共阳极两种，如图 2-2-9 所示。其中 7 只发光二极管（a~g 七段）构成字符“8”，另外还有一只小数点发光二极管 dp。

图 2-2-9（a）所示为共阴极数码管显示器，当某个发光二极管的阳极为高电平时，该段发光二极管点亮。

图 2-2-9（b）所示为共阳极数码管显示器，当某个发光二极管的阴极为低电平时，该段发光二极管点亮。

人为控制相应段发光二极管点亮，就能让数码管显示数字“0~9”和英文字符“A~F”。

在单片机应用系统中，LED 数码管显示器用来显示相应的数字、字符和时间信息，信息显示清晰，单片机接口简单，单片机编程简单，在实际应用中经常用到。

2. 数码管字形编码

LED 数码管显示器与单片机接口要显示相应的信息，即使单片机的相应的 I/O 管脚输

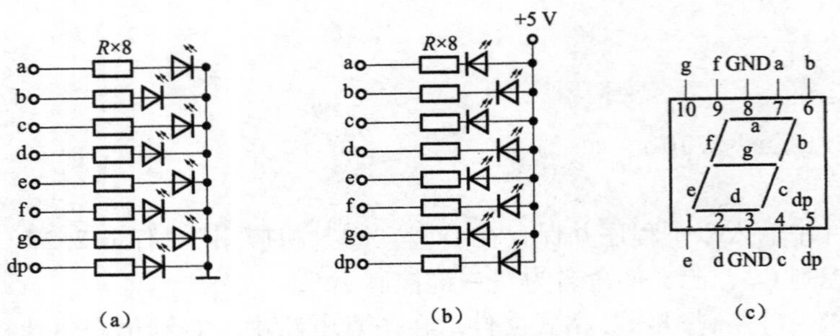

图 2-2-9 LED 数码管显示器

(a) 共阴极；(b) 共阳极；(c) 管脚配置

出相应的字形码即可，表 2-2-3 所示为共阴极和共阳极接法字形码表（不显示小数点），表 2-2-4 所示为共阴极和共阳极接法字形码表（显示小数点），供编程时参考。如单片机管脚与 LED 管脚接法不同，请自行参照编码。

表 2-2-3 数码管字形码表（不显示小数点）

显示字符 接法	共阴极									共阳极								
引脚	P0. 7	P0. 6	P0. 5	P0. 4	P0. 3	P0. 2	P0. 1	P0. 0	字形码	P0. 7	P0. 6	P0. 5	P0. 4	P0. 3	P0. 2	P0. 1	P0. 0	字形码
字段	dp	g	f	e	d	c	b	a		dp	g	f	e	d	c	b	a	
0	0	0	1	1	1	1	1	1	3F	1	1	0	0	0	0	0	0	C0
1	0	0	0	0	0	1	1	0	06	1	1	1	1	1	0	0	1	F9
2	0	1	0	1	1	0	1	1	5B	1	0	1	0	0	1	0	0	A4
3	0	1	0	0	1	1	1	1	4F	1	0	1	1	0	0	0	0	B0
4	0	1	1	0	0	1	1	0	66	1	0	0	1	1	0	0	1	99
5	0	1	1	0	1	1	0	1	6D	1	0	0	1	0	0	1	0	92
6	0	1	1	1	1	1	0	1	7D	1	0	0	0	0	0	1	0	82
7	0	0	0	0	0	1	1	1	07	1	1	1	1	1	0	0	0	F8
8	0	1	1	1	1	1	1	1	7F	1	0	0	0	0	0	0	0	80
9	0	1	1	0	1	1	1	1	6F	1	0	0	1	0	0	0	0	90
A	0	1	1	1	0	1	1	1	77	1	0	0	0	1	0	0	0	88
B	0	1	1	1	1	1	0	0	7C	1	0	0	0	0	0	1	1	83
C	0	0	1	1	1	0	0	1	39	1	1	0	0	0	1	1	0	C6
D	0	1	0	1	1	1	1	0	5E	1	0	1	0	0	0	0	1	A1
E	0	1	1	1	1	0	0	1	79	1	0	0	0	0	1	1	0	86
F	0	1	1	1	0	0	0	1	71	1	0	0	0	1	1	1	0	8E

表 2-2-4　数码管字形码表（显示小数点）

显示字符	接法	共阴极									共阳极								
	引脚	P0.7	P0.6	P0.5	P0.4	P0.3	P0.2	P0.1	P0.0	字形码	P0.7	P0.6	P0.5	P0.4	P0.3	P0.2	P0.1	P0.0	字形码
	字段	dp	g	f	e	d	c	b	a		dp	g	f	e	d	c	b	a	
0		1	0	1	1	1	1	1	1	BF	0	1	0	0	0	0	0	0	40
1		1	0	0	0	0	1	1	0	86	0	1	1	1	1	0	0	1	79
2		1	1	0	1	1	0	1	1	DB	0	0	1	0	0	1	0	0	24
3		1	1	0	0	1	1	1	1	CF	0	0	1	1	0	0	0	0	30
4		1	1	1	0	0	1	1	0	E6	0	0	0	1	1	0	0	1	19
5		1	1	1	0	1	1	0	1	ED	0	0	0	1	0	0	1	0	12
6		1	1	1	1	1	1	0	1	8D	0	0	0	0	0	0	1	0	02
7		1	0	0	0	0	1	1	1	07	0	1	1	1	1	0	0	0	78
8		1	1	1	1	1	1	1	1	FF	0	0	0	0	0	0	0	0	00
9		1	1	1	0	1	1	1	1	EF	0	0	0	1	0	0	0	0	10
A		1	1	1	1	0	1	1	1	F7	0	0	0	0	1	0	0	0	08
B		1	1	1	1	1	1	0	0	FC	0	0	0	0	0	0	1	1	03
C		1	0	1	1	1	0	0	1	B9	0	1	0	0	0	1	1	0	46
D		1	1	0	1	1	1	1	0	DE	0	0	1	0	0	0	0	1	21
E		1	1	1	1	1	0	0	1	F9	0	0	0	0	0	1	1	0	06
F		1	1	1	1	0	0	0	1	F1	0	0	0	0	1	1	1	0	0E

3. 数码管静态显示

共阴极或共阳极数码管的公共极 COM 接地或接 +5 V，显示器的字段控制线分别接单片机的 I/O 端口，图 2-2-10 所示为数码管与单片机的静态显示接口电路，当要显示某一字符时，单片机的 P0 端口输出相应字形码即可。

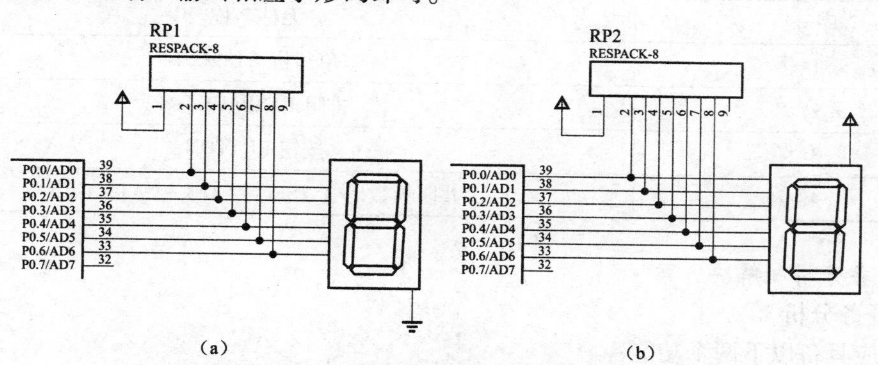

图 2-2-10　数码管与单片机的静态显示接口电路

（a）共阴极接法；（b）共阳极接法

4. P0 端口应用特性

P0 端口既可以作为普通 I/O 端口使用，又可以作为数据/地址总线口使用。当单片机片外不扩展程序存储器、不扩展并行 RAM 并且也不扩展并行 I/O 芯片时，P0 端口可作为普通的 I/O 端口使用。P0 端口作为普通的 I/O 端口使用时与 P1 端口的应用特性基本相同，即输出具有锁存功能，输入具有缓冲功能，复位后 P0 =0xff。同样，要正确读取 P0 端口引脚上的输入信号，必须先向特殊功能寄存器 P0 的各位写 1，然后再读 P0 端口。以下是 P0 端口与 P1 端口的不同点：

（1）P0 端口作为输出口使用时，如果电流是从端口流向负载（即负载为拉电流负载），则需要在输出引脚与正电源之间接上一个 10 kΩ 左右的电阻，此电阻就是通常所说的上拉电阻，如图 2-2-10 所示。如果电流是从负载流向端口（即负载为灌电流负载），则可以不加上拉电阻，也可以外接上拉电阻。

（2）P0 端口的每一位可以驱动 8 个 LSTTL 负载。如果负载过大，则需要在端口上外接驱动电路后接负载。

（3）当单片机片外扩展程序存储器、扩展并行 RAM 或者扩展并行 I/O 芯片时，P0 端口只能作为地址总线口使用，此时 P0 不必外接上拉电阻。P0 端口作为地址总线口使用时，P0 端口用来输出低 8 位地址 A7 ~ A0，在控制信号作用下，该低 8 位地址被锁存后，P0 端口自动切换为数据总线，这时经 P0 端口可以向外部存储器进行读、写数据操作。

5. P2 端口应用特性

P2 端口既可以作为普通 I/O 端口使用，又可以作为地址总线口使用。当单片机片外不扩展程序存储器、不扩展并行 RAM 并且也不扩展并行 I/O 芯片时，P2 端口可作为普通的 I/O 端口使用。P2 端口作为普通的 I/O 端口使用时与 P1 端口的应用特性相同。

当单片机片外扩展程序存储器、扩展并行 RAM 或者扩展并行 I/O 芯片时，P2 端口只能作为地址总线口使用。此时，P2 端口用来输出高 8 位地址 A15 ~ A8。

2.3.3 任务实施

1. 搭建仿真电路

在 Proteus 仿真软件中搭建如图 2-2-11 所示的键盘控制 LED 数码管电路图，所用仿真元件清单如表 2-2-5 所示。

表 2-2-5 仿真电路元件清单

序号	无件名称
1	单片机 AT89C51
2	排阻 RESPACK—8
3	按钮 BUTTON
4	共阴极数码管 7SEG-COM-CAT-GRN

2. 任务分析和解决方案

1）任务分析

程序应具备以下两个功能：

（1）单片机可以实时检测到按钮的状态。

（2）能根据按键按合控制数码管相应显示对应的数字。

2）解决方案

（1）首先查询整个 P2 端口是否有键按下，如有键按下，再查询是哪个键按下，并赋相

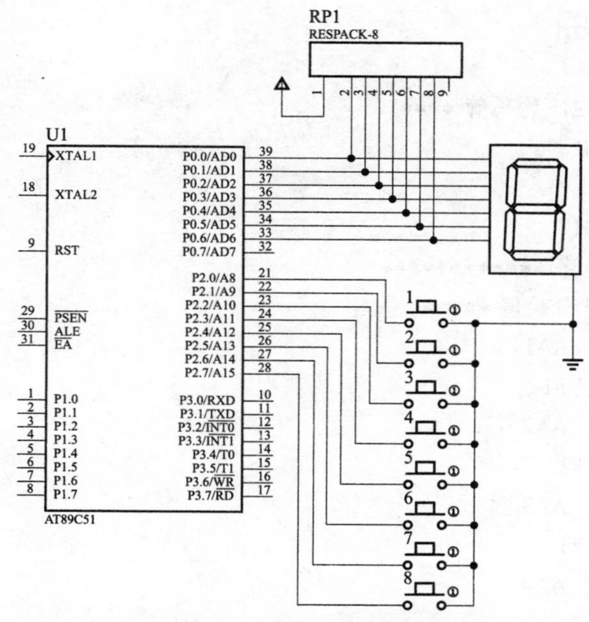

图 2-2-11 键盘控制 LED 数码管

应的键值，如图 2-2-12 所示。

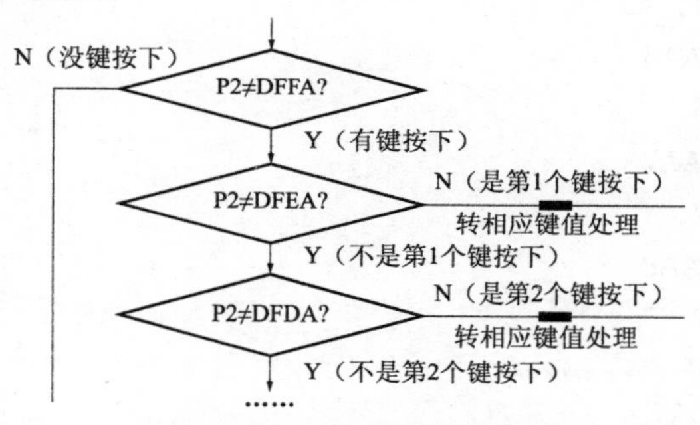

图 2-2-12 键盘查询式判断

（2）用查表方法得到对应的键值字形码，再送数码管显示数字。

3. 设计思路

绘制键盘控制 LED 数码管流程图，如图 2-2-13 所示。

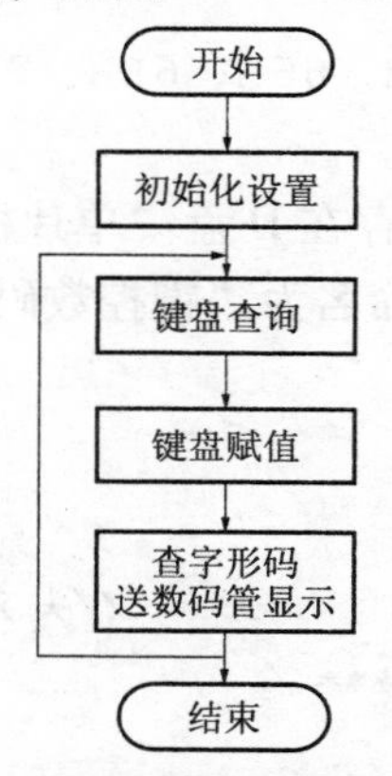

图 2-2-13 键盘控制 LED 数码管流程图

4. 汇编语言程序设计

汇编语言源程序:

```
; *** 键盘控制 LED 数码管 ****
    ORG  0000H
    LJMP  AA0
    ORG  0030H
; ********* 主程序 ************
; ******* 键盘查询赋值 *****
AA0: JB  P2.0, AA1
     MOV  30H, #1
AA1: JB  P2.1, AA2
     MOV 30H, #2
AA2: JB  P2.2, AA3
     MOV 30H, #3
AA3: JB  P2.3, AA4
     MOV 30H, #4
AA4: JB  P2.4, AA5
         MOV 30H, #5
AA5: JB  P2.5, AA6
     MOV 30H, #6
AA6: JB  P2.6, AA7
     MOV 30H, #7
AA7: JB  P2.7, AA8
     MOV 30H, #8
; ******* 查表取码 *********
AA8: MOV DPTR, #ABC
     MOV A, 30H
     MOVC A, @ A + DPTR
     MOV P0, A
     AJMP AA0
ABC: DB 3FH, 06H, 5BH, 4FH, 66H, 6DH, 7DH, 07H, 7FH, 6FH
     END
```

在 Keil 软件中输入以下程序并保存在 D 盘“单片机应用”“任务 2.3”文件夹，工程名命名为“键控数码管 ASM”，源文件命名为“键控数码管 . asm”。

5. C51 程序设计

C51 源程序:

```
//键控数码管
#include <reg51.h>                    //头文件
/******** 数组定义及位定义 ***** /
sbit  sb1 = P2^0;
```

```
sbit  sb2 = P2^1;
sbit  sb3 = P2^2;
sbit  sb4 = P2^3;
sbit  sb5 = P2^4;
sbit  sb6 = P2^5;
sbit  sb7 = P2^6;
sbit  sb8 = P2^7;
unsigned char code TAB [] =
 {0x3f, 0x06, 0x5b, 0x4f, 0x66,
 0x6d, 0x7d, 0x07, 0x7f, 0x6f};    //字形码表 (0~9) 共阴极不带小数点
/********* 主函数 ************* /
void main (void)                  //主函数
{
unsigned char i;                  //声明 i 为无符号整型变量
while (1)                         //无限循环
{
if (sb1 ==0)
i =1;
if (sb2 ==0)
i =2;
if (sb3 ==0)
i =3;
if (sb4 ==0)
i =4;
if (sb5 ==0)
i =5;
if (sb6 ==0)
i =6;
if (sb7 ==0)
i =7;
if (sb8 ==0)
i =8;
P0 = TAB [i];                     //把数组中第 i 个字形码送 P0 显示
}
}
```

在 Keil 软件中输入以下程序并保存在 D 盘“单片机应用”“任务 2.3”文件夹，工程名命名为“键控数码管 C”，源文件命名为“键控数码管 . c”。

汇编调试生成“键控数码管 . hex”格式文件。在仿真电路中，右键单击单片机，装载“D：\ 项目二\ 键控数码管 . hex”文件、运行，按下数字编号的按键，LED 显示器显示相应的数字。

2.3.4 再实践

【作业与练习】

8 个按键接于单片机 P2 端口，LED 数码管接于单片机 P0 端口。将 8 个按键从 1 ~ 8 进行编号，按下其中一个键，则在 LED 数码管上显示相应的键值，其中 LED 数码管为共阳极接法，试用汇编语言和 C51 编程。

任务 2.4 矩阵式键盘控制 LED 数码管

2.4.1 任务要求

设计一个 4 × 4 的矩阵式键盘，以 P3.0 ~ P3.3 作为行线，以 P3.4 ~ P3.7 作为列线，共接有 16 个按键，按键分别以“0 ~ F”标记。P0 和 P2 端口分别接有两个共阴极数码管，用来显示二位数字或字母。单次数按下某标号按键，左边数码管显示相应的标号，双次数按下某标号按键，右边数码管显示相应的标号，即按下次数为单数和双数时分别在两数码管轮流显示相应的数字或字母。

2.4.2 相关知识

1. 矩阵式键盘

矩阵式键盘又称行列式键盘，是用 n 条 I/O 线作为行线，m 条 I/O 线作为列线组成的键盘。在行线和列线的每一个交叉点上，设置一个按键，这样，键盘中按键的个数是 $m \times n$ 个。这种形式的键盘结构，能够有效地提高单片机系统中 I/O 的利用率。图 2 – 2 – 14 所示为矩阵式键盘输入示意图，列线接 P3.0 ~ P3.3，行线接 P3.4 ~ P3.7，矩阵式键盘适用于按键输入多的情况。

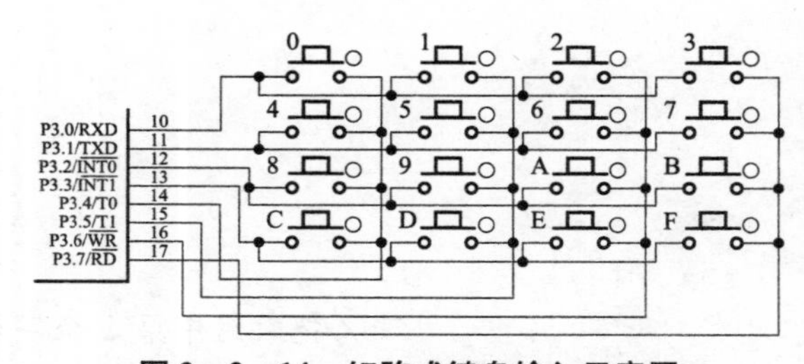

图 2 – 2 – 14 矩阵式键盘输入示意图

2. 矩阵式键盘查询式判断

（1）判别是否有键按下。

在程序中同时置 P3.0 ~ P3.3 为低电平，检测 P3.4 ~ P3.7 是否有低电平。如 P3.4 ~ P3.7 全为“1”则键盘上没有闭合键；若 P3.4 ~ P3.7 不全为“1”则键盘上有键闭合。

（2）消抖。

按键按下要区分单双次数，所以按键按下后必须要消抖，消抖同任务 3.2 处理。

（3）判别闭合键的键号。

分别置 P3.0～P3.4 为低电平，分别查询 P3.4～P3.7 哪个为低电平，则得出相应的闭合键号。

（4）判别按下的键是否释放。

为防止有多键按下时单片机无所适从的情况发生，这里需设置：第一个按下的按键释放后，才能处理下一个按键。所以需要检测按键是否释放，则同时置 P3.0～P3.3 为低电平，检测 P3.4～P3.7 是否有低电平。如 P3.4～P3.7 全为“1”则按键已释放，若 P3.4～P3.7 不全为“1”则有键仍在按下，等待按键释放，再检测下一个按键是否按下。

具体详见编程实例。

2.3.3　任务实施

1. 搭建仿真电路

在 Proteus 仿真软件中搭建矩阵式键盘控制 LED 数码管仿真电路图，如图 2－2－15 所示。

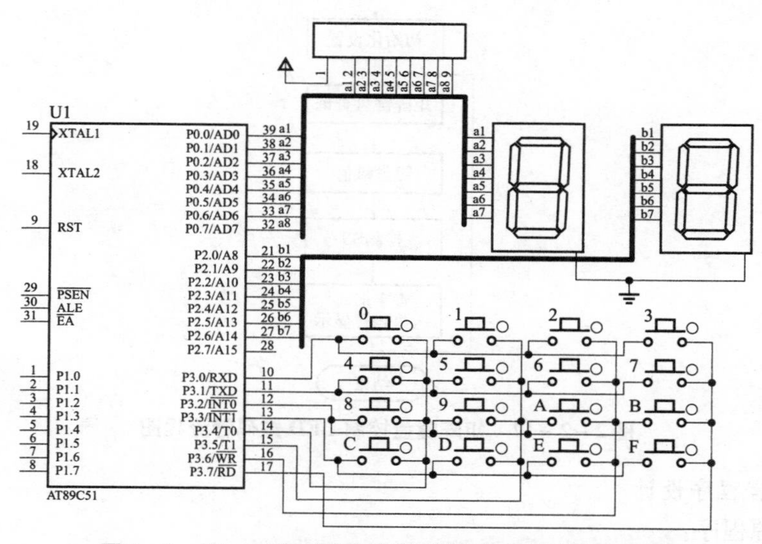

图 2－2－15　矩阵式键盘控制 LED 数码管仿真电路图

2. 任务分析和解决方案

1）任务分析

程序应具备以下两个功能：

（1）单片机可以实时检测到按键的状态，并且只有第一个先按下的按键有效。

（2）能根据按键按合的单双次数，控制左、右两个数码管轮流显示。

2）解决方案

（1）先判断是否有键按下，再判断是哪一个键按下，查询流程如图 2－2－16 所示。

（2）设置按键按合单双标志位 BS，检测 BS 是“0”还是“1”，得到对应的键值字形码，分别送 P0 和 P2 端口，由数码管显示数字。

3. 设计思路

绘制矩阵键盘控制 LED 数码管流程图，如图 2－2－17 所示。

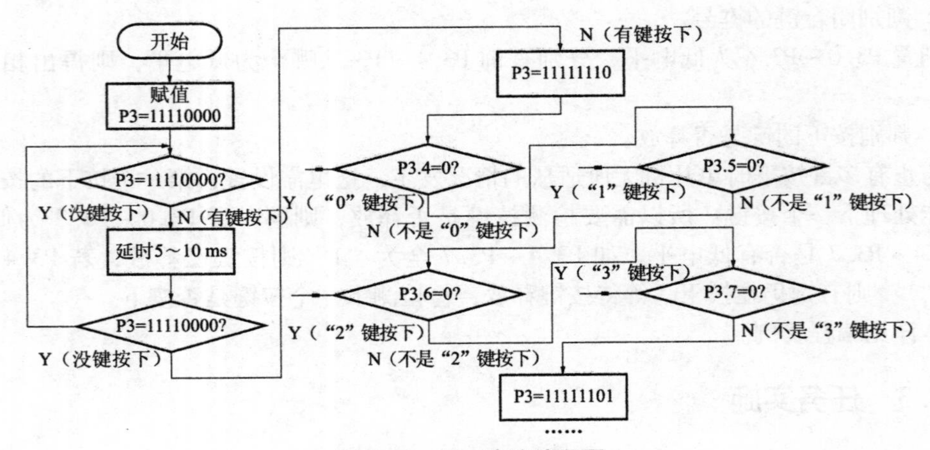

图 2-2-16　查询流程图

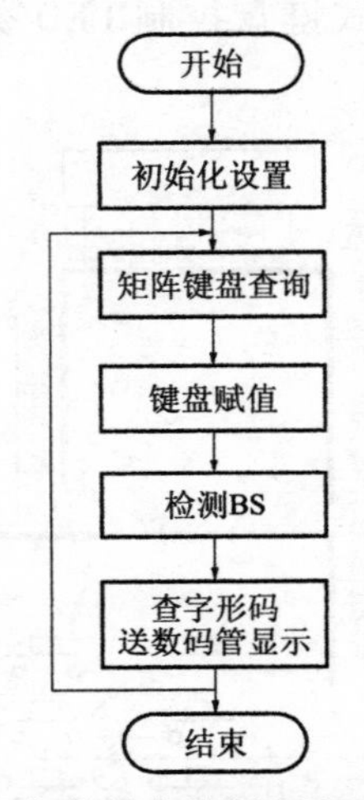

图 2-2-17　矩阵键盘控制 LED 数码管流程图

4. 汇编语言程序设计

汇编语言源程序：

```
; **** 矩阵键盘控制 LED 数码管 ****
      ORG  0000H
      LJMP  AA0
      ORG  0030H
; ********** 主程序 ************
; ***** 初始化设置 ****
AA0: MOV  P0, #00H
     MOV  P2, #00H
     MOV  P3, #0FFH
     MOV  30H, #00H              ; 键值存储单元30H清零
     CLR  00H                    ; 单双标志位BS清零
; ****** 判断左右数显 ***
```

```
AA1: ACALL  DD0               ; 调矩阵键盘检测赋值子程序
     JB  00H, AA2             ; 单双标志位BS是“1”转AA2
     MOV  P2, 30H             ; 右边数显
     AJMP  AA1
AA2: MOV  P0, 30H             ; 左边数显
     AJMP  AA1
; **** 矩阵键盘检测赋值子程序 ***
DD0: MOV  P3, #0F0H           ; 将P3.0~P3.3置低电平
        MOV  A, P3
        CJNE  A, #0F0H, DD1   ; 如有键按下则A≠#0F0H
        AJMP  DD4             ; 转至子程序返回
DD1: LCALL  BB0               ; 延时消抖
     MOV  P3, #0F0H           ; 将P3.0~P3.3置低电平
     MOV  A, P3
     CJNE  A, #0F0H, DD2      ; A≠#0F0H,确实有键按下转判别键号DD3
     AJMP  DD4                ; 转至子程序返回
; ****** 判别闭合键的键号 ******
DD2: CPL  00H
     MOV  P3, #0FEH           ; 置P3.0低电平,扫描P3.4~P3.7
     JNB  P3.4, K0            ; P3.4=0,则“0”键按下
     JNB  P3.5, K1            ; P3.5=0,则“1”键按下
     JNB  P3.6, K2            ; P3.6=0,则“2”键按下
     JNB  P3.7, K3            ; P3.7=0,则“3”键按下
     MOV  P3, #0FDH           ; 置P3.1低电平,扫描P3.4~P3.7
     JNB  P3.4, K4            ; P3.4=0,则“4”键按下
     JNB  P3.5, K5            ; P3.5=0,则“5”键按下
     JNB  P3.6, K6            ; P3.6=0,则“6”键按下
     JNB  P3.7, K7            ; P3.7=0,则“7”键按下
     MOV  P3, #0FBH           ; 置P3.2低电平,扫描P3.4~P3.7
     JNB  P3.4, K8            ; P3.4=0,则“8”键按下
     JNB  P3.5, K9            ; P3.5=0,则“9”键按下
     JNB  P3.6, KA            ; P3.6=0,则“A”键按下
     JNB  P3.7, KB            ; P3.7=0,则“B”键按下
     MOV  P3, #0F7H           ; 置P3.3低电平,扫描P3.4~P3.7
     JNB  P3.4, KC            ; P3.4=0,则“C”键按下
     JNB  P3.5, KD            ; P3.5=0,则“D”键按下
     JNB  P3.6, KE            ; P3.6=0,则“E”键按下
     JNB  P3.7, KF            ; P3.7=0,则“F”键按下
     AJMP  DD1
; ******* 键值处理 **********
```

```
K0: MOV  30H, #3FH           ; 送"0"字形码到30H
    AJMP  DD3                ; 转键盘释放检测
K1: MOV  30H, #06H           ; 送"1"字形码到30H
    AJMP  DD3                ; 转键盘释放检测
K2: MOV  30H, #5BH           ; 送"2"字形码到30H
    AJMP  DD3                ; 转键盘释放检测
K3: MOV  30H, #4FH           ; 送"3"字形码到30H
    AJMP  DD3                ; 转键盘释放检测
K4: MOV  30H, #66H           ; 送"4"字形码到30H
    AJMP  DD3                ; 转键盘释放检测
K5: MOV  30H, #6DH           ; 送"5"字形码到30H
    AJMP  DD3                ; 转键盘释放检测
K6: MOV  30H, #7DH           ; 送"6"字形码到30H
    AJMP  DD3                ; 转键盘释放检测
K7: MOV  30H, #07H           ; 送"7"字形码到30H
    AJMP  DD3                ; 转键盘释放检测
K8: MOV  30H, #7FH           ; 送"8"字形码到30H
    AJMP  DD3                ; 转键盘释放检测
K9: MOV  30H, #6FH           ; 送"9"字形码到30H
    AJMP  DD3                ; 转键盘释放检测
KA: MOV  30H, #77H           ; 送"A"字形码到30H
    AJMP  DD3                ; 转键盘释放检测
KB: MOV  30H, #7CH           ; 送"B"字形码到30H
    AJMP  DD1                ; 转键盘释放检测
KC: MOV  30H, #39H           ; 送"C"字形码到30H
    AJMP  DD3                ; 转键盘释放检测
KD: MOV  30H, #5EH           ; 送"D"字形码到30H
    AJMP  DD3                ; 转键盘释放检测
KE: MOV  30H, #79H           ; 送"E"字形码到30H
    AJMP  DD3                ; 转键盘释放检测
KF: MOV  30H, #71H           ; 送"F"字形码到30H
DD3: MOV  P3, #0F0H          ; 将P3.0~P3.3置低电平
     MOV  A, P3
     CJNE  A, #0F0H, DD3     ; 如有键仍被按下则A≠#0F0, 转DD3
DD4: RET
; ****** 延时10 ms消抖子程序 ******
BB0: MOV  R7, #01H
BB1: MOV  R6, #26H
BB2: MOV  R5, #82H
     DJNZ  R5, $
```

```
DJNZ  R6, BB2
DJNZ  R7, BB1
RET
END
```

在 Keil 软件中输入以下程序并保存在 D 盘“单片机应用”“任务 2.4”文件夹，工程名命名为“矩阵式键盘 ASM”，源文件命名为“矩阵式键盘 . asm”。

5. C51 程序设计（C51 开关语句）

（1）switch 语句。

switch 语句是一种用于多分支的语句，也称为开关语句。switch 语句的一般形式如下：

```
switch (表达式)
{
case 常量表达式1: 语句1; break;
case 常量表达式2: 语句2; break;
case 常量表达式3: 语句3; break;
......
case 常量表达式n: 语句n; break;
default 语句n+1;
}
```

switch 语句执行时，会将 switch 后面表达式的值与 case 后面各个常量表达式的值逐个进行比较，若相等，就相应执行 case 后面的语句，然后执行 break 语句，终止当前语句的执行，使程序跳出 switch 语句。若都不相等，则只执行 default 指向的语句，如无 default 指向的语句，就跳出 switch 语句。

（2）break 语句和 continue 语句。

break 语句只能用在开关语句和循环语句中，用来终止后面语句的执行或使循环立即结束。实际上它是一种具有特殊功能的无条件转移语句，要注意的是，它只能跳出它所在的那一层循环。

continue 语句是一种中断语句，它一般用在循环结构中，其功能是结束本次循环，即跳出循环体中 continue 语句后面尚未执行的语句，把程序流程转移到当前循环语句的下一个循环周期。

C51 源程序：

```
//矩阵键盘控制 LED 数码管
#include <reg51.h>                  //头文件
#define uint unsigned int           //定义数据类型（无符号整型变量）
#define uchar unsigned char         //定义数据类型（无符号字符型变量）
bit bs;                             //位定义（按键按合单双标志）
uchar m;                            //键值存储
void delay (uint);                  //声明延时函数
uchar key (void);                   //声明矩阵查询赋值函数
/********* 主函数 ********** /
void main (void)
```

```
{
P0 =0x00;
P2 =0x00;
P3 =0xff;
while (1)                          //无限循环
{
key ();                            //调用矩阵函数
if (! bs)                          //如果标志 bs =0，往下执行，否则执行 else
{P2 =m;}                           //第一个数码管显示
else
{P0 =m;}                           //第二个数码管显示
}
}
/****** 矩阵查询赋值函数 ***** /
uchar key (void)
{
uchar tmp, x;                      //声明无符号整型变量
tmp =0xf0;                         //扫描码 =0xf0 =11110000B
P3 =tmp;                           //发送扫描码至 P3
x =P3 | 0xf;                       //读输入数据
if (x ==0xff) return (0);          //如果读数 =0xff，无按键按下，退出函数
delay (1);                         //有键按下，延时 10 ms 消抖
if (x ==0xff) return (0);          //如果读数 =0xff，无按键按下，退出函数
bs =~bs;                           //标志位取反
P3 =0xfe;                          //置 P3.0 低电平，扫描 P3.4 ~P3.7
switch (P3)
{
case 238: m =0x3f; break;          //如果 P3 =238 =11101110B，是“0”键按下，
                                     跳 switch
case 222: m =0x06; break;          //如果 P3 =222 =11011110B，是“1”键按下，
                                     跳 switch
case 190: m =0x5b; break;          //如果 P3 =190 =10111110B，是“2”键按下，
                                     跳 switch
case 126: m =0x4f; break;          //如果 P3 =126 =01111110B，是“3”键按下，
                                     跳 switch
}
P3 =0xfd;                          //置 P3.1 低电平，扫描 P3.4 ~P3.7
switch (P3)
{
case 237: m =0x66; break;          //如果 P3 =237 =11101101B，是“4”键按下，
```

```
                                    跳 switch
case 221: m=0x6d; break;       //如果 P3=221=11011101B, 是“5”键按下,
                                    跳 switch
case 189: m=0x7d; break;       //如果 P3=189=10111101B, 是“6”键按下,
                                    跳 switch
case 125: m=0x07; break;       //如果 P3=125=01111101B, 是“7”键按下,
                                    跳 switch
}
P3=0xfb;                       //置 P3.2 低电平, 扫描 P3.4~P3.7
switch (P3)
{
case 235: m=0x7f; break;       //如果 P3=235=11101011B, 是“8”键按下,
                                    跳 switch
case 219: m=0x6f; break;       //如果 P3=219=11011011B, 是“9”键按下,
                                    跳 switch
case 187: m=0x77; break;       //如果 P3=187=10111011B, 是“A”键按下,
                                    跳 switch
case 123: m=0x7c; break;       //如果 P3=123=01111011B, 是“B”键按下,
                                    跳 switch
}
P3=0xf7;                       //置 P3.2 低电平, 扫描 P3.4~P3.7
switch (P3)
{
case 231: m=0x39; break;       //如果 P3=231=11100111B, 是“C”键按下,
                                    跳 switch
case 215: m=0x5e; break;       //如果 P3=215=11010111B, 是“D”键按下,
                                    跳 switch
case 183: m=0x79; break;       //如果 P3=183=10110111B, 是“E”键按下,
                                    跳 switch
case 119: m=0x71; break;       //如果 P3=125=01110111B, 是“F”键按下,
                                    跳 switch
}
P3=tmp;                        //发送扫描码至 P3
while (P3!=0xf0) continue;     //如果 P3 不等于 0xf0, 说明有键仍在按下等待
}
/*****10 ms 延时函数*****/
void delay (uint x)
{
uint n, s;
for (n=0; n<x; n++)
```

```
for (s =0; s <2000; s + +);
}
```

在 Keil 软件中输入以下程序并保存在 D 盘“单片机应用”“任务 2. 4” 文件夹，工程名命名为“矩阵式键盘 C”，源文件命名为“矩阵式键盘 . c”。

汇编调试生成“矩阵式键盘 . hex” 格式文件。在仿真电路中，右键单击单片机，装载“D：\ 项目二 \ 矩阵式键盘 . hex” 文件，运行，按下数字编号的按键，两个 LED 显示器分别显示相应的数字。

2. 4. 4 再实践

【作业与练习】

设计一个 4 ×4 的矩阵式键盘，以 P3. 0 ~ P3. 3 作为行线，以 P3. 4 ~ P3. 7 作为列线，共接有 16 个按键，按键分别以“0 ~ F” 标记。P0 和 P2 端口分别接有两个共阳极数码管，用来显示二位数字或字母。单次数按下某标号按键，左边数码管显示相应的标号，双次数按下某标号按键，右边数码管显示相应的标号，即按下次数为单数和双数时分别在两数码管轮流显示相应的数字或字母。自由选择汇编或 C51 编程。

第二篇　项目 1、2 考核

一、填空题

1. P0 端口既可以作为________口使用，又可以作为普通 I/O 端口使用。

2. P1 端口输出具有________功能，能驱动________个 LSTTL 负载，若负载过大，则需在端口外加上________电路后才可以接负载。

3. 单片机片外扩展并行 I/O 芯片时，P2 端口只能作为________口使用，不能作为________口使用，此时，P2 端口输出的是________。

4. P3 端口是双功能 I/O，在________情况下，P3 端口的端口线才能作为普通的 I/O 端口使用。

5. C51 程序中 unsigned char 型变量占________字节，值域是________，在 data 区中最多只能定义________个 unsigned char 型变量。

6. C51 程序中宏定义是一种编译预处理命令，宏定义以________开头，结尾处无________，一般放在程序的________处。用字符 uint 代表 unsigned int 无符号整型变量的宏定义是________。

7. C51 程序中 #include < reg51. h >的作用是________，一般放在程序的________处。

8. C51 程序中至少有一个________函数。

9. C51 程序中，语句由________结尾。

10. C51 程序定义函数时，若函数无形式参数，则用________说明形式参数。

二、判断题

1. RC A 为循环左移指令。（　　）

2. MOV A，30H 为立即寻址方式。（　　）

3. MCS－51 指令：MOV A，@ R0 ；表示将 R0 指示的地址单元中的内容传送至 A 中。（　　）

4. 指令 MOV A，00H 执行后 A 的内容一定为 00H。（　　）

5. 已知：DPTR = 11FFH，执行 INC DPTR 后，结果是 DPTR = 1200H。（　　）

6. 已知：A = 1FH，（30H）= 83H，执行 ANL A，30H 后，结果是 A = 03H，（30H）= 83H。（　　）

7. 指令 ACALL add11 能在 64 KB 范围内调用子程序。（　　）

8. MCS－51 指令系统中，指令 JNB bit，rel 是判位转移指令，即表示 bit = 1 时转移。（　　）

9. 指令 CPL P1. 0 是将 P1. 0 置 1。（　　）

10. MCS－51 指令：MOV A，#40H ；表示将 40H 的内容送 A。（　　）

11. 已知：A = AFH，（30H）= 53H，执行 ORL A，30H 后，结果：A = DCH（30H）=

53H。 （ ）

12. 指令 LCALL addr16 能在 64 KB 字节范围内调用子程序。 （ ）

三、选择题

1. 下列指令中错误的是（ ）。

A. MOV A，R4　　B. MOV 20H，R4

C. MOV R4，30H　　D. MOV @R4，R3

2. LJMP 跳转空间最大可达到（ ）。

A. 2 KB　　B. 256 B

C. 128 B　　D. 64 KB

3. 设 A = 0C3H，R0 = 0AAH，执行指令 ANL A，R0 后，结果（ ）。

A. A = 82H　　B. A = 6CH

C. R0 = 82　　D. R0 = 6CH

4. 执行如下三条指令后，30H 单元的内容是（ ）。

MOV R1，#30H

MOV 40H，#0EH

MOV @R1，40H

A. 40H　　B. 30H

C. 0EH　　D. FFH

5. 进位标志 CY 在（ ）中。

A. 累加器　　B. 逻辑运算部件 ALU

C. 程序状态字寄存器 PSW　　D. DPOR

6. MOV A，20H 指令的寻址方式为（ ）。

A. 立即数寻址　　B. 直接寻址

C. 寄存器寻址　　D. 寄存器间接寻址

7. 指令 MOV A，#30H 的寻址方式是（ ）。

A. 寄存器寻址方式　　B. 寄存器间接寻址方式

C. 直接寻址方式　　D. 立即寻址方式

8. 当需要从 MCS-51 单片机程序存储器取数据时，采用的指令为（ ）。

A. MOV A，@R1　　B. MOVC A，@A + DPTR

C. MOVX A，@R0　　D. MOVX A，@DPTR

9. 对程序存储器的读操作，只能使用（ ）。

A. MOV 指令　　B. PUSH 指令

C. MOVX 指令　　D. MOVC 指令

10. Jz rel 指令中，是判断（ ）中的内容是否为 0。

A. A　　B. B

C. C　　D. PC

11. 下列指令判断 P3.2 为高电平就转移至 AA2，否则就往下执行的是（ ）。

A. JNB P3.2，AA2　　B. JB P3.2，AA2

C. JC P3.2，AA2　　D. JNZ P3.2，AA2

12. 已知：A＝D2H，（40H）＝77H，执行指令：ORL A，40H后，其结果是（　）。
A. A＝77H　　B. A＝F7H
C. A＝D2H　　D. A＝A5H

13. 已知：A＝86H，R0＝20H，（20H）＝18H，执行指令：MOV A，@R0后，A的结果是（　　）。
A. A＝86H　　B. A＝20H
C. A＝18H　　D. A＝00H

14. 比较转移指令是（　　）。
A. DJNZ R0，rel　　B. CJNE A，direct，rel
C. DJNZ direct，rel　　D. CJNE A，Rn，rel

15. LJMP跳转空间最大可达到（　　）。
A. 2 KB　　B. 256 B
C. 64 KB　　D. 128 KB

四、程序分析

1. 已知：（30H）＝5AH、（31H）＝82H、R0＝30H、R1＝31H，试问如下指令执行后，累加器A、30H、31H和32H单元中的内容是什么？

```
MOV A，@R0
MOV @R1，A
MOV 32H，@R1
```

（A）＝　　（30H）＝　　（31H）＝　　（32H）＝

2. 已知：（A）＝83H、（R0）＝17H、（17H）＝34H，试问执行如下程序后，累加器A、R0、17H单元中的内容是什么？

```
MOV  A，@R0      （A）＝
RL   A           （R0）＝
MOV  R0，A       （17H）＝
```

3. 已知：（30H）＝40H，（40H）＝10H，（P1）＝0CAH，试问执行如下程序后，累加器A、30H、40H、P2单元中的内容是什么？

```
MOV R0，#30H
MOV A，@R0
MOV R1，A
MOV 30H，@R1
MOV @R1，P1
MOV P2，P1
```

（A）＝　　（30H）＝　　（40H）＝　　（P2）＝

4. 已知：（A）＝83H，（R0）＝17H，（17H）＝34H，试问执行完下列程序段后A的内容是什么？

```
ANL A，#17H
ORL 17H，A
XRL A，@R0
```

CPL A

5. 已知：(A) = 48H，(R0) = 32H，(32H) = 80H，(40H) = 08H，试问执行完下列程序段后上述各单元的内容是什么?

```
MOV A, @R0
MOV @R0, 40H
MOV 40H, A
MOV R0, #35H
```

(A) =　　　　(R0) =　　　　(32H) =　　　　(40H) =

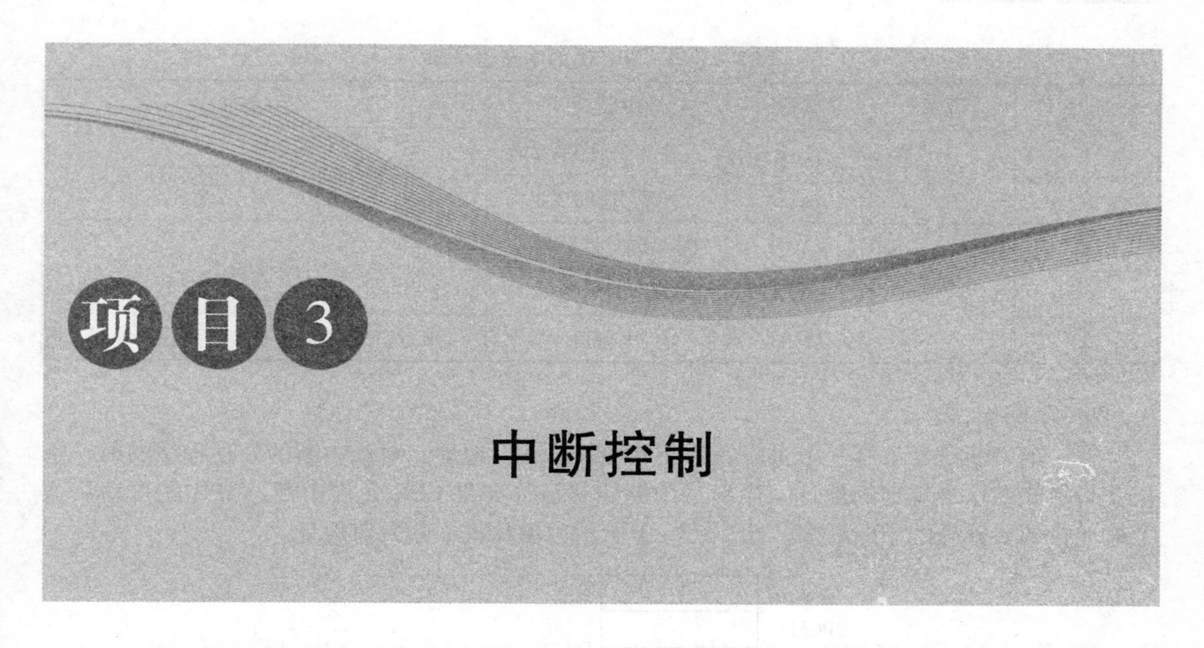

中断系统在计算机中起着十分重要的作用，是现代计算机系统中广泛采用的一种实时控制技术，能对突发事件进行及时处理，从而大大提高系统的实时性能。

任务3.1　外部中断控制—闪烁灯

3.1.1　任务要求

单片机P1端口的8只LED灯按照间隔0.5 s做左移“跑马灯”循环点亮。当P3.2有低电平输入时，立即让P1端口8只LED灯按照间隔0.5 s闪烁2次；当P3.2无低电平输入时，继续刚才的顺序状态左移“跑马灯”循环点亮。

3.1.2　相关知识

1. 中断源及中断入口

所谓中断，就是打断正在进行的工作，转去做另外一件事情。

比如说，你正在看书，有人按门铃，你要去看看是谁来了（中断——打断你看书的工作），这时你必须先记住书看到哪，做好记号（进栈——保护现场），然后去开门，交谈（中断处理——转去做另外一件事情），等处理完事情后返回看书，又从刚才做好记号的地方看起（出栈——恢复现场），这一过程就是中断及中断处理过程。单片机的中断过程与上述过程类似。

1）中断源

把能够向CPU发出中断请求的来源称为中断源，它是引起CPU中断的原因。80C51单片机有5个中断信号源，如表2－3－1所示。

表 2-3-1 80C51 的中断信号源

序号	位置	名称	中断源	产生条件
1	外部	$\overline{\text{INT0}}$	外部引脚 P3.2	外部引脚出现低电平或负跳变
2		$\overline{\text{INT1}}$	外部引脚 P3.1	
3	内部	T0	内部定时计数器 0	计数器溢出
4		T1	内部定时计数器 1	
5		TI/RI	串行口	串行口发送完毕或接收到一个字节

2）中断入口

每一个中断信号都有一个对应的中断处理程序入口地址，对该中断的处理程序的第一条指令必须放在这个规定的地址，当出现中断信号后，如果 CPU 允许中断，CPU 就自动从这个地址找到要处理的中断程序。图 2-3-1 所示为单片机中断入口地址。

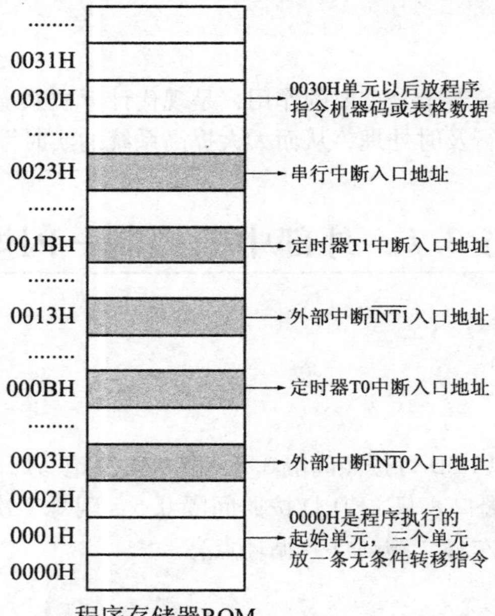

图 2-3-1 单片机中断入口地址

（1）外部中断 0：用$\overline{\text{INT0}}$表示（P3.2 脚），输入“低电平”或脉冲下降引起中断。中断入口地址是 0003H。

```
ORG   0000H
LJMP  AA0
ORG   0003H               ; 标明 INT0 中断入口地址
LJMP   CC0                ; 无条件转移到中断服务程序
ORG   0030H
```

我们观察图 2-3-1 会发现一个问题，MCS-51 系列单片机一个中断入口地址到下一个中断入口地址之间（如 0003H～000BH）只有 8 个单元。也就是说，中断服务程序的长度如果超过了8个字节，就会占用下一个中断的入口地址，导致出错，一般情况下，我们的中断服务程序都会超过8个字节，怎么办呢？我们在中断入口处写一条“LJMP ××××”指令(3字节)，把实际处理的中断程序放到ROM的任何一个位置（用标号指明地点），这样就解决问题啦。

（2）外部中断1：用$\overline{\text{INT1}}$表示（P3.3脚），输入“低电平”或“脉冲下降沿”引起中断，中断入口地址是0013H。

（3）定时器/计数器T0：用T0表示（P3.4脚），内部计数寄存器的值等于“0”引起中断，外部计数时由P3.4脚输入，中断入口地址是000BH。

（4）定时器/计数器1：用T1表示（P3.5脚），内部计数寄存器的值等于“0”引起中断，中断入口地址是001BH。

（5）串行通信口中断。

①接收数据：用RXD表示（P3.0脚），寄存器SCON的RI位的值等于“1”引起中断(模式0：每接收完成1组8位二进制数中断1次)。

②发送数据：用TXD表示（P3.1脚），寄存器SCON的TI位的值等于“1”引起中断(模式0：每发送完成1组8位二进制数中断1次)。中断入口地址是0023H。

我们先学习外部中断$\overline{\text{INT0}}$、$\overline{\text{INT1}}$。

2. 中断控制设置

中断控制是由编程人员对特殊功能寄存器TCON、SCON、IE、IP进行设定和管理，以便单片机实现人们需要的各种中断控制功能，如表2-3-2所示。我们先讲解外部中断$\overline{\text{INT0}}$、$\overline{\text{INT1}}$的中断参数设定和应用。

表2-3-2　RAM特殊功能寄存器

寄存器符号	特殊功能寄存器的中文名称	地址号	寄存器符号	特殊功能寄存器的中文名称	地址号
*A或ACC	累加器	E0H	*P3	P3口寄存器	B0H
*B	B寄存器	F0H	TMOD	定时器/计数器工作方式寄存器	89H
*PSW	程序状态字寄存器	D0H	*TCON	定时器/计数器控制寄存器	88H
SP	堆栈指针寄存器	81H	TH0	定时器/计数器0高8位寄存器	8CH
DPL	16位数据地址指针寄存器的低8位	82H	TL0	定时器/计数器0低8位寄存器	8AH
DRH	16位数据地址指针寄存器的高8位	83H	TH1	定时器/计数器1高8位寄存器	8DH
*IP	中断优先级控制寄存器	B8H	TL1	定时器/计数器1低8位寄存器	8BH
*IE	允许中断控制寄存器	A8H	*SCON	串行控制寄存器	98H

续表

寄存器符号	特殊功能寄存器的中文名称	地址号	寄存器符号	特殊功能寄存器的中文名称	地址号
*P0	P0 口寄存器	80H	SBUF	串行通信数据缓冲寄存器	99H
*P1	P1 口寄存器	90H	PCON	电源控制寄存器	87H
*P2	P2 口寄存器	A0H			

注：带“*”的专用寄存器表示可以位操作。

然后，到定时器/计数器及串行通信的内容，再讲解内部中断的定时器/计数器 T0、T1、串行通信 RI（接收）、TI（发送）的中断参数设定和应用。

1）中断控制寄存器 TCON——容量 1 字节 = 8 位二进制数，如表 2-3-3 所示。

表 2-3-3　中断控制寄存器 TCON

位 数	第 7 位	第 6 位	第 5 位	第 4 位	第 3 位	第 2 位	第 1 位	第 0 位
地址名	TF1	TR1	TF0	TR0	IE1	IT1	IE0	IT0
地址号	8FH	8EH	8DH	8CH	8BH	8AH	89H	88H

（1）第 0 位 IT0：外部中断 INT0 的触发中断信号选择位（有两种触发中断的信号）。

①当 IT0 = 0 选择低电平触发中断，也就是在单片机的 P3.2 脚出现低电平时，立即发生中断。

上面的程序：

```
SETB  EX0
CLR   IT0                  ；INT0 低电平触发
SETB  EA
```

当 P3.2（INT0）为低电平时，会一直运行中断程序，当撤销 P3.2（INT0）低电平时，运行完当前中断程序后，马上退出中断程序。

结论：如果是低电平触发，若引脚一直保持低电平，那么在产生中断返回后，马上就会产生第二次中断，接着第三次……一直到低电平消失为止。

②当 IT0 = 1 选择脉冲的下降沿触发中断，也就是在单片机的 P3.2 脚出现 1 个脉冲跳变信号（高↘低）时，立即发生中断。

所谓下降沿就是指单片机在两次检测中，第一次检测到引脚是高电平，紧接着第二次检测到引脚是低电平。所以下降沿不一定如我们想象的那样是一个非常“陡”的波形，只要在一次检测过后到下一次检测之前变为低电平就行。

我们把上面的程序改为：

```
SETB  EX0
SETB  IT0                  ；INT0 下降沿触发
SETB  EA
```

当 P3.2（INT0）一直低电平时，只运行一次中断程序，马上就退出中断程序。

结论：如果是下降沿触发，一次中断产生后，如引脚一直保持低电平，是不会引起重复中断的。

③可以使用位清“0”或位置“1”指令来选择中断信号的触发方式：

CLR ITO ；选择低电平触发中断

SETB ITO ；选择脉冲的下降沿触发中断

（2）第1位IE0：外部中断INT0中断请求标志，请求信号电平由IT0设置。一旦输入信号有效，则将IE0标志位置1，向CPU申请中断。中断响应后，IE0标志位由CPU硬件自动清零。

（3）第2位IT1：外部中断INT1的触发中断信号选择位（有两种触发中断的信号）。

①当IT1 = 0选择低电平触发中断，也就是在单片机的P3.3脚出现低电平时，立即发生中断。

②当IT1 = 1选择脉冲的下降沿触发中断，也就是在单片机的P3.3脚出现1个脉冲跳变信号（高↘低）时，立即发生中断。

③可以使用位清“0”或位置“1”指令来选择中断信号的触发方式：

CLR IT1 ；选择低电平触发中断

SETB IT1 ；选择脉冲的下降沿触发中断

（4）第3位IE1：外部中断INT1中断请求标志，请求信号电平由IT1设置。一旦输入信号有效，则将IE1标志位置1，向CPU申请中断。中断响应后，IE1标志位由CPU硬件自动清零。

2）中断允许控制寄存器IE：容量1字节 = 8位二进制数，如表2-3-4所示。

表2-3-4 中断允许控制寄存器IE

位数	第7位	第6位	第5位	第4位	第3位	第2位	第1位	第0位
地址名	EA			ES	ET1	EX1	ET0	EX0
地址号	AFH			ACH	ABH	AAH	A9H	A8H

（1）第7位EA：控制5个中断源的“总开关”。

①当EA = 1打开所有中断源（允许所有中断源申请中断）。

②当EA = 0关闭所有中断源（不允许任何1个中断源申请中断）。

③可以使用位清“0”或位置“1”指令来控制打开中断还是关闭中断：

SETB EA ；打开所有中断源（允许所有中断源申请中断）。

CLR EA ；关闭所有中断源（不允许任何1个中断源申请中断）

（2）第0位EX0：控制外部中断INT0（P3.2脚）的“分开关”。

①当EX0 = 1打开外部中断0中断源（允许INT0中断源申请中断）。

②当EX0 = 0关闭外部中断0中断源（不允许INT0中断源申请中断）。

③可以使用位清“0”或位置“1”指令来控制打开中断还是关闭中断：

SETB EX0 ；打开INT0中断源（允许INT0中断源申请中断）

CLR EX0 ；关闭INT0中断源（不允许INT0中断源申请中断）

（3）第2位EX1：控制外部中断1INT1（P3.3脚）的“分开关”。

①当EX1 = 1打开外部中断1中断源（允许INT1中断源申请中断）。

②当EX1 = 0关闭外部中断1中断源（不允许INT1中断源申请中断）。

③可以使用位清“0”或位置“1”指令来控制打开中断还是关闭中断：

```
SETB EX1        ; 打开INT1中断源（允许INT1中断源申请中断）
CLR EX1         ; 关闭INT1中断源（不允许INT1中断源申请中断）
```

3）中断源优先级控制寄存器IP：容量1字节 = 8位二进制数。

（1）中断源优先级有两个级别：高优先级和低优先级。

（2）当编程人员不进行中断源优先级的设置或把它们设置为同一个优先级，那么5个中断源就会按照以下顺序响应中断申请：

①外部中断——INT0。

②定时器/计数器——T0。

③外部中断1——INT1。

④定时器/计数器1——T1。

⑤串行通信口中断。

（3）当编程人员进行中断源优先级的设置，高优先级的中断源可以在执行低优先级中断服务程序时响应中断申请，反之不能申请中断。在同一个优先级中，中断源不能互为申请中断。

（4）优先级控制寄存器IP，如表2-3-5所示。

表2-3-5　优先级控制寄存器IP

位 数	第7位	第6位	第5位	第4位	第3位	第2位	第1位	第0位
地址名				PS	PT1	PX1	PT0	PX0
地址号				BCH	BBH	BAH	B9H	B8H

①第0位PX0：外部中断第0号INT0优先级的设置位。

当PX0 = 1时，把INT0设置为高优先级；

当PX0 = 0时，把INT0设置为低优先级。

可以使用位清“0”或位置“1”指令来设置优先级：

```
SETB   PX0        ; 把INT0设置为高优先级
CLR    PX0        ; 把INT0设置为低优先级
```

②第2位PX1：外部中断第0号INT1优先级的设置位。

当PX1 = 1时，把INT1设置为高优先级；

当PX1 = 0时，把INT1设置为低优先级。

可以使用位清“0”或位置“1”指令来设置优先级：

```
SETB   PX1        ; 把INT1设置为高优先级
CLR    PX1        ; 把INT1设置为低优先级
```

如设置INT0中断

```
ORG   0000H
LJMP   AA0
ORG   0003H       ; 标明INT0（P3.2脚）中断服务程序入口地址
LJMP   CC0        ; 转移到中断服务程序所在地址INT0
ORG   0030H
```

```
AA0: MOV  P0, #0FFH
     MOV  P1, #0FFH
     MOV  P2, #0FFH
     MOV  P3, #0FFH      ; 初始化设置，关闭所有 I/O 端口
     SETB  EX0           ; 允许 INT0 中断
     CLR  IT0            ; 低电平触发
     SETB  EA            ; 开总中断
AA1: ……                  ; 主程序
CC0: ……                  ; 中断服务程序
     RETI                ; 中断返回
     END
```

3. 堆栈

(1) 堆栈定义。

单片机中除了有固定功能的寄存器外，还需要一个“先进后出”存储区，用于存放子程序调用（包括中断响应）时程序计算器 PC 的当前值，以及需要保护的 CPU 内某个寄存器的值，即现场，以便子程序或中断服务程序执行结束后能正确返回主程序，这一存储区称为堆栈区。堆栈区就是片内 RAM 中按照“先进后出，后进先出”的原则存放数据和取出数据。这个区域存放数据的原则是“先进后出，后进先出”，像仓库堆放货物一样，称之为堆栈。

堆栈是一组可以连续操作的存储器区域，使用专用的堆栈指针寄存器 SP 进行管理，CPU 会自动安排堆栈存储器区域地址。

(2) 堆栈指针 SP。

在计算机内，为了正确存取堆栈区内的数据，需要一个寄存器来指示最后进入堆栈的数据所在存储单元的地址，堆栈指针 SP 寄存器就是为此设计的。

SP 是用来存放栈顶数据的地址的 8 位寄存器，由于它保存的是地址，所以可以把它看成是一个地址指针，如图 2-3-2 所示指针指向它所装地址的单元。从图 2-3-2 可以看出，无论是入栈还是出栈操作，SP 所装的地址总是堆栈最顶上一个数的地址，因此 SP 这个地址指针总是指向堆栈顶端的存储单元。

在 MCS-51 系列单片机中，SP 可以指向内部 RAM 中 00H ~ 7FH 的任一单元。在MCS-51 系列单片机内，堆栈向上生长，即将数据压入堆栈后，SP 寄存器内容增大。假设 SP 当前值为 2FH，将寄存器 A 内容压入堆栈的操作过程如图 2-3-2 所示。将数据从堆栈中弹出时，SP 减小。即数据入栈的操作过程为：先将 SP 的内容加 1（SP—SP+1），假设 SP 当前值为 2FH，加 1 后 SP=30H，然后将要入栈的数据存放在 SP 当前指定的存储单元中，即 30H 中。而将数据从堆栈中弹出时，先将 SP 指针指定的存储单元 30H 的内容 POP 到指令给出的目标寄存器 B 或其他内部 RAM 单元中，然后 SP 减 1，即（SP—SP-1）。可以看出堆栈的底部是固定的，而堆栈的顶部随着数据入栈和出栈上下浮动。

单片机系统复位后，SP 的初值为 07H，当有数据进入堆栈时，将从 08H 单元开始存放，占用了工作寄存器区和位寻址区。所以，当需要用到工作寄存器区（00H ~ 1FH）和位寻址区（20H ~ 2FH）时，必须重新设置 SP 的初值，将堆栈区设在 30H ~ 7FH，可以用赋值指令改变 SP 的值。如：

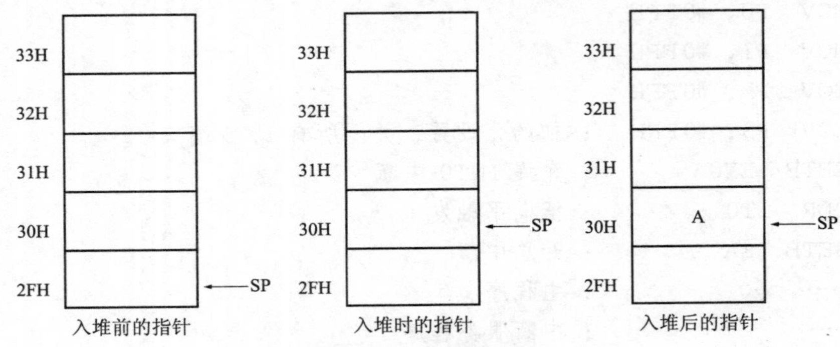

图 2－3－2　堆栈指针

MOV　SP，#2FH　　　　；将堆栈设在 30H 单元以后

如上述程序，

MOV SP，#50H

（3）堆栈的作用。

堆栈主要是为了子程序调用和中断操作而设立，其功能有两个：保护断点和保护现场。

（4）堆栈的使用方式。

堆栈的使用有两种方式：自动方式和指令方式。

自动方式：在调用子程序或中断时，返回地址（断点）自动进栈。程序返回时，断点再自动弹回 PC。这样子程序返回或中断返回时，CPU 硬件就会自动帮你找到回家的路。

指令方式：使用专用的堆栈指令，进行进出栈操作。其进栈指令为 PUSH，出栈指令为 POP。

（5）堆栈指令。

堆栈操作指令：在中断服务程序中用来保护正在处理的数据，并在中断服务程序执行完时恢复这些数据的处理过程，术语称为：保护现场和恢复现场。由 2 条指令组成，如果程序需要使用堆栈操作指令，必须同时配对使用这 2 条指令。

①直接地址单元里面的数据压入（存入）堆栈。

格式：PUSH direct

CPU 操作：（SP）←（SP）＋1　每压入一个数据，堆栈指针寄存器（（SP））←（direct）的地址号自动加 1，指向下一个地址。

指令执行时间（12 MHz 时钟）：2 μs

指令占用地址数：2 字节

操作过程：CPU 接到中断请求信号时，它会停止当前正在执行的工作，立即响应中断请求所提出的任务要求。当中断请求任务需要占用正在工作的寄存器时，就会破坏原来的数据。因此，需要把这些寄存器的数据，用一组连续操作的存储器区域暂时保存起来（保护现场）。

②堆栈里面的数据弹出（取出）存入到直接地址单元。

格式：POP direct

CPU 操作：（direct）←（（SP））

指令执行时间（12 MHz 时钟）：2 μs

指令占用地址数：2 字节

操作过程：中断请求所提出的任务执行完成后，CPU 会继续执行被中断时的工作。因此，需要恢复原来寄存器的数据，把连续操作的存储器区域暂时保存的数据取出来存回原来的寄存器当中去（恢复现场）。在取出数据时，必须按照先入后出的原则操作。

4. 中断的响应过程

如果在程序中设置了中断，并且满足了条件，CPU 就会响应中断，CPU 中断响应可以分为以下几个步骤：

（1）保护断点。保存下一条将要执行指令的地址，方法是由硬件自动把这个地址送入堆栈，不用我们管。

（2）寻找中断入口。根据 5 个不同的中断源所产生的中断，查找 5 个不同的入口地址，只要我们编写了入口地址，由单片机硬件自动完成，不用我们管。

（3）执行中断处理程序。我们只要在 5 个中断入口地址处放置无条件转移指令，单片机就会自动转到中断服务程序执行中断子程序。

（4）中断返回。执行完中断程序后，就从中断处返回到主程序，方法是由单片机硬件从堆栈中自动取出刚才放入的地址值，单片机即可从断点处继续往下执行主程序。

中断的学习比较抽象，我们只要记住中断是什么意思，用单片机哪个管脚实现外部中断，入口地址，如何控制。后面我们将通过一系列的任务来理解。

3.1.3 任务实施

1. 搭建仿真电路

在 Proteus 仿真软件中搭建如图 2－3－3 所示的单片机中断控制仿真电路。

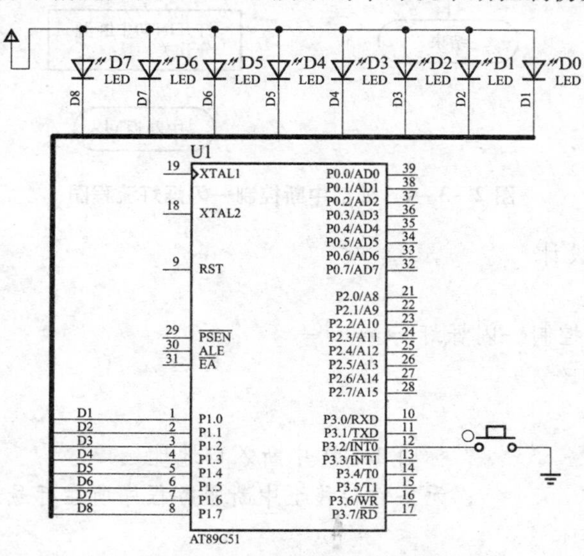

图 2－3－3 单片机中断控制仿真电路

2. 任务分析及解决方案

（1）任务分析：根据任务要求，硬件电路和应用程序应具备以下功能：

①具有外部硬件电路信号输入源。

②程序可以按照间隔 0.5 s 的时间逐个点亮 P1 端口的 1 只 LED 灯。

③在不影响 P1 端口的 LED 灯工作顺序的情况下，应用程序可以随时接收外部输入的信息，并立即进行信息处理工作。因此，要求应用程序具有中断控制的功能，使用外部中断

P3.2 脚。

（2）解题方案。

①外部硬件电路的信号输入源，可以使用 1 只按键开关来控制点亮 P1 口 LED 灯，每按 1 次按键单片机接收外部输入的信息，点亮 P1 端口的 8 只 LED 灯。

②采用外部中断 INT0（P3.2 脚）来申请中断，并控制点亮 P1 端口的 8 只 LED 灯。

③外部申请中断的信号源，选择低电平触发方式申请中断。

3. 设计思路

绘制外部中断控制—闪烁灯流程图，如图 2-3-4 所示。

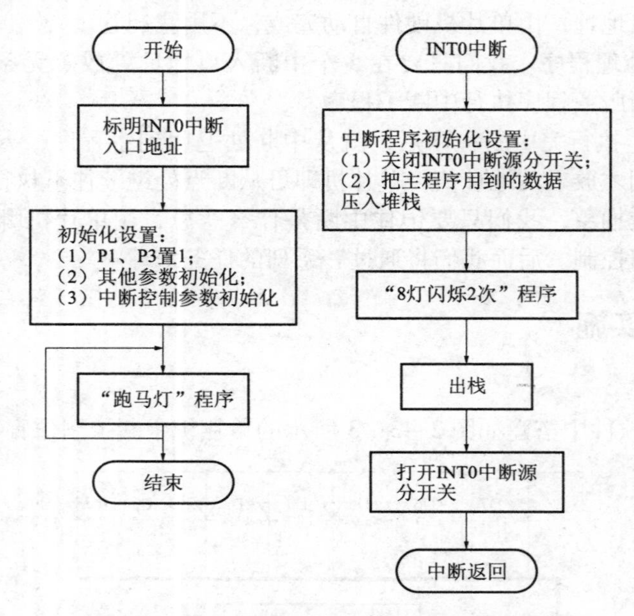

图 2-3-4　外部中断控制—闪烁灯流程图

4. 汇编语言程序设计

汇编语言源程序：

```
; **** 外部中断控制—闪烁灯 ****
    ORG  0000H
    LJMP  AA0
    ORG0003H           ; 标明 INT0 中断入口地址
    LJMP  CC0          ; 无条件转移至中断服务程序所在标号地址 CC0
    ORG  0030H
; ****** 主程序 **************
; ***** 始化设置 *******
AA0: MOV  P1, #0FFH   ; 关闭输入/输出口
    MOV  P3, #0FFH    ; 关闭输入/输出口
    SETB  EX0         ; 允许 INT0 中断（打开中断分开关）
    CLR  IT0          ; 低电平触发
    SETB  EA          ; 开总中断
```

```
    MOV  SP, #50H   ; 设置堆栈指针在RAM--50H
; ******跑马灯*******
    MOV  A, #0FEH
AA1: MOV  P1, A
    LCALL  BB0
    RL  A
    LJMP  AA1
; ****中断服务程序（闪烁灯） ****
CC0: CLR  EX0          ; 关闭中断控制分开关（防止重复中断）
    PUSH  30H          ; 压入堆栈（保护断点程序中30H地址里面的数据）
    PUSH  31H          ; 压入堆栈（保护断点程序中31H地址里面的数据）
    PUSH  32H          ; 压入堆栈（保护断点程序中32H地址里面的数据）
CC1: MOV  P1, #00H
    LCALL BB0
    MOV  P1, #0FFH
    LCALL BB0
    MOV  P1, #00H
    LCALL BB0
    MOV  P1, #0FFH
    LCALL BB0
    POP  32H           ; 弹出堆栈，恢复断点程序中32H地址的数据（后入先出）
    POP  31H           ; 弹出堆栈，恢复断点程序中31H地址的数据（后入先出）
    POP  30H           ; 弹出堆栈，恢复断点程序中30H地址的数据（后入先出）
    SETB  EX0          ; 打开中断源控制“分开关”
    RETI               ; 中断控制服务程序执行完成，返回断点程序执行
; *****延时0.5 s子程序***********
BB0: MOV  30H, #4
BB1: MOV  31H, #248
BB2: MOV  32H, #250
    NOP
BB3: DJNZ  32H, BB3
    DJNZ  31H, BB2
    DJNZ  30H, BB1
    RET
    END
```

在Keil软件中输入以下程序并保存在D盘“单片机应用”“任务3.1”文件夹，工程名命名为“中断控制1 ASM”，源文件命名为“中断控制1.asm”。

5. C51程序设计（C51中断）

C51的中断编程方法：

中断编程包括中断初始化和中断服务函数编写两方面工作。下面就以上面的任务中断0

为例说明。

1）中断初始化

中断初始化放在 main 函数中，主要完成以下工作：

（1）选择中断的触发方式：设置 IT0 位的值，IT0 = 0（低电平触发）或 IT0 = 1（下降沿触发）。

（2）设置中断优先级：设置 PX0 位的值，PX0 = 0（低优先级）或 PX0 = 1（高优先级）。

（3）开外部中断 0：EX0 = 1。

（4）开总中断：EA = 1。

这时 main 函数的结构如下：

```
void main (void)
{
.....                   //变量定义
IT0 =0;                 //设置外部中断触发方式：低电平触发
PX0 =1;                 //外部中断 0 为高优先级。若无其他中断或按原设定，此句省去
EX0 =;                  //开外部中断 0
EA =1;                  //开总中断
.....                   //其他初始化
while (1)
  {
...                     //非中断事务处理模块
  }
}
```

2）中断服务函数

C51 中是利用中断服务函数处理中断事务的。中断服务函数的定义如下：

```
void 函数名 (void) interrupt n [using m]
{
 ...                    //变量定义
 ...                    //中断处理语句
}
```

其中：

“函数名”是中断服务函数的名字，其命名规则与变量一样。

“interrupt n”用来说明所定义的函数是哪一种中断源的中断服务函数。Interrupt 是关键字，n 是中断源编号，MCS－51 有 0～4 中断源编号，如表 2－3－6 所示。

表 2－3－6　中断源的中断编号

中断源	中断编号
外部中断 0	0
定时器 T 0	1
外部中断 1	2

续表

中断源	中断编号
定时器 T1	3
串行口中断	4

“using m”是可选项，用来说明在中断服务函数中 RAM 所使用的工作寄存器组，using 是关键字，m 为寄存器组的编号，其值为 0 ~ 3，分别代表 RAM 中工作寄存器区中的四个工作寄存器组。

工作寄存器组主要用来临时存放数据和做函数调用时传递数据。单片机复位后，CPU 默认使用第 0 组工作寄存器，即运行 main 函数时 CPU 使用的是第 0 组工作寄存器组。为了保证中断服务函数执行后不修改被打断程序中的数据，中断服务函数一般是选用第 1 ~ 3 组工作寄存器组，并且优先级不同的程序选择不同的工作寄存器组。

用 C 语言编写中断服务程序时，只要使用 interrupt 和 using 声明是中断函数，就不必像汇编语言那样，考虑中断入口、保护现场和恢复现场处理等，这些问题都由系统自动解决，显然比使用汇编语言编写中断程序时简单。

中断服务函数是系统调用，程序中的任何函数都不能调用中断服务函数。

C51 源程序：

```
//外部中断控制—闪烁灯
  #include <reg51.h>                    //头文件
  void delay (void);                    //声明延时函数
/********* 主函数 **********/
 void main (void)                       //主函数
 {
 unsigned char m = 0xfe;                //声明无符号字符型变量 m = 0xfe (跑
                                          马灯亮灯初始码)
   IT0 = 0;                             //设置外部中断触发方式：低电平触发
   EX0 = 1;                             //开外部中断 0
   EA = 1;                              //开总中断
   RS0 = 0;                             //用第 0 组工作寄存器
   RS1 = 0;                             //用第 0 组工作寄存器
   while (1)                            //无限循环
   {
    P1 = m;                             //P1 = m 输出
    m = (m << 1) | (m >> 7);            //m 循环左移
    delay ();                           //调延时函数
   }
}
/********* 中断服务函数 *****/
void int0 (void) interrupt 0 using 1 //声明中断服务函数：中断号为 0，用第
                                       1 组工作寄存器
{
```

```
    EX0 =0;                                  //关外部中断0
    P1 =0x00;
    delay ();                                //调延时函数
    P1 =0xff;
    delay ();                                //调延时函数
    P1 =0x00;
    delay ();                                //调延时函数
    P1 =0xff;
    delay ();                                //调延时函数
    EX0 =1;                                  //开外部中断0
}
/*****0.5 s 延时函数*****/
void delay (void)                            //误差 0 μs
{
    unsigned char a, b, c;
    for (c =23; c >0; c --)
        for (b =152; b >0; b --)
            for (a =70; a >0; a --);
}
```

在 Keil 软件中输入以下程序并保存在 D 盘“单片机应用”“任务 3. 1” 文件夹，工程名命名为“中断控制 1C”，源文件命名为“中断控制 1. c”。

汇编调试生成“中断控制 1. hex” 格式文件。在仿真电路中，右键单击单片机，装载“D：\ 项目三\ 中断控制 1. hex” 文件，单片机上机运行，LED 左移“跑马灯” 循环，当 P3. 2 输入低电平时，马上中断左移“跑马灯” 循环（注意观察点亮到第几盏灯），进入 8LED 闪烁，当 P3. 2 撤出低电平时，马上重新进入左移“跑马灯” 循环（注意观察是不是从刚才点亮的那 1 只 LED 的后 1 只开始点亮），这就是中断。

单片机工作时，在每个机器周期中都会去查询一下各个中断标记，看他们是否是“1”，如果是 1，就说明有中断请求了，所以所谓中断，其实也是查询，不过是每个周期都查一下而已。

3. 1. 4 再实践

【作业与练习】

单片机 P1 端口的 8 只 LED 做“左右追灯” 控制，不断循环。当外部中断 INT0 （P3. 2） 按键按合时，立即使 P1 端口的 8 只 LED 做“左右跑马灯” 控制；当外部中断 INT0 （P3. 2） 按键断开时，“左右跑马灯” 左右跑马循环完一周恢复原来的“左右追灯” 循环，用 C51 编程。

任务3.2　外部中断控制—工件计数

3.2.1　任务要求

利用AT89C51单片机来制作一个金属工件计数器，如图2-3-5所示。在AT89C51单片机的P3.2管脚通过开关接一个电感式接近开关检测金属工件通过的信号，用单片机外接二位静态显示00~60工件数，当计数到60时，停止计数，数码管显示为60。

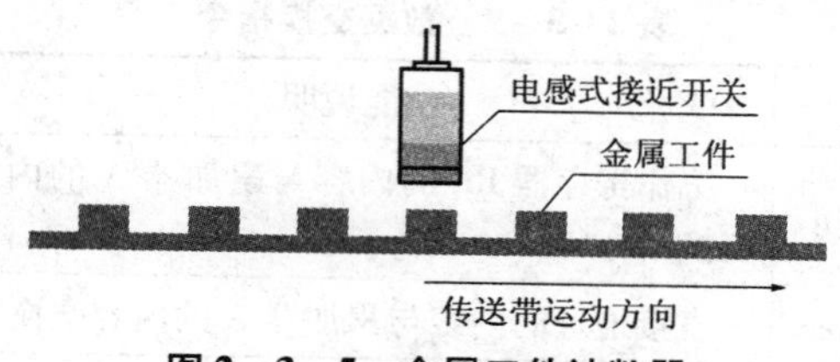

图2-3-5　金属工件计数器

3.2.2　相关知识

汇编语言指令学习。

（1）十进制调整指令，如表2-3-7所示。

表2-3-7　十进制调整指令

指令分类	助记符	功能说明	字节数	机器周期
十进制调整指令	DA A	对A中刚进行的两个BCD码的加法结果自动进行十进制调整	1	1

BCD码亦称二进码十进数或二—十进制代码，是一种二进制的数字编码形式的十进制代码。BCD码用4位二进制数来表示1位十进制数中的0~9这10个数码，这4位二进制数的权为8421，所以又称为8421BCD码，如表2-3-8所示。

表2-3-8　8421BCD码

十进制数	8421BCD码	十进制数	8421BCD码
0	0000	5	0101
1	0001	6	0110
2	0010	7	0111
3	0011	8	1000
4	0100	9	1001

在日常数据采集中，习惯使用十进制操作，应用十进制调整指令的功能是将两个BCD码数相加的结果还原为BCD码。所以该指令使用中有两个条件：被加数和加数必须是BCD码；该指令必须紧跟在ADD或ADDC指令后面。

如：（A）=9，执行 ADD A，#1 后，

$$结果 = \frac{\begin{array}{r}1001\\+0001\end{array}}{1010}$$ 十进制数为 10，但 1010B 不是 BCD 码，无法从 1010 中读出十进制信息。

如果：执行

ADD A，#1

DA A

运算结果 A 的二进制数 1010 就调整为 A = 0001 0000B 这样马上看出 A = 10。

（2）数据交换指令，如表 2-3-9 所示。

表 2-3-9 数据交换指令

指令分类	助记符	功能说明	字节数	机器周期
数据交换指令	XCH A，Rn	工作寄存器 Rn 的内容与累加器 A 的内容交换	1	1
	XCH A，direct	直接地址的内容与累加器 A 的内容交换	2	1
	XCH A，@Ri	工作寄存器 Ri 间址的内容与累加器 A 的内容交换	1	1
	XCHD A，@Ri	工作寄存器 Ri 间址的内容与累加器 A 的内容低 4 位交换，高 4 位不变	1	1
	SWAP A	将累加器 A 的内容高 4 位与低 4 位互换	1	1

3.2.3 任务实施

1. 搭建仿真电路

在 Proteus 仿真软件中搭建单片机中断计数仿真电路，如图 2-3-6 所示。

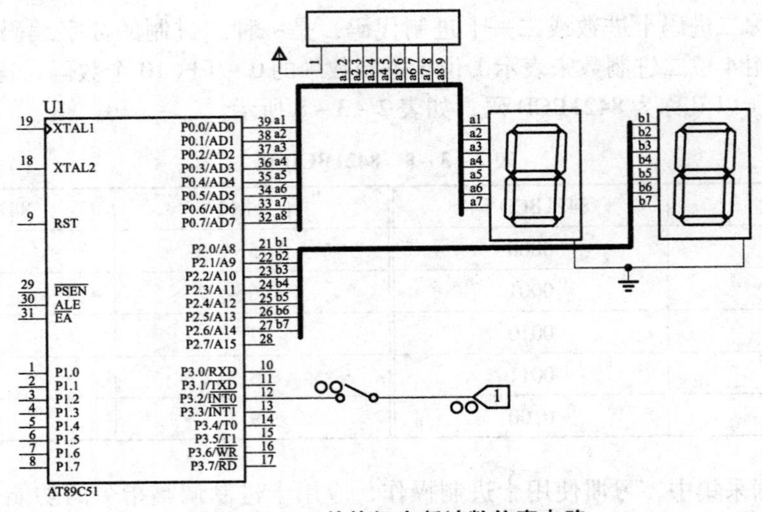

图 2-3-6 单片机中断计数仿真电路

2. 任务分析及解决方案

（1）接近开关与单片机的接口。

电感接近开关检测到金属工件是随机事件，当接近开关检测到金属工件靠近，接近开关动作（动合触点闭合），如图2-3-7所示，单片机P3.2由高电平变为低电平，只要设置单片机外部中断INT0（P3.2）下降沿触发中断，就能实时把检测到的工件信号传入单片机处理。

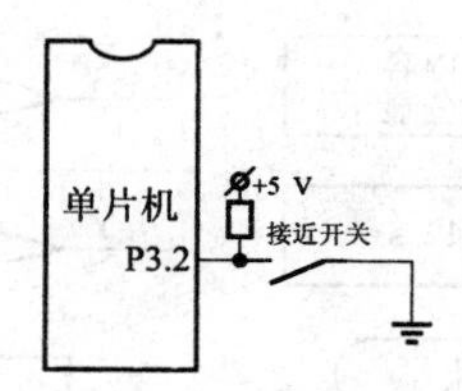

图2-3-7　接近开关与单片机接口

（2）计数。

如图2-3-7所示，当接近开关没有检测到一个工件信号时，动合触点断开，P3.2为高电平，当接近开关检测到一个工件信号时，动合触点闭合，P3.2由高电平变为低电平，引起单片机中断，单片机中断所做的工作是让软件计数器加1，十进制调整，判断是否加到60。中断计数判断大小程序段：

```
        MOV  A, 30H          ; 软件计数器30H内容送A
        ADD  A, #01          ; A加1
        DA   A               ; BCD码调整
        CJNE  A, #60H, CC2   ; A≠60H转CC2
CC2: JC   CC3                ; C=1 (A<60H) 转CC3
        MOV  A, #60H         ; C=0 (A>60H) 就让A=60H
CC3: MOV  30H, A             ; A的内容送回软件计数器30H
```

（3）二位BCD码数值拆分显示。

一个二位BCD码数值如何拆成十位和个位数呢，如（30H）=00111000B=38H二位BCD码数拆分参考程序段：

```
        MOV  30H, #38H
        MOV  A, 30H          ; 30H数值送A
        ANL  A, #0FH         ; 屏蔽高4位（即屏蔽十位数）
        MOVC  A, @A+DPTR     ; 查个位字形码
        MOV  P2, A           ; 显示个位数
        MOV  A, 30H          ; 30H数值送A
        ANL  A, #0F0H        ; 屏蔽低4位（即屏蔽个位数）
        SWAP  A              ; 高4位与低4位互换（为查字形码）
        MOVC  A, @A+DPTR     ; 查个位字形码
        MOV  P0, A           ; 显示十位数
```

3. 设计思路

绘制外部中断控制—工作计数流程图，如图2-3-8所示。

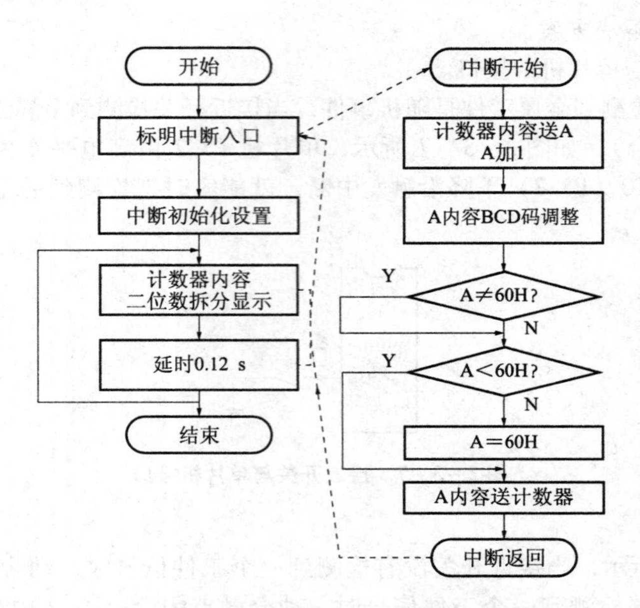

图 2-3-8　外部中断控制—工件计数流程图

4. 汇编语言程序设计

汇编语言源程序：

```
; *** 外部中断控制—工件计数 *****
       ORG   0000H
       LJMP   AA0
       ORG   0003H              ; 标明 INT0 中断入口地址
       LJMP   CC0               ; 无条件到中断服务程序所在标号地址 C
       ORG   0030H
; ********* 主程序 *********************
AA0: MOV   P0, #00H            ; 关闭数码管
     MOV   P2, #00H            ; 关闭数码管
     MOV   P3, #0FFH           ; P3 端口置 1
     SETB EX0                  ; 允许 INT0 中断（打开中断分开关）
     SETB IT0                  ; 下降沿触发
     SETB EA                   ; 开总中断
     MOV   SP, #50H            ; 设置堆栈指针在 RAM - -50H
     MOV   30H, #00H           ; 工件计数器清零
     MOV   DPTR, #TAB          ; 表格首地址送 DPTR
AA1: MOV   A, 30H              ; 工件计数值送 A
     ANL   A, #0FH             ; 屏蔽高 4 位（即屏蔽十位数）
     MOVC   A, @ A + DPTR      ; 查个位字形码
     MOV   P2, A               ; 显示个位数
     MOV    A, 30H             ; 工件计数值送 A
     ANL   A, #0F0H            ; 屏蔽低 4 位（即屏蔽个位数）
```

```
        SWAP   A                ; 高 4 位与低 4 位互换 (为查字形码)
        MOVC  A, @ A + DPTR     ; 查个位字形码
        MOV  P0, A              ; 显示十位数
        LCALL  BB0              ; 延时一定时间让显示稳定
        AJMP  AA1               ; 转回 AA1 处重新显示二位数
; ********** 延时子程序 *****************
BB0: MOV  R6, #20
BB1: MOV  R7, #248
BB2: DJNZ  R7, BB2              ; 执行时间: 248 * 2 μs +1 μs =497 μs
     DJNZ  R6, BB1              ; 执行时间: (497 μs +2 μs) * 248 +1 μs =1 23753 μs
     RET
; ********* 中断服务程序 *********************
CC0: CLR  EX0                   ; 关闭中断控制分开关 (防止重复中断)
CC1: MOV  A, 30H                ; 计数器内容送 A
     ADD  A, #01                ; 加 1
     DA  A                      ; BCD 码调整
     CJNE  A, #60H, CC2         ; A≠60LF 转 CC2
CC2: JC  CC3                    ; C =1 (A <60H) 转 CC3
     MOV  A, #60H               ; C =0 (A >60H) 就让 A =60H
CC3: MOV  30H, A                ; A >60 就让 A =60
     SETB  EX0                  ; 打开中断源控制“分开关”
     RETI
; ******** 0 ~9 字形码 **********
TAB: DB 3FH, 06H, 5BH, 4FH, 66H, 6DH, 7DH, 07H, 7FH, 6FH
                                ; 共阴极“0 ~9”字形码
     END
```

在 Keil 软件中输入以下程序并保存在 D 盘“单片机应用”“任务 3. 2”文件夹，工程名命名为“工件计数器 ASM”，源文件命名为“工件计数器 . asm”。

汇编调试生成“工件计数器 . hex”格式文件。在仿真电路中，右键单击单片机，装载“D：\ 项目三 \ 工件计数器 . hex”文件，运行，合上开关，单击电平发生器（模拟电感式接近开关动作），当接近开关下面有金属工件通过时，接近开关动作（由高电平变为低电平），数码管显示加 1 变化，这就是计数器。程序包含了“十进制调整”“二位 BCD 码数拆分显示”“大小比较”和“外中断实时响应”等内容。

5. C51 程序设计（睡眠 CPU）

（1）睡眠 CPU。

CMOS 型 MCS－51 单片机具有空闲（CPU 睡眠）和掉电两种低功耗工作方式，由特殊功能寄存器 PCON 管理。PCON 主要是为实现电源控制而设置的专用寄存器，字节地址为 87H，不可位寻址。PCON 的格式如表 2－3－10 所示。

表 2-3-10　PCON 的格式

位 数	D7	D6	D5	D4	D3	D2	D1	D0
地址名	SMOD				GF1	GF0	PD	IDL

各位的含义如下：

D6 ~ D4 位：无定义。

SMOD：波特率加倍位，用于设置串行通信的波特率。

GF1、GF0：通用标位。

PD、IDL：低功耗工作方式选择位，它们的取值组合决定了单片机的状态。单片机复位后，PCON 的值为 0x00。单片机的状态与 PD、IDL 位的关系如表 2-3-11 所示。

表 2-3-11　单片机的状态与 PD、IDL 位的关系

PD	IDL	单片机的状态	特点
0	0	正常工作状态	CPU 正常工作，各中断按程序的设置而工作，各变量的值、特殊功能寄存器的值、单片机的引脚状态随程序的运行而变化
0	1	空闲状态（CPU 睡眠状态）	CPU 停止工作（CPU 睡眠），外部中断、定时/计数器、串行口仍正常工作，ALE、PSEN 引脚保持低电平，特殊功能寄存器的值不变、程序中各变量的值保持不变，P0 ~ P3 端口的输出状态不变。任意一中断都可以将 CPU 唤醒
1	×	掉电状态	CPU、外部中断、定时/计数器、串行口都停止工作，ALE、PSEN 引脚保持低电平，特殊功能寄存器的值不变、程序中各变量的值保持不变，P0 ~ P3 端口的输出状态不变

（2）睡眠 CPU 的设置方法。

由表 2-3-11 可以看出，单片机正常工作时，将 PCON 的 IDL 位置 1 就可以睡眠 CPU。

```
PCON | =0x01;                  //将 PCON.1 位置 1，其他位不变，将 CPU 睡眠
```

(3) 两位数的拆分。

C 语言对数值的运算比汇编语言的数值运算要简单得多，如下就可实现两位数拆分：

```
a =tmp/10;                     //两位数值除 10 取整数，即为十位数值
b =tmp% 10;                    //两位数值除 10 取余数，即为个位数值
```

C51 源程序：

```
/外部中断控制—工作计数
#include <reg51.h>                         //头文件
#define uchar unsigned char                //定义数据类型（无符号字符型变量）
char keypp;                                //声明无符号字符型变量
char code led [] =
{0x3f, 0x06, 0x5b, 0x4f, 0x66,
0x6d, 0x7d, 0x07, 0x7f, 0x6f};             //在 ROM 建立 0 ~9 字形码
```

```
/********* 主函数 ********** /
 void main (void)                                //主函数
 {
  P0 =0x3f;                                      //十位数码管初始显示0
  P2 =0x3f;                                      //个位数码管初始显示0
  keypp =0;                                      //按键计数值初始化：赋初值0
  IT0 =1;                                        //设置外部中断触发方式：下降沿触发
  EX0 =1;                                        //开外部中断0
  EA =1;                                         //开总中断
  while (1)                                      //无限循环
  {
   PCON | =0x01;                                 //睡眠CPU
  }
 }
/********** 中断服务函数 ***** /
void int0 (void) interrupt 0 using 1 //声明中断服务函数：中断号为0，用第1
                                       组工作寄存器
{
 EX0 =0;                                         //关中断
 if (keypp <60)                                  //如果keypp小于60查字形码，否则直
                                                   接赋61
  {
   keypp + +;                                    //按键计数值加1
   P0 =led [keypp/10];                           //十位数查字形码送数显
   P2 =led [keypp% 10];                          //个位数查字形码送数显
  }
 EX0 =1;                                         //开中断
}
```

在Keil软件中输入以下程序并保存在D盘“单片机应用”“任务3.2”文件夹，工程名命名为“工件计数器C”，源文件命名为“工件计数器.c”。

3.2.4　再实践

【作业与练习】

图2-3-2所示为传送带传送加工好的金属工件。利用AT89C51单片机来制作一个金属工件计数器控制器，在AT89C51单片机的P3.2管脚通过开关接一个电感式接近开关检测金属工件通过的信号，用单片机外接二位静态显示工件数，当计数到20时，传送带停止(以P3.0接一个LED灯亮灭信号代替，其中灯亮传送带运动，灯灭传送带停止)，计数器停止计数，并一直显示为20，用C51编程。

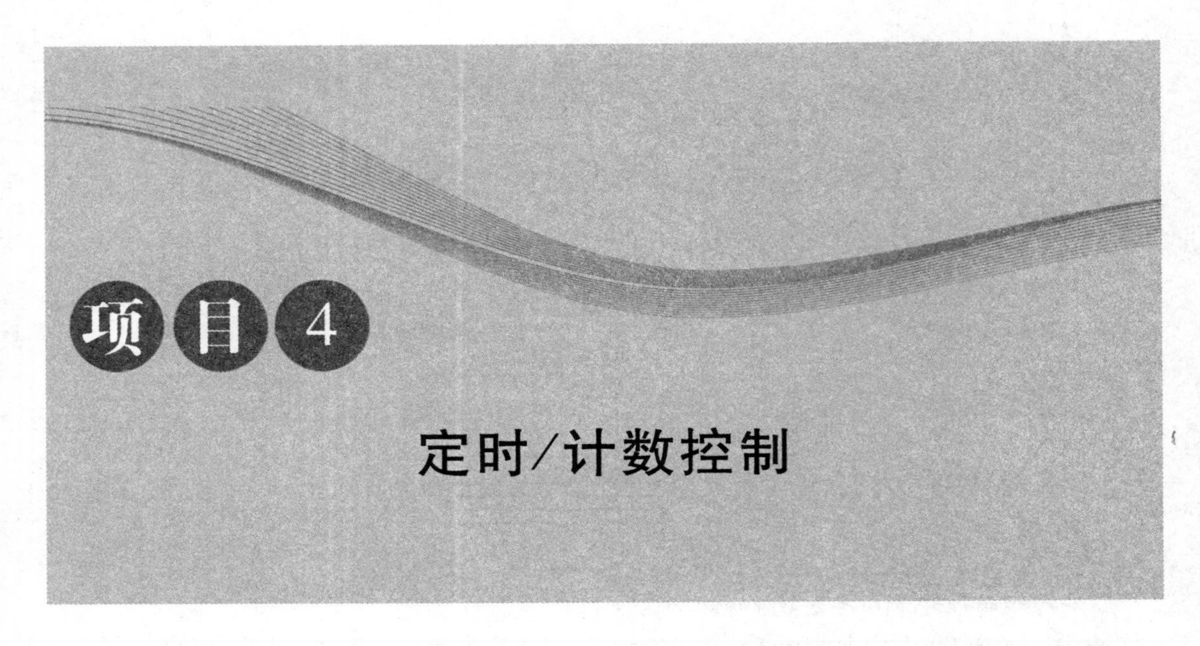

前面我们用了许多延时子程序，虽然实现了延时，但延时程序占用了 CPU 资源和时间，作为演示可以，在实际工作中这样做不恰当。当主程序实现了灯的闪烁，就不能再做其他工作了，这在实际复杂程序设计中，难以满足要求。因此，在实际工作中常用定时器来实现延时、定时采样等功能。

任务 4.1 定时器中断控制—闪烁灯

4.1.1 任务要求

用定时器 T0 的中断方式实现 P1.0 灯 0.5 s 的闪烁，P1.1 灯 1 s 的闪烁。

4.1.2 相关知识

1. 定时器/计数器的结构及工作原理

定时器/计数器是单片机的重要功能模块，MCS－51 内有两个独立的可编程序定时器/计数器，其中外部计数由 T0（P3.4 脚）和 T1（P3.5 脚）输入。

（1）定时器：主要用于各种定时检测（监测）、定时控制的时间设定。

（2）计数器：主要用于各种外部事件的计数。

T0 和 T1 两个定时器/计数器的内部结构是完全相同的，它们分别由两个独立的 16 位计数寄存器组成。

（3）T0 的 16 位计数寄存器：由 TH0（高 8 位）和 TL0（低 8 位）两个 8 位的特殊功能寄存器组成。

（4）T1 的 16 位计数寄存器：由 TH1（高 8 位）和 TL1（低 8 位）两个 8 位的特殊功能

寄存器组成。

①计数功能：主要用于各种外部事件的计数。计数脉冲信号从单片机的 T0（P3.4 脚）或 T1（P3.5 脚）输入，经过计数程序的处理，便可获取各种外部事件所发生的次数，如电动机转数、产品生产数量等。

②定时功能：主要用于各种定时时间的设定。

相关概念解释：

（1）计数概念的引入。

从选票的统计谈起：画“正”。这就是计数，生活中计数的例子处处可见。如录音机上的计数器、家里用的电度表、汽车上的里程表等，再举一个工业生产中的例子，线缆行业在电线生产出来之后要计米，也就是测量长度，怎么测法呢？用尺量？不现实，太长不说，若要一边做一边量呢，怎么办？行业中有很巧妙的方法，用一个周长为 1 米的轮子，将电缆绕在上面一周，由线带轮转，这样轮转一周不就是线长 1 米嘛，所以只要记下轮转了多少圈，就可以知道走过的线有多长了。

（2）计数器的容量。

从一个生活中的例子看起：一水盆放在水龙头下，水龙头没关紧，水一滴滴地滴入盆中。水滴不断落下，盆的容量是有限的，过一段时间之后，水就会逐渐变满，如果再滴，水就会溢出。录音机上的计数器最多只计到 999……那么单片机中的计数器有多大的容量呢？89C51 单片机中有两个计数器，分别称为 T0 和 T1，这两个计数器分别是由两个 8 位的 RAM 单元组成的，即每个计数器都是 16 位的计数器，最大的计数量是 65 536。

（3）定时。

AT89C51 中的计数器除了可以做计数之用外，还可以用作时钟，时钟的用途当然很大，如打铃器、电视机定时关机、空调定时开关等。那么计数器是如何作为定时器来用的呢？

一个闹钟，我将它定时在 1 个小时后闹响，换言之，也可以说是秒针走了 3 600 次，所以时间就转化为秒针走的次数，也就是计数的次数了，可见，计数的次数和时间之间的确十分相关。那么它们的关系是什么呢？那就是秒针每一次走动的时间正好是 1 s。

结论：只要计数脉冲的间隔相等，则计数值就代表了时间的流逝。

由此，单片机中的定时器和计数器是同一个东西，只不过计数器是记录的外界发生的事情，而定时器则是由单片机提供一个非常稳定的计数源。

那么提供定时器的计数源是什么呢？图 2-4-1 所示为定时/计数器原理图。

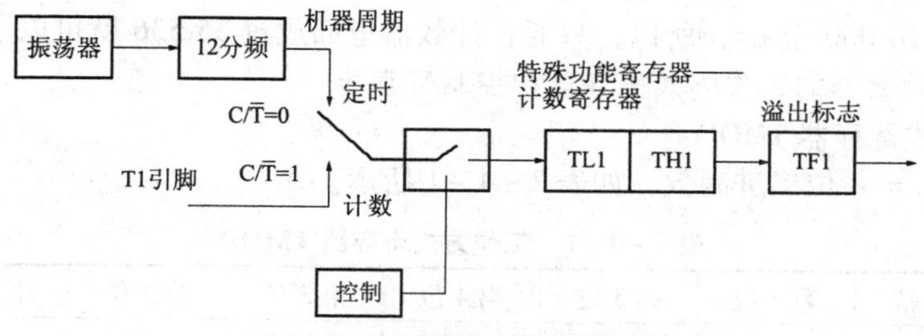

图 2-4-1　定时/计数器原理图

①计数是指对外部事件的计数，计数脉冲从单片机的计数引脚（P3.4 或 P3.5）输入。当定时器/计数器设置成计数方式时，C/T=1，开关“扳”向计数端，在每个机器周期的 SP2 期间，单片机 CPU 会取样 T0/T1（P3.4/P3.5）引脚的输入电平。若前一机器周期取样为

1，下一周期取样为0，即输入信号产生由高到低的跳变时，计数器（TL1、TH1 或 TL0、TH0）加1，加满则溢出，TF0/TF1 会由硬件自动置1，此信号作为程序查询或中断申请的标志。

②定时是通过对内部机器周期的计数来实现。晶体振荡器的输出经12分频后，得到机器周期。当定时器/计数器设置成定时方式时，C/T =0，开关“扳”向定时端，每经过一个机器周期，计数器加1。加满则溢出，TF0/TF1 会由硬件自动置1，此信号作为程序查询或中断申请的标志。可见，定时脉冲信号的频率是振荡频率1/12。如果使用12 MHz 的晶振，则每加1一次的时间为1 μs。

原来就是由单片机的晶振经过12分频后获得的一个脉冲源。晶振的频率当然很准，所以这个计数脉冲的时间间隔也很准。问题：一个12 MHz 的晶振，它提供给计数器的脉冲时间间隔是多少呢？当然这很容易，就是12 MHz/12 等于1 MHz，也就是1 μs。

结论：计数脉冲的间隔与晶振有关，12 MHz 的晶振，计数脉冲的间隔是1 μs。

（4）溢出。

让我们再来看水滴的例子，当水不断落下，盆中的水不断变满，最终有一滴水使盆中的水满了。这时如果再有一滴水落下，就会发生什么现象？水会漫出来，用个术语来讲就是“溢出”。

水溢出是流到地上，而计数器溢出后将使 TF1 变为“1”。一旦 TF1 由0变成1，就是产生了变化，产生了变化就会引发事件，就像定时的时间一到，闹钟就会响一样。至于会引发什么事件，我们慢慢会介绍，现在我们来研究另一个问题：要有多少个计数脉冲才会使 TF1 由0变为1。

（5）任意定时及计数的方法。

刚才已研究过，计数器的容量是16位，也就是最大的计数值到65 536，因此计数器计到65 536就会产生溢出。这个没有问题，问题是我们现实生活中，经常会有少于65 536个计数值的要求，如包装线上，一打为12瓶，一瓶药片为100粒，怎么样来满足这个要求呢？

……

提示：如果是一个空的盆要1万滴水滴进去才会满，我在开始滴水之前就先放入一勺水，还需要10 000滴吗？

我们采用预置数的方法，我要计100，那我就先放进65 536 - 100 =65 436，再来100个脉冲，不就到了65 536了嘛。

定时也是如此，每个脉冲是1 μs，则计满65 536个脉冲需时65. 536 ms，但现在我只要10 ms 就可以了，怎么办？

……

10个 ms 为10 000个 μs，所以，只要在计数器里面放进55 536就可以了。

2. 定时器/计数器的工作方式寄存器和控制寄存器

1）工作方式寄存器 TMOD

容量1字节 = 8位二进制数，如表2 -4 -1 所示。

表2 -4 -1　工作方式寄存器 TMOD

位数	第7位	第6位	第5位	第4位	第3位	第2位	第1位	第0位
数据位	D7	D6	D5	D4	D3	D2	D1	D0
位名称	GATE	$C/\overline{T}$	M1	M0	GATE	$C/\overline{T}$	M1	M0
类型	高4位设置 T1 的工作方式				低4位设置 T0 的工作方式			

（1）门控位 GATE。

设置：直接启动定时器还是间接启动定时器。

①当 GATE = 0 时，直接启动定时器。

②当 GATE = 1，通过外部中断源 INT0（P3.2 脚）或 INT1（P3.3 脚）为高电平且用指令置 TR1/TR0 为 1 时，间接启动定时器。

（2）定时器/计数器选择位 C/T

设置：选择使用定时器还是计数器。

①当 C/T = 0 时，选择使用定时器。

②当 C/T = 1 时，选择使用计数器。

（3）定时器/计数器的工作方式选择位 M1、M0。

定时器/计数器有 4 种工作方式，分别称为：

工作方式 0、工作方式 1、工作方式 2、工作方式 3。

定时器/计数器选择不同的工作方式具有不同的功能，如表 2-4-2 所示。

表 2-4-2　定时器/计算器的工作方式及功能

M1	M0	工作方式	定时器/计数器功能说明
0	0	工作方式 0	使用 13 位寄存器（定时或计数完成需要重装初值）
0	1	工作方式 1	使用 16 位寄存器（定时或计数完成需要重装初值）
1	0	工作方式 2	使用 8 位寄存器（定时或计数完成自动重装初值）
1	1	工作方式 3	把 T0 的 16 位寄存器分成两个独立的 8 位寄存器使用

（4）工作方式寄存器 TMOD 不能使用位操作指令进行参数设置，只能使用数据传送指令进行参数设置，即字节传送。

MOV TMOD，#data

2）控制寄存器 TCON

容量 1 字节 = 8 位二进制数。

控制寄存器 TCON：主要用来设置 T0、T1 使用的寄存器发生溢出时，申请中断的标志和控制 T0、T1 的启动或停止工作，如表 2-4-3 所示。

表 2-3-3　控制寄存器 TCON

位 数	第 7 位	第 6 位	第 5 位	第 4 位	第 3 位	第 2 位	第 1 位	第 0 位
数据位	D7	D6	D5	D4	D3	D2	D1	D0
位名称	TF1	TR1	TF0	TR0	IE1	IT1	IE0	IT0

（1）T0 使用的寄存器发生溢出时的标志位 TF0。

TF0 = 1 说明 T0 使用的寄存器已存满数据（发生溢出），提出中断申请，执行中断服务程序。

①16 位寄存器的溢出值 = 65 536。

②13 位寄存器的溢出值 = 8 192。

③8 位寄存器的溢出值 =256。

（2）T1 使用的寄存器发生溢出时的标志位 TF1。

TF1 = 1 说明 T1 使用的寄存器已存满数据（发生溢出），提出中断申请，执行中断服务程序。

（3）T0 的启动或停止控制位 TR0。

①当 TR0 = 1 时，启动 T0 工作。

②当 TR0 = 0 时，停止 T0 工作。

③使用位清“0”或位置“1”指令来控制启动或停止 T0 的工作，也可以使用数据传送指令赋值控制启动或停止 T0 的工作。

SETB TR0 ；启动 T0 工作

CLR TR0 ；停止 T0 工作

MOV TCON，#data

（4）T1 的启动或停止控制位 TR1。

①当 TR1 = 1 时，启动 T1 工作。

②当 TR1 = 0 时，停止 T1 工作。

③使用位清“0”或位置“1”指令来控制启动或停止 T1 的工作，也可以使用数据传送指令进行预值控制启动或停止 T1 的工作。

SETB TR1；启动 T1 工作

CLR TR1；停止 T1 工作

MOV TCON，#data

注：控制寄存器 TCON 其余的位功能在中断控制章节中已经叙述。

3. 中断允许控制寄存器 IE

中断允许控制寄存器 IE：容量 1 字节 = 8 位二进制数，如表 2 -4 -4 所示。

表 2 -4 -4 中断允许控制寄存器 IE

位数	第 7 位	第 6 位	第 5 位	第 4 位	第 3 位	第 2 位	第 1 位	第 0 位
地址名	EA			ES	ET1	EX1	ET0	EX0
地址号	AFH			ACH	ABH	AAH	A9H	A8H

（1）第 1 位 ET0 ：当 T0 使用的寄存器溢出时，申请中断的“分开关”。

①当 ET0 =1 时，打开中断“分开关”（允许寄存器溢出时申请中断）。

②当 ET0 =0 时，关闭中断“分开关”（不允许寄存器溢出时申请中断）。

③可以使用位清“0”或位置“1”指令来控制打开中断还是关闭中断：

SETB ET0 ；开中断“分开关”（允许寄存器溢出时申请中断）

CLR ET0 ；关中断“分开关”（不允许寄存器溢出时申请中断）

（2）第 3 位 ET1 ：当 T1 使用的寄存器溢出时，申请中断的“分开关”。

①当 ET1 =1 时，打开中断“分开关”（允许寄存器溢出时申请中断）。

②当 ET1 =0 时，关闭中断“分开关”（不允许寄存器溢出时申请中断）。

③可以使用位清“0”或位置“1”指令来控制打开中断还是关闭中断：

SETB ET1 ；开中断“分开关”（允许寄存器溢出时申请中断）

CLR ET1 ；关中断“分开关”（不允许寄存器溢出时申请中断）

注：中断允许控制寄存器 IE 其余的位功能在中断控制章节中已经叙述。

4. 定时器/计数器的工作方式

1）工作方式0

当定时器/计数器 T0 或 T1 工作在方式0时，它们使用的是13位寄存器的计数器结构，如图2－4－2所示。

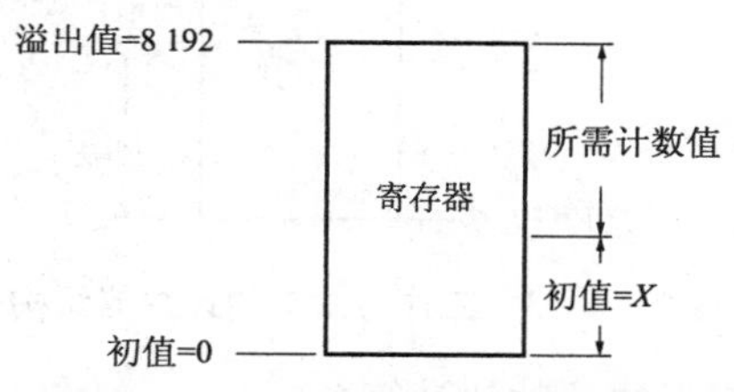

图2－4－2 工作方式0的计数器结构

（1）13位寄存器溢出值＝8 192。

（2）单片机工作在12 MHz 频率下，它的1个机器周期时间 ＝1 μs，13位寄存器每增加1个数据，需要使用1个机器周期时间：1 μs。

① T0 和 T1 作为计数器使用的计数值计算：

计数值 ＝ 寄存器的溢出值8 192－寄存器的初值 X

寄存器的初值 X＝寄存器的溢出值8 192－计数值

计数值：我们要求单片机统计的具体数值。13位寄存器的最大计数范围为0～8 192。

初值X：13位寄存器里面的初始数据范围为0～8 191。（把计算结果通过数据传送指令存入13位寄存器，以使用 T0 寄存器为例）

```
MOV  DPTR，# 初值 X   ；把初值 X 传送到寄存器 DPTR
MOV  TH0，DPH        ；寄存器 DPTR 的高 8 位数据传送到 T0 寄存器的高 8 位地址
MOV  TL0，DPL        ；寄存器 DPTR 的低 8 位数据传送到 T0 寄存器的低 8 位地址
```

例1 要求单片机使用 T0 定时器/计数器对外部某一事件发生的次数进行统计，当该事件发生的次数达到100次时，单片机发出报警信号。

解 求寄存器的初值 X

初值 X＝寄存器的溢出值－计数值 ＝ 8 192 － 100 ＝ 8 092

```
MOV  DPTR，#8092
MOV  TH0，DPH
MOV  TL0，DPL
```

②T0 和 T1 作为定时器使用的定时时间计算：

定时时间 T ＝（寄存器的溢出值－寄存器的初值 X）×1个机器周期时间

＝（8 192－初值 X）× 1 μs（12 MHz 频率的机器周期时间）

初值 X＝8 192－（T/1 μs）

使用13位寄存器的最长定时时间 T＝（8192－0）×1 μs＝8 192 μs ＝0.008 192 s

工作方式0一般不用，实际应用中主要使用工作方式1。

2）工作方式1

当定时器/计数器 T0 或 T1 工作在方式1时，它们使用的是16位寄存器的计数器结构，

如图2-4-3所示。

(1) 16位寄存器溢出值 = 65 536;

(2) 单片机工作在12 MHz频率下，它的1个机器周期时间 =1 μs，16位寄存器每增加1个数据，需要使用1个机器周期时间：1 μs。

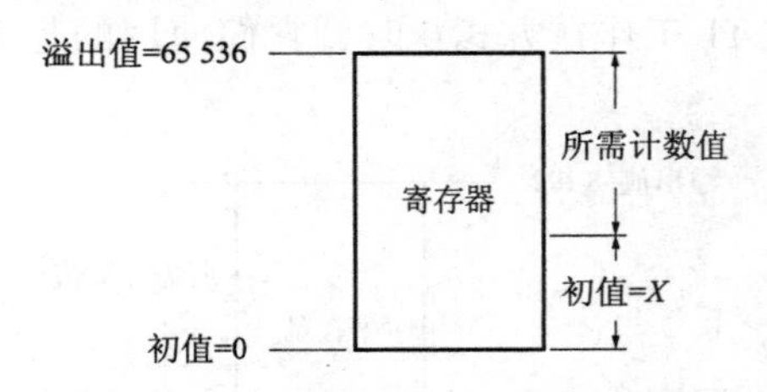

图2-4-3 工作方式1的计数器结构

① T0和T1作为计数器使用的计数值计算：

计数值 = 寄存器的溢出值65 536 - 寄存器的初值 X

寄存器的初值 X = 寄存器的溢出值65 536 - 计数值

计数值：我们要求单片机统计的具体数值。16位寄存器的最大计数范围为0~65 536。

初值 X：16位寄存器里面的初始数据范围为0~65 536。

如何把初值 X 送入T0寄存器?

▲方法一：把计算结果通过数据传送指令存入16位寄存器。(以使用T0寄存器为例)

```
MOV DPTR, # 初值X      ; 把初值X传送到寄存器DPTR
MOV TH0, DPH           ; 寄存器DPTR的高8位数据传送到T0寄存器的高8位地址
MOV TL0, DPL           ; 寄存器DPTR的低8位数据传送到T0寄存器的低8位地址
```

▲方法二：

```
MOV TH0, #HIGH (65 536 - 计数值)
MOV TL0, #LOW (65 536 - 计数值)
```

▲方法三：

初值 X (十进数) →十六进制数

十六进制数高八位→TH0

十六进制数低八位→TL0

方法二较方便，建议使用。

例2　要求单片机使用T0定时器/计数器对外部某一事件发生的次数进行统计，当该事件发生的次数达到100次时，单片机发出报警信号。

解　求寄存器的初值 X

初值 X = 寄存器的溢出值 - 计数值 = 65 536 - 100 = 65 436

```
MOV DPTR, #65436
MOV TH0, DPH
MOV TL0, DPL
```

或：

```
MOV TH0, #HIGH (65 536 - 100)
MOV TL0, #LOW (65 536 - 100)
```

②T0和T1作为定时器使用的定时时间计算：

定时时间 T = （寄存器的溢出值 - 寄存器的初值 X） ×1 个机器周期时间

= （65 536 - 初值 X） × 1 μs（12 MHz 频率的机器周期时间）

初值 X = 65 536 - （T/1 μs）

使用 16 位寄存器的最长定时时间 T = （65 536 - 0） ×1 μs = 65 536 μs = 65. 536 ms = 0. 065 536 s

例 3　定时 0. 01 s，采用定时器 T0，工作方式 1，试给定时器 T0 寄存器赋初值。

解　单片机采用 12 MHz 晶振，0. 01 s = 10 000 μs。

初值 X = 65 536 - T/1 = 65 536 - 10 000

```
MOV TH0，#HIGH（65 536 - 10 000）
MOV TL0，#LOW（65 536 - 10 000）
```

3）工作方式 2

当定时器/计数器 T0 或 T1 工作在方式 2 时，它们使用的是两个独立的 8 位寄存器的计数器结构。

（1）8 位寄存器溢出值 = 256。

（2）计数或定时时间的计算方法与工作方式 0 相同。

（3）使用两个独立的 8 位寄存器存入同 1 个初值 X。以 T0 的寄存器为例：

```
MOV TH0，#data        ；8 位初值传送到 T0 寄存器的高 8 位地址
MOV TL0，#data        ；与 TH0 相同的 8 位初值传送到 T0 寄存器的低 8 位地址
```

4）工作方式 3

只有定时器/计数器 T0 可以在方式 3 工作，它们使用两个独立的 8 位寄存器 TH0 和 TL0 的计数器结构，寄存器 TL0 的使用方法与方式 0 相同。而寄存器 TH0 只能作为定时器使用（不能做计数器）。因此，T0 可以构成两个定时器或者一个定时器和一个计数器。

（1）8 位寄存器溢出值 = 256。

（2）计数或定时时间的计算方法与工作方式 0 相同。

（3）T0 的两个独立 8 位寄存器存入初值 X 时，使用 8 位传送指令：

```
MOV TH0，#data        ；8 位初值传送到 T0 寄存器的高 8 位地址
MOV TL0，#data        ；8 位初值传送到 T0 寄存器的低 8 位地址
```

5）当定时器/计数器选择不同工作方式时，寄存器 TMOD 的设置，如表 2-4-5 所示。

表 2-4-5　寄存器 TMOD 的设置

工作方式	GATE	$C/\overline{T}$	M1	M0	十六进制数	使用寄存器
内部定时工作方式 0	0	0	0	0	00H	13 位寄存器
内部定时工作方式 1	0	0	0	1	01H	16 位寄存器
内部定时工作方式 2	0	0	1	0	02H	双 8 位寄存器
内部定时工作方式 3	0	0	1	1	03H	双 8 位寄存器
外部计数工作方式 0	0	1	0	0	04H	13 位寄存器
外部计数工作方式 1	0	1	0	1	05H	16 位寄存器
外部计数工作方式 2	0	1	1	0	06H	双 8 位寄存器

续表

工作方式	GATE	$C/\overline{T}$	M1	M0	十六进制数	使用寄存器
外部计数工作方式 3	0	1	1	1	07H	双 8 位寄存器

5. 定时器的初始化设置

```
MOV TMOD, #01H                      ; 定时器 T0、定时方式、直接启动、工作方式 1
SETB TR0                            ; TCON 寄存器的 TR0 位 = "1" 启动 T0 定时/计数器
MOV TH0, #HIGH (65 536 - 计数值);   给 T0 的 16 位寄存器的高 8 位地址存入高位初值
MOV TL0, #LOW (65 536 - 计数值);    给 T0 的 16 位寄存器的低 8 位地址存入低位初值
```

我们先记住最常用的，如下：

（1）确定定时还是计数，我们现在一般都是定时。

（2）确定用定时器 0 还是 1。

（3）如何控制定时器，我们现在一般都是直接启动。

（4）确定定时器的工作方式，我们一般选择工作方式 1。

（5）启动定时器工作。

（6）计算定时初值。

4.1.3 任务实施

1. 搭建仿真电路

在 Proteus 仿真软件中绘制单片机定时控制仿真电路，如图 2-4-4 所示。

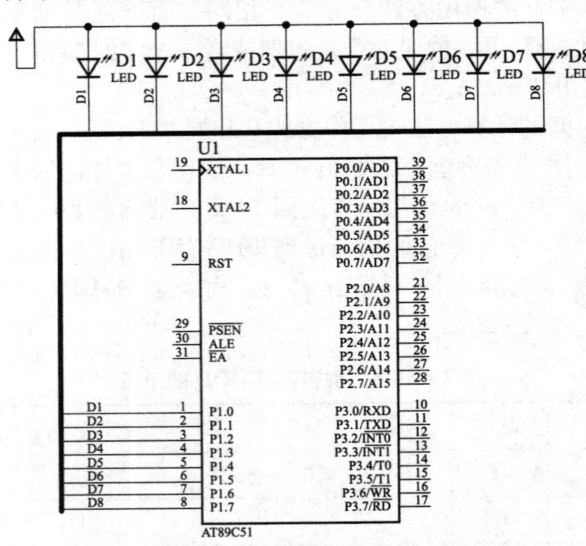

图 2-4-4 单片机定时控制电路

2. 任务分析和解决方案

1）任务分析

程序应具备以下两个功能。

（1）可以控制 2 只 LED 灯亮、灭操作。

（2）可以同时控制 2 只 LED 灯亮、灭操作的时间。

2）解决方案

设置定时器：

（1）选择定时器及工作方式，对 TMOD 赋值。

选择定时器 T0，工作方式 1，TMOD＝01H。

（2）预置定时初值（单片机使用 12 MHz 时钟周期）。

当寄存器的初值 $X=0$ 时，使用 16 位寄存器的最长定时时间 $T=(65536-0)\times 1\ \mu s=65\ 536\ \mu s=65.536\ ms=0.065\ 536\ s$，无法满足 0.5 s 的定时时间。因此，我们可以先计算定时时间 $T=0.05\ s$ 的初值 X，然后，使程序反复定时 10 次，$0.05\ s\times 10=0.5\ s$。同理，定时 $1\ s=0.05\times 20=1\ s$。

定时 0.05 s，寄存器的初值（晶振频率 12 MHz）：

初值 $X=65\ 536-50\ 000=15\ 536$

装入初值的方法选择：

①把十进制数初值转换成十六进制数初值，用传送指令分高低位装入。

把十进制数 15 536 转换成十六进制数如下：

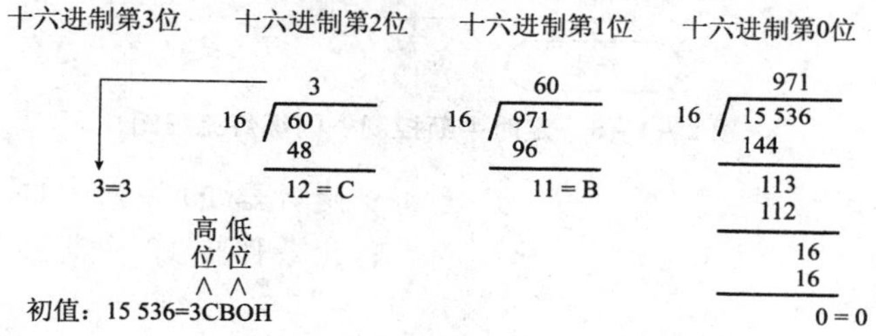

```
十六进制第3位     十六进制第2位     十六进制第1位     十六进制第0位

                        3                 60               971
                  16 ⟌ 60          16 ⟌ 971         16 ⟌ 15 536
                       48                96               144
                  ─────────        ─────────        ──────────
  3=3                 12 = C             11 = B            113
                                                           112
            高 低                                      ──────────
            位 位                                           16
            ∧ ∧                                             16
                                                       ──────────
初值：15 536=3CBOH                                          0 = 0
```

```
MOV TH0，#3CH          ；给 T0 的 16 位寄存器的高 8 位地址存入高位初值 3CH
MOV TL0，#0B0H         ；给 T0 的 16 位寄存器的低 8 位地址存入低位初值 B0H
```

②通过数据传送指令存入 16 位寄存器 DPTR，由 DPTR 的高 8 位 DPH 送 TH0，低 8 位 DPL 送 TL0。

```
MOV DPTR，# 15536      ；把初值 15 536 传送到寄存器 DPTR
MOV TH0，DPH           ；寄存器 DPTR 的高 8 位数据传送到 T0 寄存器的高 8 位地址
MOV TL0，DPL           ；寄存器 DPTR 的低 8 位数据传送到 T0 寄存器的低 8 位地址
```

③直接用十进制数初值装入，单片机区分高低位。

```
MOV TH0，#HIGH（65 536－50 000）   ；给 T0 的 16 位寄存器的高 8 位地址存入高位初值
MOV TL0，#LOW（65 536－50 000）    ；给 T0 的 16 位寄存器的低 8 位地址存入低位初值
```

用第三种方法，赋初值时方便，并且能一眼直接看出定时时间，如上式定时为 $50\ 000\ \mu s=50\ ms$。

3. 设计思路

绘制定时中断控制—闪烁灯流程图，如图 2－4－5 所示。

4. 汇编语言程序设计

汇编语言源程序：

```
；*** 定时中断控制—闪烁灯 ***
    ORG 0000H
    AJMP   AA0
```

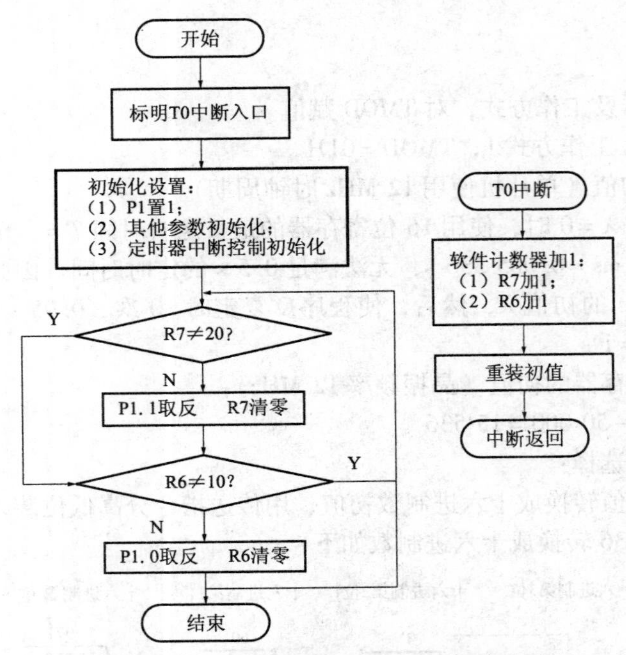

图 2-4-5 定时中断控制—闪烁灯流程图

```
      ORG   000BH                          ; 定时器 T0 中断入口
      AJMP  DD0                            ; 无条件转 T0 中断服务程序
      ORG   0030H
 ; ***** 主程序 *********
 ; *** 初始化 ****
AA0: MOV P1, #0FFH                         ; 关闭 P1 端口所有灯
     MOV R7, #00H                          ; 软件计数器清零
     MOV R6, #00H                          ; 软件计数器清零
     MOV TMOD, #01H                        ; 定时器 T0、工作方式 1、定时工作方式
     MOV TH0, #HIGH (65536 -50000)         ; 给 T0 的 16 位寄存器的高 8 位地址存入
                                             高位初值
     MOV TL0, #LOW (65536 -50000)          ; 给 T0 的 16 位寄存器的低 8 位地址存入
                                             低位初值
     SETB TR0                              ; TCON 寄存器的 TR0 位 = "1" 启动 T0
                                             定时/计数器
     SETB EA                               ; 开总中断
     SETB ET0                              ; 允许定时器 T0 中断
 ; *** 两灯闪烁 ****
AA1: CJNE R7, #20, AA2                     ; R7 =20? 不等 (没到 20 ×0.05 =1 s)
                                             则转 AA2
     CPL P1.1                              ; P1.1 取反闪烁
     MOV R7, #00H                          ; 软件计数器清零
AA2: CJNE R6, #10, AA1                     ; R6 =10? 不等 (没到10 ×0.05 =0.5 s)
```

```
                                      则转 AA1
    CPL P1.0                        ; P1.0 取反闪烁
    MOV R6, #00H                    ; 软件计数器清零
    AJMP AA1
; **** T0 中断服务程序（50 ms 中断一次） ****
DD0: INC R7                         ; 软件计数器加 1
    INC R6                          ; 软件计数器加 1
    MOV TH0, #HIGH (65536 -50000)   ; 重装初值
    MOV TL0, #LOW (65536 -50000)    ; 重装初值
    RETI                            ; 中断返回
    END
```

在 Keil 软件中输入以下程序并保存在 D 盘“单片机应用”“任务 4.1”文件夹，工程名命名为“定时中断控制 ASM”，源文件命名为“定时中断控制 . asm”。

汇编调试生成“定时中断控制 . hex”格式文件。在仿真电路中，右键单击单片机，装载“D: \ 项目四 \ 定时中断控制 . hex”文件，单片机上机运行，P1. 0、P1. 1 所接两只 LED 灯，分别按 0. 5 s 和 1 s 的时间延时闪烁。

程序使用了软件计数器的概念，如程序需要若干个定时，而 AT89C51 只有 2 个定时器，怎么办呢？只要这几个定时有一定的公约数，就可以用软件 + 定时器加以实现。

5. C51 程序设计（C51 定时/计数）

C51 源程序：

```
//定时中断控制—闪烁灯
 #include <reg51.h>                 //头文件
 #define uchar unsigned char        //定义数据类型（无符号字符型变量）
 sbit led0 = P1^0;                  //位定义
 sbit led1 = P1^1;                  //位定义
 uchar n, m;                        //定义变量
/********* 主函数 ********** /
 void main (void)
 {
  TMOD = 0x01;                      //定时器 T0、工作方式 1、定时工作方式 1
  TH0 = (65536 -50000) /256;        //给 T0 的 16 位寄存器的高 8 位地址存入高
                                      位初值
  TL0 = (65536 -50000)% 256;        //给 T0 的 16 位寄存器的低 8 位地址存入低
                                      位初值
  TR0 =1;                           //启动定时器 T0
  ET0 =1;                           //开定时器 T0 中断
  EA =1;                            //开总中断
  while (1)                         //无限循环
  {
  if (n > =10)                      //计数满 10 次（0.05 *10 =0.5 s）
```

```
    {
     led0 = ~led0;                    //P1.0 取反
     n =0;                            //计数值清零
    }
    if (m > =20)                      //计数满 20 次 (0.05*20 =1 s)
    {
     led1 = ~led1;                    //P1.1 取反
     m =0;                            //计数值清零
    }
   }
  }
/********* T0 中断服务函数 ***** /
 void tim0 (void) interrupt 1 using 1//中断服务函数：中断号为 1，用第 1 组
                                       工作寄存器
 {
   n ++;                              //n 加 1
   m ++;                              //m 加 1
   TH0 = (65536 -50000) /256;         //给 T0 的 16 位寄存器的高 8 位地址存入高
                                        位初值
   TL0 = (65536 -50000)% 256;         //给 T0 的 16 位寄存器的低 8 位地址存入低
                                        位初值
 }
```

在 Keil 软件中输入以下程序并保存在 D 盘“单片机应用”“任务 4.1”文件夹，工程名命名为“定时中断控制 C”，源文件命名为“定时中断控制 . c”。

4.1.4 再实践

【作业与练习】

用定时器 T0 中断方式实现满天星程序设计，要求：

P1.0 ~ P1.7 所接的 LED 分别为 0.5 s、0.75 s、1 s、1.25 s、1.5 s、1.75 s、2 s、2.25 s 闪烁，每 5 s 后统一按 0.5 s 闪烁 4 次，反复循环。

任务 4.2　定时器中断控制—秒表

4.2.1 任务要求

二位共阳极数码管与单片机连接如图 2 - 4 - 6 所示，控制要求：单片机通电或复位后，第一、二位数码管显示“00”，然后每秒变动显示（秒表），60 s 复位为“00”，用二位动态显示方式编写程序。

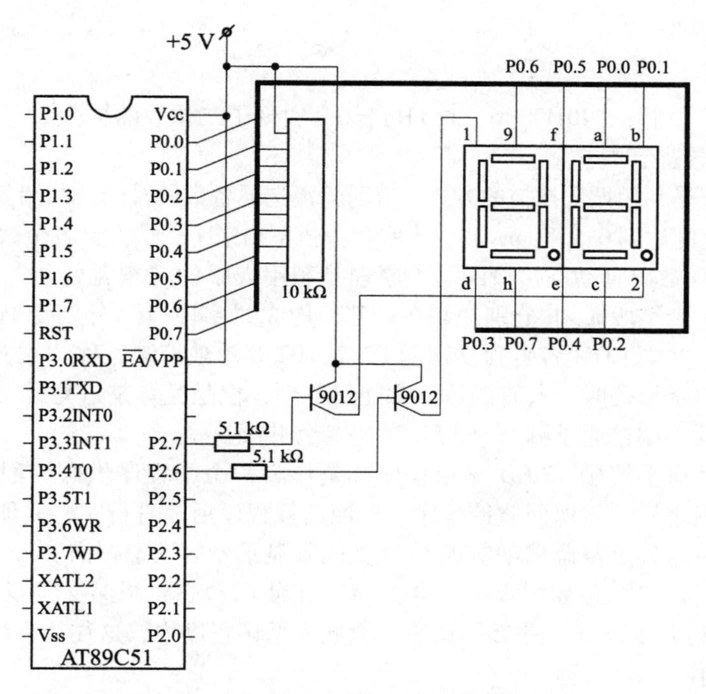

图 2-4-6　二位共阳极数码管与单片机连接

4.2.2　相关知识

1. 汇编语言指令学习

乘、除法指令，如表 2-4-6 所示。

表 2-4-6　乘、除法指令

指令分类	助记符	功能说明
乘法指令	MUL AB	将累加器 A 和累加器 B 的两个无符号数相乘，所得 16 位乘积的低 8 位存 A，高 8 位存 B。如果积大于 255（0FFH），则使溢出标志位 OV 置 1，否则清 0，运算结果总使进位标志 CY 清 0
除法指令	DIV AB	将累加器 A 和累加器 B 的两个无符号数相除，所得整数商存 A，余数存 B，标志位 CY 和 OV 均清 0。若除数（B 中的内容）为 00H，则执行后结果为不定值，并使 OV 置 1。在任何情况下，进位标志 CY 总清 0

2. 二位数拆分

除 10 拆分法：任何一个十位数，用 10 相除后，商为十位数，余数为个位数。如二位数 56 用 10 相除后，商为 5，余数为 6。

二位数拆分参考程序段：

```
MOV 30H，#56
MOV A，30H
MOV B，#10
DIV AB
```

5—商
10 ⟌ 56
50
6—余数

MOV 40H，A

MOV 41H，B

执行上述程序段后，(40H) =5，(41H) =6，实现了二位数的拆分。

3. 数码管动态显示

所谓动态，就是利用循环扫描的方式，分时轮流选通各数码管的公共端，使各个数码管轮流导通。当扫描速度达到0.5~1 ms时，人眼就分辨不出来了，认为是各个数码管同时发光。

二位8段LED数码管动态接口的基本原理是利用人眼的“视觉暂留”效应。接口电路把所有数码管的8个笔段a~h分别并联在一起，构成“字段口”分别受P0.0~P0.7控制。每一个数码管的公共端COM各自独立地受P2.7、P2.6单独控制，称“位扫描口”。当CPU向字段输出口送出字形码时，所有的数码都能接收到，但是究竟是点亮哪一只数码管，取决于当时扫描口的输出端接通了哪一只LED数码管公共端。

在实际的单片机系统中，LED显示程序都是作为一个子程序供监控程序用，因此各位显示器都扫过一遍之后，就返回监控程序。返回监控程序后，进行一些其他操作，再调用显示扫描程序。通过这种反复调用来实现LED数码管显示器的动态扫描。

动态扫描显示接口电路如图2-4-4所示，在使用动态扫描时必须反复调用显示子程序，若CPU要进行其他操作，那么子程序只能插入循环程序中，这往往束缚了CPU的工作，降低了CPU的工作效率。

例：动态扫描显示接口电路如图5-2-1所示，若要把(30H)的数56，用二位数码管显示出来，试编写二位动态显示程序。

程序工作步骤：

(1) 十位数拆分。

用除法指令把二位数进行数字拆分，分别放入某两个存储单元备用。现把拆分后的十位数放入40H存储单元，个位数放入41H存储单元。

(2) 查字形码。

用查表指令分别查找对应的字形码。

字形码按0　1　2　3　4　5　6　7　8　9

0C0H，0F9H，0A4H，0B0H，99H，92H，82H，0F8H，80H，90H顺序排列

用查表指令：MOVCA，@A+DPTR；DPTR不变，A变。A是什么数，就会相应查到对应的字形码。把查到的字形码分别显示。

(3) 二位动态显示。

每隔0.5 ms，轮流点亮一个数码管，由“视觉暂留”效应，可以看到二位数码管稳定的显示。

图2-4-7所示为二位数拆分流程图。

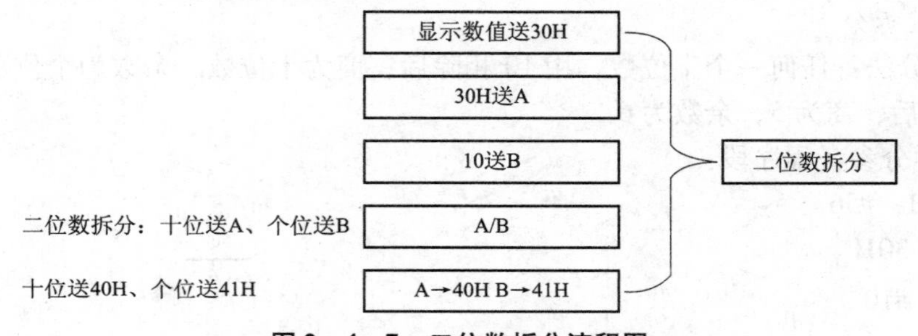

图2-4-7　二位数拆分流程图

图 2－4－8 所示为二位字形码动态显示流程图。

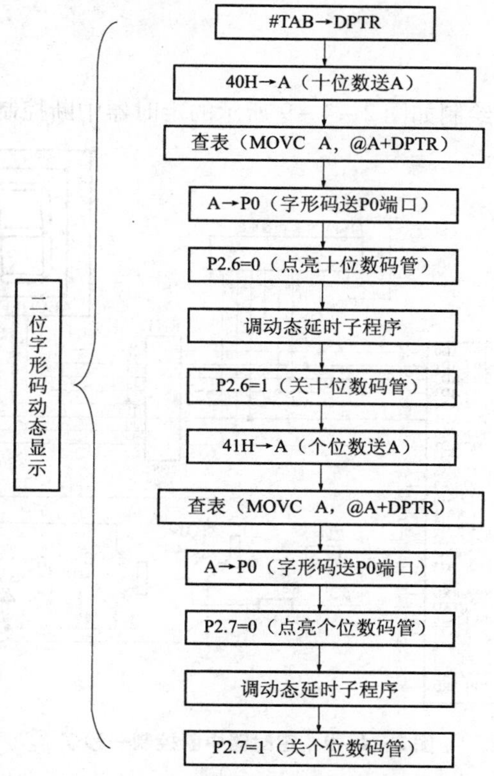

图 2－4－8　二位字形码动态显示流程图

二位数拆分动态显示程序：

```
01 ;****二位数拆分动态显示****
02          ORG     0000H
03          AJMP    AA0
04          ORG     0030H
05 AA0:     MOV     P0,#0FFH
06 AA1:     MOV     30H,#56       ;要显示的数送30H
07          LCALL   BB0           ;调N位数拆分子程序
08          LCALL   CC0           ;调N位数码显示子程序
09          AJMP    AA1
10    ;二位数拆分子程序
11 BB0:     MOV   A,30H
12          MOV   B,#10
13          DIV   AB              ;字模拆分
14          MOV   40H,A                ;十位送40H
15          MOV   41H,B           ;个位送41H
16          RET
17    ;二位字形码显示子程序
18 CC0:     MOV   DPTR,#TAB   ;表格首地址送DPTR
19          MOV   A,40H       ;十位数送A
20          MOVC A,@A+DPTR    ;查十位数字形码
21          MOV   P0,A        ;十位数字形码送P0口
22          CLR   P2.6        ;点亮十位显示数码管
23          LCALL DD0         ;调动态延时
24          SETB  P2.6        ;关十位显示数码管
25          MOV   A,41H       ;个位数送A
26          MOVC A,@A+DPTR    ;查个位数字形码
27          MOV   P0,A        ;个位数字形码送P0口
28          CLR   P2.7        ;点亮个位显示数码管
29          LCALL DD0         ;调动态延时
30          SETB P2.7         ;关个位显示数码管
31          RET
32   ;动态延时0.5～1ms
33 DD0:     MOV   R7,#20
34 DD1:     MOV   R6,#100
35 DD2:     DJNZ R6,DD2
36          DJNZ R7,DD1
37          RET
38   ;共阳极字形码表格
39 TAB:     DB 0C0H,0F9H,0A4H,0B0H,99H
40          DB 92H,82H,0F8H,80H,90H
41          END
```

4.2.3 任务实施

1. 搭建仿真电路

在 Proteus 仿真软件中绘制如图 2－4－9 所示的定时器中断控制—秒表。

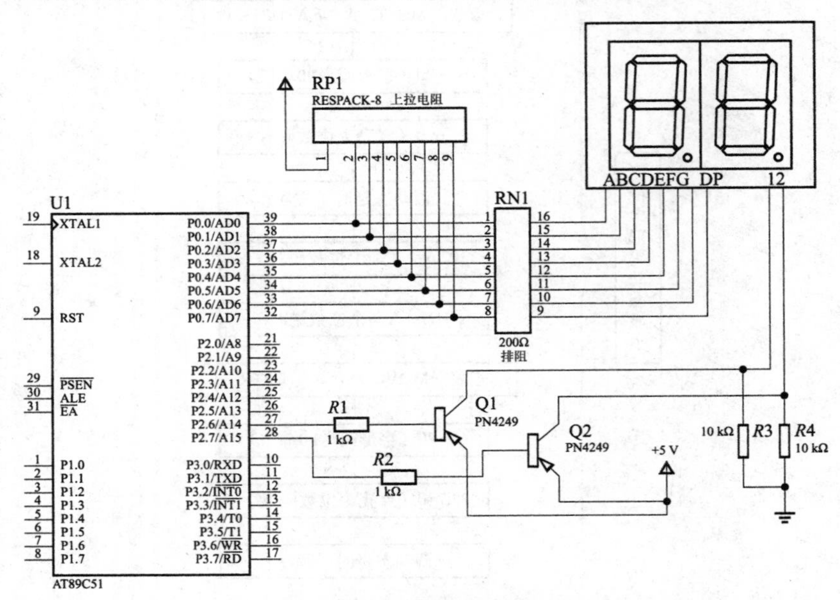

图 2－4－9　定时器中断控制—秒表

2. 任务分析和解决方案

(1) 任务分析。

程序应具备以下两个功能。

①能控制二位数码管显示二位数。

②能控制秒计数器每秒加 1，加至 60 清零。

(2) 解决方案。

①用二位数除 10 取整取余法拆分秒计数器成十位和个位数两个数值。

②用查表法查出十位和个位两个数值对应的字形码。

③用定时器中断进行秒计数器计时。

④用二位数码管动态显示成秒表。

3. 设计思路

绘制定时中断控制—秒表流程图，如图 2－4－10 所示。

4. 汇编语言程序设计

汇编语言源程序：

```
; ****** 秒表 ******
    ORG   0000H
    AJMP  AA0
    ORG   000BH
    LJMP  QQ0
```

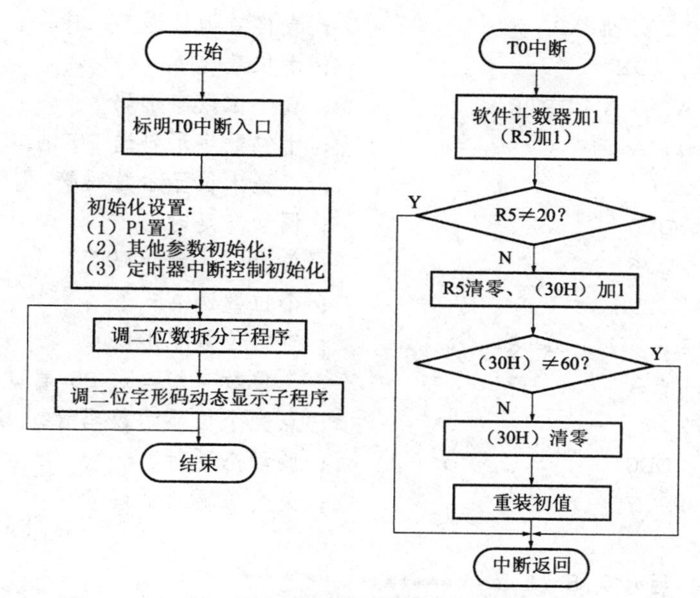

图2-4-10 定时中断控制—秒表流程图

```
        ORG  0030H
 ; ****** 初始化设置 ******
 AA0: MOV P0, #0FFH                  ; 关闭数码管
      MOV  R5, #00H                  ; 软件计数器清零
      MOV  30H, #00H                 ; 秒计数器清零
      MOV  TMOD, #01H                ; 定时器T0, 定时方式, 工作方式1
      MOV  TH0, #HIGH (65536-50000); 给T0寄存器的高8位地址存入高位初值
      MOV  TL0, #LOW (65536-50000)  ; 给T0寄存器的低8位地址存入低位初值
      SETB  TR0                      ; TCON寄存器的TR0位="1"启动T0
                                       定时/计数器
      SETB  EA                       ; 开总中断
      SETB  ET0                      ; 允许定时器T0中断
 ; ****** 主程序 ******
 AA1: LCALL BB0                      ; 调二位数拆分子程序
      LCALL CC0                      ; 调二位字形码显示子程序
      AJMP AA1
 ; ****** 二位数拆子程序 ******
 BB0: MOV  A, 30H                    ; 秒计数器数值送A
      MOV  B, #10
      DIV  AB                        ; 字模拆分
      MOV  40H, A                    ; 十位送40H
      MOV  41H, B                    ; 个位送41H
      RET
 ; ****** 二位字形码显示子程序 ******
```

```
CC0: MOV   DPTR, #TAB                 ; 表格首地址送 DPTR
     MOV   A, 40H                     ; 十位数送 A
     MOVC  A, @ A + DPTR              ; 查十位数字形码
     MOV   P0, A                      ; 十位数字形码送 P0 端口
     CLR   P2.6                       ; 点亮十位显示数码管
     LCALL DD0                        ; 调动态延时
     SETB  P2.6                       ; 关十位显示数码管
     MOV   A, 41H                     ; 个位数送 A
     MOVC  A, @ A + DPTR              ; 查个位数字形码
     MOV   P0, A                      ; 个位数字形码送 P0 端口
     CLR   P2.7                       ; 点亮个位显示数码管
     LCALL DD0                        ; 调动态延时
     SETB  P2.7                       ; 关个位显示数码管
     RET
; ****** 动态延时 0.5 ~1 ms ******
DD0: MOV R7, #20
DD1: MOV R6, #100
DD2: DJNZ  R6, DD2
     DJNZ  R7, DD1
     RET
; ****** T0 定时器中断 ******
QQ0: INC   R5                         ; 软件计数器加 1
     MOV   A, R5                      ; R5 的数据送 A
     CJNE  A, #20, QQ1                ; R5 = A = 20? 不等则转 QQ1
     MOV   R5, #00H                   ; 软件计数器清零
     INC   30H                        ; 秒计数器加 1
     MOV   A, 30H                     ; 秒计数器数据送 A
     CJNE  A, #60, QQ1                ; 30H = A = 60? 不等则转 QQ1
     MOV   30H, #00H                  ; 秒计数器清零
QQ1: MOV   TH0, #HIGH(65536 -50000)   ; 给 T0 寄存器的高 8 位地址存入高位初值
     MOV   TL0, #LOW(65536 -50000)    ; 给 T0 寄存器的低 8 位地址存入低位初值
     RETI                             ; 中断返回
; ****** 共阳极字形码表格 (0 ~9) ******
TAB: DB 0C0H, 0F9H, 0A4H, 0B0H, 99H
     DB 92H, 82H, 0F8H, 80H, 90H
     END
```

在 Keil 软件中输入以下程序并保存在 D 盘“单片机应用”“任务 4.2”文件夹，工程名命名为“秒表 ASM”，源文件命名为“秒表 . asm”。

汇编调试生成“秒表 . hex”格式文件。在仿真电路中，右键单击单片机，装载“D:\项目四\ 秒表. hex”文件、运行，我们发现，二位数码管显示秒表动态变化。

5. C51 程序设计（C51 定时器应用）

动态延时常用软件延时来实现，软件延时常以 delay 子函数来完成，它是利用程序循环来延时时间，延时约 1 ms。循环语句如下：

for（i=0；i<244；i++）；

语句中，i 变量的条件式是试验值，延时 1 ms，i<244 是试验得出。C51 利用软件延时不准确，一般只作为键盘消抖延时、动态显示延时等。准确延时和定时要用定时器来完成。

C51 语言源程序：

```
//秒表
#include <reg51.h>                        //头文件
#define uint unsigned int                 //定义数据类型（无符号字符整型变量）
#define uchar unsigned char               //定义数据类型（无符号字符型变量）
uchar a=0;                                //定义变量（50 ms 加1）
uchar tim=0;                              //定义变量（秒计数器）
sbit P26=P2^6;                            //位定义
sbit P27=P2^7;                            //位定义
uchar code led[] =
{0xc0, 0xf9, 0xa4, 0xb0, 0x99,
 0x92, 0x82, 0xf8, 0x80, 0x90};           //在 ROM 建立数码管字形码表（0~9）
void delay(void);                         //声明延时函数
/********* 主函数 ********** /
void main(void)
{
  TMOD=0x01;                              //定时器 T0、工作方式1、定时工作方式1
  TH0=(65536-50000)/256;                  //给 T0 的 16 位寄存器的高 8 位地址存入
                                            高位初值
  TL0=(65536-50000)%256;                  //给 T0 的 16 位寄存器的低 8 位地址存入
                                            低位初值
  TR0=1;                                  //启动定时器 T0
  ET0=1;                                  //开定时器 T0 中断
  EA=1;                                   //开总中断
  while(1)                                //无限循环
  {
   P0=led[tim/10];                        //秒计数值十位数字形码送 P0
   P26=0;                                 //点亮第 1 位数码管
   delay();                               //动态延时
   P26=1;                                 //熄灭第 1 位数码管
   P0=led[tim%10];                        //秒计数值个位数字形码送 P0
   P27=0;                                 //点亮第 2 位数码管
   delay();                               //动态延时
```

```
    P27 =1;                                //熄灭第 2 位数码管
   }
}
/***** 1ms 延时函数 ***** /
void delay (void)
{
 uint i;
 for (i =0; i <244; i + +);
}
/********* T0 中断服务函数 ***** /
 void tim0(void) interrupt 1 using 1//中断服务函数：中断号为 1，用第 1 组工
                                         作寄存器
 {
  a + +;                               //a 加 1
  if (a > =20)                         //计满 0.05 *20 =1 s?
  {
   a =0;                               //n 清零
   tim + +;                            //秒计数器加 1
   if (tim > =60)                      //计满 60 s?
   {tim =0;}                           //秒计数器清零
 }
 TH0 = (65536 -50000) /256;            //给 T0 的 16 位寄存器的高 8 位地址存入
                                         高位初值
 TL0 = (65536 -50000)% 256;            //给 T0 的 16 位寄存器的低 8 位地址存入
                                         低位初值
}
```

在 Keil 软件中输入以下程序并保存在 D 盘“单片机应用”“任务 4.2”文件夹，工程名命名为“秒表 C”，源文件命名为“秒表.c”。

4.2.4 再实践

【作业与练习】

试设计一个二位显示秒表，控制要求：单片机通电或复位后，第一、二位数码管显示“00”，当按下启动按钮后，秒表计时，按下停止按钮后，秒表停止，显示当前计时值，再按下启动按钮后，秒表从当前值计时，如计到 60 s 则复位为“00”，用二位动态显示方式编写程序。

任务 4.3　定时计数控制—转速表

4.3.1　任务要求

图 2-4-11 所示为单片机的电动机转速测量原理图。试设计仿真电路，用四位 LED 数码管显示器显示电动机转速，单位为××××转/分。

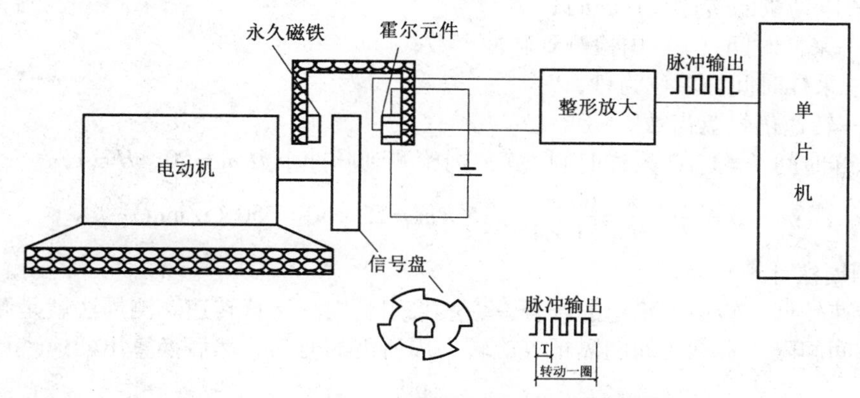

图 2-4-11　单片机的电动机转速测量原理图

4.3.2　相关知识

1. 霍尔集成传感器的转速测量原理

霍尔元件是一种检测磁场的传感器，目前常见的霍尔元件都集成了信号处理电路，称为霍尔集成传感器，其特性分为开关输出和线性输出两种。用于速度检测的霍尔传感器为开关型输出，开关型输出的霍尔传感器其输出状态为逻辑状态，即只有"0"和"1"两种状态。图 2-4-12 所示为开关特性的集成霍尔传感器。

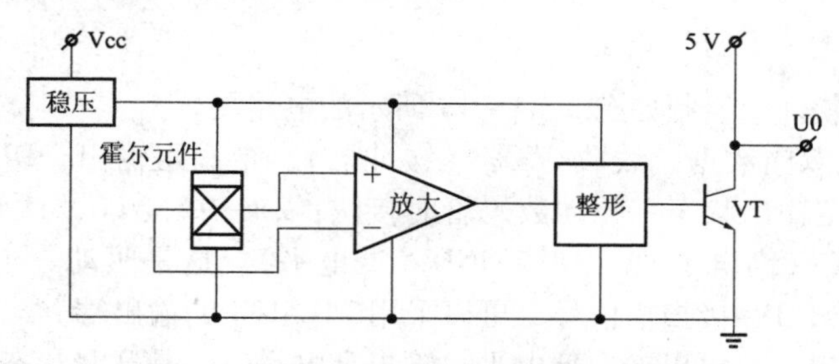

图 2-4-12　开关特性的集成霍尔传感器

从图 2-4-10 中可以看出，当接近霍尔元件的磁场强度增大到一定程度，晶体三极管 VT 导通，输出为低电平；当接近霍尔元件的磁场强度减小到一定程度，晶体三极管 VT 截止，输出为高电平。

转速信号盘为铁磁材料，当信号盘有齿部分接近霍尔元件，作用霍尔元件的磁场强度增大，只要合理地调整位置，选择适当的霍尔传感器，输出为低电平；当信号盘有齿部分离开霍尔元件，输出为高电平。把这些信号脉冲送进单片机，单片机就能计算出电动机的转速。

2. 转速的计算

（1）测频法计算转速。

对于转速较高，转速稳定的场合，一般采用测频法计算转速。测频法就是测量脉冲信号的频率，再根据频率计算转速。

若在采样时间（T）内检测到 m 个脉冲，则转速为

$$n=\frac{60\times m}{T\times H}$$

式中 n——电动机的转速（r/min）；

m——采样时间（T）内检测到脉冲个数；

T——采样时间，单位为秒；

H——转速信号盘齿数。

如：采样时间 $T=1$ s，采样时间（T）内检测到脉冲个数 $m=50$，$H=4$，

$$n=\frac{60\times m}{T\times H}=\frac{60\times m}{1\times 4}=15\times m=15\times 50=750\ (\text{r/min})$$

（2）测周法计算转速。

对于转速较低，转速不稳定的场合，一般采用测周法计算转速。测周法就是测量每个脉冲之间的时间间隔，根据时间间隔计算旋转一周所需的时间，然后换算出转速。计算方法为

$$n=\frac{60}{t\times H}$$

式中 n——电动机的转速（r/min）；

t——两个脉冲之间的时间间隔，单位为秒；

H——转速信号盘齿数。

如检测到两个脉冲之间的时间间隔 $t=0.02$ s，$H=4$，

$$n=\frac{60}{t\times H}=\frac{60}{t\times 4}=\frac{15}{t}=\frac{15}{0.02}=750\ (\text{r/min})$$

4.3.3 任务实施

1. 搭建仿真电路

在 Proteus 仿真软件中绘制如图 2-4-13 所示的电路图。

74LS245 是 8 位双向数据总线收/发器（缓冲器），带高阻输出，DI（1#）决定数据的方向，G（19#）决定输出状态，驱动数码管时接法：2#—9#接 P0，18#—11#（不可反序）接数码管，1#接 VCC（高电平），19#接 GND（低电平）。这是驱动一个数码管的接法。如果要驱动多个数码管，19#接扫描信号，可以采用 74LS138 的输出端。

单片机的 P0 端口，只可以输出低电平。输出高电平时，是开漏状态，可称为悬空状态。要加上拉电阻，才能形成高电平。而 74LS 系列的集成电路芯片，其输入端处于悬空时，就相当于输入了高电平。所以，51 单片机的 P0 端口，直接连上 74LS 系列的芯片时，就不用加上拉电阻了，如 74LS245 输入悬空状态，输出自然就是高电平。

74LS245 常用于驱动 LED，74LS245 是一个逻辑芯片，主要功能是控制某组 LED 的亮和灭，只是起开关的作用，当 51 单片机的 P0 端口总线负载达到或超过 P0 最大负载能力时，必须接入 74LS245 等总线驱动器。

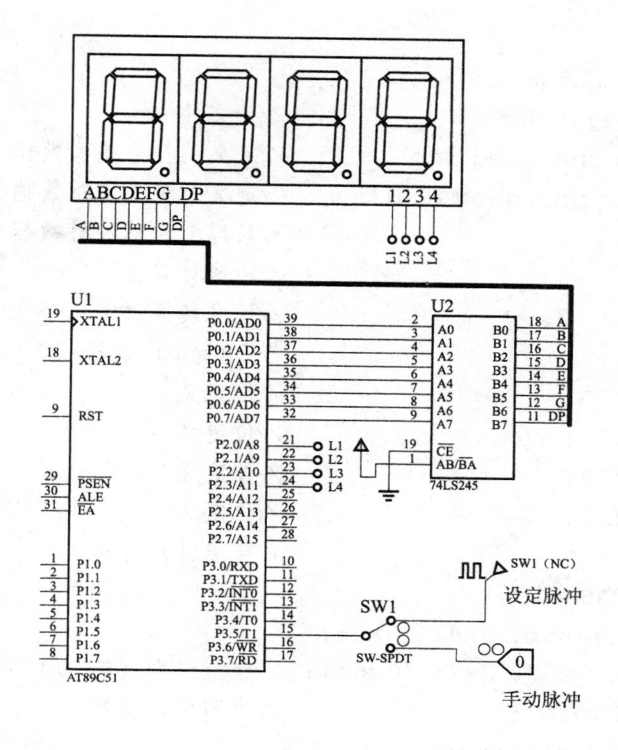

图 2－4－13 转速表仿真电路

2. 任务分析和解决方案

1）任务分析

程序应具备以下两个功能：

（1）能设定采样时间。

（2）能对输入到 P3.5 的脉冲计数。

2）解决方案

（1）使用测频法时需要同时使用两个定时计数器，定时计数器 T1 负责对输入脉冲计数，定时计数器 T0 负责控制采样周期。

（2）程序控制功能如下：

①使计数器清零；

②启动定时器，同时计数控制端使计数器开始计数；

③定时器定时时间到后计数控制端使计数器停止工作；

④读出计数器的计数结果，计算转速。

3. C51 程序设计（C51 定时/计数器应用）

控制程序组合：程序初始化→主函数→延时函数→T0 定时中断函数。

分解：

①主函数：T0、T1 定时/计数器初始设置→无限循环体｛转速计算→四位数拆分｝。

②延时函数：动态显示扫描时间间隔 1 ms 左右。

③T0 定时中断函数（50 ms 中断一次）：判断采样时间到 1 s→关 T1 计数器→计算 T1 计数值→重赋 T0 初值→四位动态数码管显示。

C51 语言源程序：

```
/定时计数控制—转速表
 #include <reg51.h>                    //头文件
 #define uint unsigned int             //定义无符号整型数据类型
 #define uchar unsigned char           //定义无符号字符数据类型
 uint m;                               //采样1 s 脉冲计数器
 uint n;                               //转速计算值
 uchar a, b, c, d;                     //标度转换 (0 ~9 999) 前四位拆分结果
 uint x;                               //50 ms 计数器
 sbit P20 = P2^0;                      //位定义
 sbit P21 = P2^1;                      //位定义
 sbit P22 = P2^2;                      //位定义
 sbit P23 = P2^3;                      //位定义
 bit fx;                               //转速计算标志
 uchar code TAB [] =
 {0x3f, 0x06, 0x5b, 0x4f, 0x66,
  0x6d, 0x7d, 0x07, 0x7f, 0x6f};       //字形码表 (0 ~9) 共阴极不带小数点
 void delay (void);                    //声明延时函数
/********* 主函数 ********** /
 void main (void)
 {
  TMOD = 0x51;                         //定时/计数器工作方式1, T0 定时方式、
                                         T1 计数方式
  TH0 = (65536 -5000) /256;            //预置 T0 高8 位初值
  TL0 = (65536 -5000)% 256;            //预置 T0 低8 位初值
  TH1 =0;                              //预置 T1 高8 位初值为0
  TL1 =0;                              //预置 T1 低8 位初值为0
  TR0 =1;                              //启动定时器 T0 开始定时采样时间
  ET0 =1;                              //开定时器 T0 中断
  EA =1;                               //开总中断
  TR1 =1;                              //启动计数器 T1 开始计脉冲数
  while (1)                            //无限循环
  {                                    //如 fx =1, 进行了转速计算
   if (fx)
   {
   n =m*15;                            //转速计算
   a =n/1000;                          //取第一位
   n =n% 1000;                         //去除最高位
   b =n/100;                           //取第二位
   n =n% 100;                          //去除第二位
```

```
    c=n/10;                              //取第三位
    d=n%10;                              //取第四位
    fx=0;                                //转速计算标志清零
    }
    P0=TAB[a];                           //取第一位查表得字形码送 P0
    P20=0;                               //点亮第一位数码管
    delay();                             //动态延时
    P20=1;                               //熄灭第一位数码管
    P0=TAB[b];                           //取第二位查表得字形码送 P0
    P21=0;                               //点亮第二位数码管
    delay();                             //动态延时
    P21=1;                               //熄灭第二位数码管
    P0=TAB[c];                           //取第三位查表得字形码送 P0
    P22=0;                               //点亮第三位数码管
    delay();                             //动态延时
    P22=1;                               //熄灭第三位数码管
    P0=TAB[d];                           //取第四位查表得字形码送 P0
    P23=0;                               //点亮第四位数码管
    delay();                             //动态延时
    P23=1;                               //熄灭第四位数码管
  }
 }
/*****1 ms 延时函数*****/
voiddelay(void)
{
 uinti;
 for(i=0;i<300;i++);
}
/*********T0 中断服务函数*****/
 void tim0(void) interrupt 1 using 1//中断号为1，用第1组工作寄存器
 {
  TR0=1;
  TH0=(65536-5000)/256;                //重置 T0 高 8 位初值
  TL0=(65536-5000)%256;                //重置 T0 低 8 位初值
  if(++x==200)                         //采样时间是否到1 s
  {
   TR1=0;                              //停止 T1 计数
   m=TH1*256+TL1;                      //取得脉冲计数值
   TH1=0;                              //置 T1 高 8 位初值为 0
   TL1=0;                              //置 T1 低 8 位初值为 0
```

```
    TR1 =1;                              //启动 T1
    x =0;                                //50 ms 计数器清 0
    fx =1;                               //转速计算标志
  }
}
```

在 Keil 软件中输入以下程序并保存在 D 盘“单片机应用”“任务 4.3”文件夹，工程名命名为“转速测量 C”，源文件命名为“转速测量 . c”。汇编调试生成“转速测量 . hex”格式文件。在仿真电路中，右键单击单片机，装载“D：\ 项目四 \ 转速测量 . hex”文件、运行。我们发现，改变脉冲发生器的频率值或手动改变脉冲频率值，可以看到数码管的转速也在变化。

4.3.4　再实践

【作业与练习】

图 2 -4 -11 所示为单片机的电动机转速测量原理图。试设计仿真电路，用四位 LED 数码管显示器显示电动机转速，单位为 × × × ×转/分。(用测周法计算转速)

第二篇　项目3、4考核

一、判断题

1. 在 MCS－51 单片机中，高级中断可以打断低级中断形成中断嵌套。 (　　)
2. 只要有中断出现，CPU 就立即响应中断。 (　　)
3. MCS－51 单片机的定时和计数都使用同一计数机构，不同的只是计数脉冲的来源。来自于单片机内部的是定时，来自于外部的则是计数。 (　　)
4. 中断初始化时，对中断控制寄存器的状态设置，只能使用位操作指令，而不能使用字节操作指令。 (　　)
5. 单片机的 LED 动态显示是依据人眼的“视觉暂留”效应实现的。 (　　)
6. 外部中断 INT0 入口地址为 0013H。 (　　)
7. TMOD 中的 GATE＝1 时，表示由两个信号控制定时器的启停。 (　　)
8. 启动定时器工作，可使用 SETB TRi 启动。 (　　)
9. MCS－51 单片机对最高优先权的中断响应是无条件的。 (　　)
10. 若置 AT89C51 的定时/计数器 T1 于计数模式，工作方式 1，则工作方式字为 50H。 (　　)

二、填空题

1. AT89C51 单片机与定时/计数器控制有关的寄存器________、________、________。
2. MCS－51 单片机有________个________位定时器/计数器。
3. 单片机中，设置堆栈指针 SP 为 57H 后发生子程序返回，这时 SP 变为________。
4. MCS－51 单片机堆栈遵循数据________________的原则。
5. MCS－51 单片机响应中断后，中断的一般处理过程是________________。
6. 外部中断 0 的中断请求标志是________。
7. 将外部中断 1 设置成下降沿触发的方法是________。
8. 单片机复位后，CPU 使用第________组工作寄存器。
9. T0 采用方式 1、定时模式，T1 采用方式 0、计数模式，设置 T0、T1 的运行模式，工作方式的语句是________________________________。
10. 定时/计数器方式 1 的计数器是________位计数器，其模值是________。

三、选择题

1. 调用子程序、中断响应过程及转移指令的共同特点是（　　）。

   A. 都能返回　　B. 都通过改变 PC 实现转移

   C. 都将返回地址压入堆栈　　D. 都必须保护现场

2. 在五个中断源中，可通过软件确定各中断源中断级别的高或低，但在同一级别中，按硬件排队的优先级别最高的是（　　）中断。

A. 定时器 T0　　B. 定时器 T1
C. 外部中断 INT0　　D. 外部中断 INT1
E. 串行口

3. 按键的机械抖动时间参数通常是（　　）。
A. 0　　B. 5 ~ 10 μs
C. 5 ~ 10 ms　　D. 1 s 以上

4. 外部中断 INT0 的触发方式控制位 IT0 置 1 后，其有效的中断触发信号是（　　）。
A. 高电平　　B. 低电平
C. 上升沿　　D. 下降沿

5. 执行返回指令，退出中断服务子程序，则返回地址来自（　　）。
A. ROM　　B. 程序计数器
C. 堆栈区　　D. CPU 寄存器

6. 中断查询，查询的是（　　）。
A. 中断请求信号　　B. 中断标志
C. 外中断方式控制位　　D. 中断允许控制位

7. 外部中断 1 的中断入口地址为（　　）。
A. 0003H　　B. 000BH
C. 0013H　　D. 001BH

8. 执行中断返回指令，要从堆栈弹出断点地址，以便去执行被中断了的主程序，从堆栈弹出的断点地址送（　　）。
A. DPTR　　B. PC
C. CY　　D. A

9. 在定时器操作中，选择其工作方式的寄存器是（　　）。
A. TMOD　　B. TCON
C. IE　　D. SCON

10. AT89C51 单片机共有（　　）个中断源。
A. 4　　B. 5
C. 6　　D. 7

11. 在堆栈操作中，当进栈数据全部弹出后，这时 SP 应指向（　　）。
A. 栈底单元　　B. 7FH 单元
C. 栈底单元地址加 1　　D. 栈底单元地址减 1

12. 执行 MOV IE，#81H 指令的意义是（　　）。
A. 屏蔽中断源　　B. 开放外部中断源 0
C. 开放外部中断源 1　　D. 开放外部中断源 0 和 1

13. 单片机的堆栈指针 SP 始终是（　　）。
A. 指示堆栈底　　B. 指示堆栈顶
C. 指示堆栈地址　　D. 指示堆栈长度

14. 启动 T1 运行的指令是（　　）。
A. SETB ET0　　B. SETB ET1
C. SETB TR0　　D. SETB TR1

15. 定时器/计数器工作于模式 2，在计数溢出时（　　）。

A. 计数从零重新开始　　B. 计数从初值重新开始

C. 计数停止　　D. 无法计数

16. 外部中断 INT1 的触发方式控制位 IT1 置 0 后，其有效的中断触发信号是（　　）。

A. 高电平　　B. 低电平

C. 上升沿　　D. 下降沿

17. （TMOD）=05H，则 T0 工作方式为（　　）。

A. 13 位计数器　　B. 16 位计数器

C. 13 位定时器　　D. 16 位定时器

18. MCS－51 单片机的两个定时器/计数器是（　　）。

A. 14 位加法计数器　　B. 14 位减法计数器

C. 16 位加法计数器　　D. 16 位减法计数器

19. 程序计数器 PC 用来（　　）。

A. 存放指令　　B. 存放正在执行的指令地址

C. 存放下一条的指令地址　　D. 存放上一条的指令地址

20. MCS－51 单片机的堆栈区应建立在（　　）。

A. 片内数据存储区的低 128 字节单元　　B. 片内数据存储区

C. 片内数据存储区的高 128 字节单元　　D. 程序存储区

21. MCS－51 单片机定时器工作方式 0 是指的（　　）工作方式。

A. 8 位　　B. 8 位自动重装

C. 13 位　　D. 16 位

22. 中断优先级控制寄存器为（　　）。

A. TCON　　B. SCON

C. IE　　D. IP

23. 中断服务子程序中，必须包含的指令是（　　）。

A. RET　　B. RETI

C. LJMP　　D. CLR

24. 定时器是工作在计数还是定时方式由 TMOD 的（　　）位决定。

A. C/T　　B. GATE

C. IT　　D. IE

25. 定时/计数器的方式 1 为（　　）位计数器。

A. 8 位　　B. 13 位

C. 16 位　　D. 自动重装入的 8 位计数器

26. 中断的总允许控制位是（　　）。

A. EA　　B. ET1

C. EX1　　D. ES

27. 用定时器 T1 方式 2 计数，要求每计满 100 次，向 CPU 发出中断请求。TH1、TL1 的初始值是（　　）。

A. 9CH　　B. 20H

C. 64H　　D. A0H

28. MCS－51 单片机计数初值的计算中，若设最大计数值为 M，对于模式 1 下的 M 值为（　　）。

A. 8 192　　B. 256

C. 16　　D. 65 536

29. 执行中断处理程序最后一句指令 RETI 后，（　　）。

A. 程序返回到 ACALL 的下一句　　B. 程序返回到 ACALL 的上一句

C. 程序返回到主程序起始处　　D. 程序返回到响应中断时的下一句

30. 用定时器 T1 方式 1 计数，要求每计满 10 次产生溢出标志，则 TH1、TL1 的初始值分别为（　　）。

A. FFH、F6H　　B. FFH、F5H

C. FFH、F4H　　D. FFH、F3H

在单片机应用系统中，经常要对被控制量进行测量控制，被控制量的采集多为模拟量，而单片机只能处理数字量。因此，需要将采集到的模拟量转化成数字量，然后通过对单片机程序的处理，就可以实现对被控制量的测量控制。

任务5.1 模数转换

5.1.1 任务要求

ADC0808与单片机接口如图2-5-1所示，P0端口接LED，试进行模数转换并用P0端口LED显示转换后的二制码。仿真电路元件清单如表2-5-1所示。

表2-5-1 仿真电路元件清单

序号	元件名称
1	单片机 AT89C51
2	发光二极管 LED-BLUE
3	8位逐次逼近式A/D转换器 ADC0808
4	电阻 RES
5	电位器 POT-HG

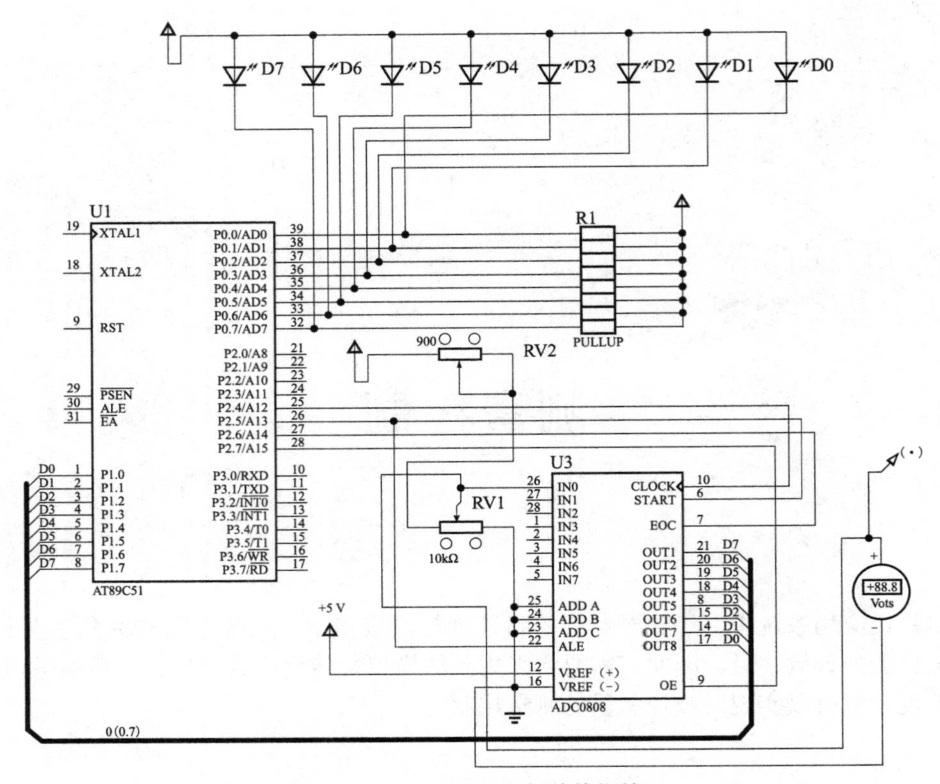

图 2-5-1　ADC0808 与单片机接口

5.1.2　相关知识

1. A/D 转换器

A/D 转换器是一种能把输入的模拟电压或电流变成与它成正比的数字量。即能把被控对象的各种模拟信息变成计算机可以识别的数字信息，A/D 转换器种类很多，但从原理上通常可以分为以下 4 种：计数式 A/D 转换器、双积分式 A/D 转换器、逐次逼近式 A/D 转换器、并行 A/D 转换器。

计数式 A/D 转换器结构很简单，但转换速度也很慢，所以很少采用。双积分式 A/D 转换器抗干扰能力强，转换精度也很高，但速度不够理想，常用于数字式测量仪表中。计算机中广泛采用逐次逼近式 A/D 转换器作为接口电路，它的结构不太复杂，转换速度也高。并行 A/D 转换器的转换速度最快，但结构复杂而造价较高，故只用于那些需要转换速度极高的场合。本教材仅对逐次逼近式 A/D 转换器做介绍。

1）逐次逼近式 A/D 转换原理

逐次逼近式 A/D 转换器也称为连续比较式 A/D 转换器，这是一种采用对分搜索原理来实现 A/D 转换的方法，其逻辑框图如图 2-5-2 所示。

图 2-5-2 中，V_X为 A/D 转换器被转换的模拟输入电压；V_S是“N 位 D/A 转换网络”的输出电压，其值由“N 位寄存器”中内容决定，受控制电路控制；比较器对 V_X和 V_S电压进行比较，并把比较结果送给“控制电路”。整个 A/D 转换是在逐次比较过程中形成，形成的数字量存放在“N 位寄存器”中，先形成最高位，然后是次高位，一位位地最后形成最

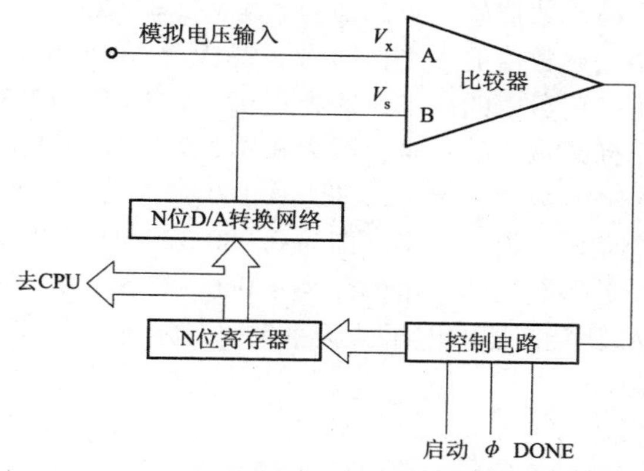

图2-5-2　逐次逼近式A/D转换器的逻辑框图

低位。现对它的工作过程做如下分析：

"控制电路"从"启动"输入端收到CPU送来的"启动"脉冲而开始工作。"控制电路"工作后便使"N位寄存器"中最高位置"1"，其余位清零，"N位D/A转换网络"根据"N位寄存器"中内容产生V_S电压，其值为满量程V_X的一半，并送入比较器进行比较。若$V_S \geqslant V_X$，则比较器输出逻辑"1"，通过"控制电路"使"N位寄存器"中最高位的"1"保留，表示输入模拟电压V_X比满量程一半还大；若$V_S < V_X$，则比较器通过"控制电路"使"N位寄存器"中最高位的"1"去掉，即复位为"0"，表示输入模拟电压V_X比满量程小一半，这样，A/D转换器的最高位数字量就形成了。因此，控制电路依次对N-1，N-2，…，N-（N-1）位重复上述过程，就可使"N位寄存器"中得到和模拟电压V_S相对应的数字量。"控制电路"在A/D转换完成后还自动使DONE变为高电平，CPU查询DONE引脚上状态（或作为中断请求）就可以从A/D转换器提取A/D转换后的数字量。

逐次逼近式A/D转换原理与天平称重过程相似，下面我们以天平称重过程为例，加深对逐次逼近式A/D转换原理的理解。

有四个砝码共重15 g，这四个砝码的重量分别为8 g、4 g、2 g、1 g。设待秤重量W_x = 13 g，可以用下列步骤来称量：

顺序	加砝码	比较判断	保留砝码	暂时结果
1	8 g	8 g<13 g	8 g	1 000
2	（8+4）g	12 g<13 g	12 g	1 100
3	（8+4+2）g	14 g>13 g	12 g	1 100
4	（8+4+1）g	13 g=13 g	13 g	1 101

转换步骤：天平砝码与待称重量相比较，如小于或等于待称重量，则砝码保留，直到大于待称重量为止，那么天平内的砝码数就是相应二进制的位数。

A/D转换器的"天平砝码"为：

第一个砝码为设ADC0809的量程电压的一半，如ADC0809的量程电压为5 V，则第一个砝码为2.5 V。

第二个砝码为第一个砝码数值的一半，即为2.5 V/2 =1.25 V。
第三个砝码为第二个砝码数值的一半，即为1.25 V/2 =0.625 V。
第四个砝码为第三个砝码数值的一半，即为0.625 V/2 =0.312 5 V。
第五个砝码为第四个砝码数值的一半，即为0.312 5 V/2 =0.160 75 V。
第六个砝码为第五个砝码数值的一半，即为0.160 75 V/2 =0.080 375 V。
第七个砝码为第六个砝码数值的一半，即为0.080 375 V/2 =0.040 187 5 V。
第八个砝码为第七个砝码数值的一半，即为0.040 187 5 V/2 =0.020 093 75 V。
如图2-5-3所示A/D转换器的电压“天平砝码”示意图。

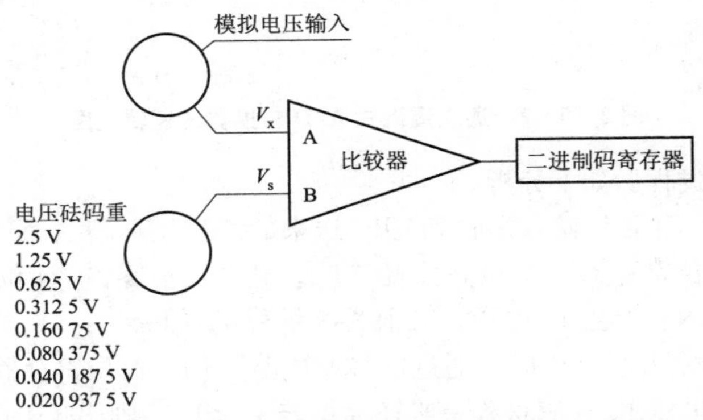

图2-5-3 A/D转换器的电压“天平砝码”示意图

3.86 V逐次逼近式A/D转换步骤，如表2-5-2所示。

表2-5-2 3.86 V逐次逼近式A/D转换步骤

顺序	电压砝码重	比较判断	天平重量结果	二进制码结果
1	2.5 V	3.86 V > 2.5 V	2.5 V	1111 1111
2	2.5 + 1.25 = 3.75（V）	3.86 V > 3.75 V	3.75 V	1111 1111
3	3.75 + 0.625 = 4.375（V）	3.86 V < 4.375 V	3.75 V	1101 1111
4	3.75 + 0.312 5 = 4.0625（V）	3.86 V < 4.0625 V	3.75 V	1100 1111
5	3.75 + 0.156 25 = 3.90625（V）	3.86 V < 3.9 V	3.75 V	1100 0111
6	3.75 + 0.078 125 = 3.828125（V）	3.86 V > 3.83 V	3.828 125 V	1100 0111
7	3.828 125 + 0.039 062 5 = 3.867 187 5（V）	3.86 V < 3.867 187 5 V	3.828 125 V	1100 0101
8	3.828 125 + 0.019 531 25 = 3.847 656 25（V）	3.86 V > 3.847 656 25 V	3.847 656 25 V	1100 0101

转换结果：3.86 V = 11000101B = 197 满量程为5 V = 11111111B = 255
转换后的电压 U = （197/255） ×5 = 3.862 7（V）
因此，模拟量3.86 V转换为数字量，结果为11000101。

2）A/D转换器的性能指标

ADC是A/D转换器的简称，ADC的性能指标是正确选用ADC芯片的基本依据，也是衡量ADC质量的关键问题。

(1) 分辨率及 A/D 转换器字长。

ADC 的分辨率是指输出数字量变化一个相邻数码所需输入模拟电压的变化量，即变化一位二进制码对应模拟量的变化量。

A/D 转换器字长是指模数转换后得到的二进制码位数，如 8 位、12 位等。

分辨率与字长的关系：

$D=1/(2^{n_1}-1)$

式中 D——分辨率；

n_1——A/D 转换器字长。

如上例：11111111B = 255→5 V 11111110B = 254→(254/255) ×5 = 4.98 V

最小能测出 5 - 4.98 = 0.02 (V)

需 ADC 的分辨率 $D=1/(2^{n_1}-1)=1/(255-1)=0.003\,937$

如测量 5 V 电压，最小能测出 5 × 0.003 937 = 0.02 V

所以，如果要求的分辨率为 D，则字长 $n_1 \geqslant \log_2(1+1/D)$

例 1 如测量 0℃ ~200℃，分辨率 D 不低于 0.005，应选 A/D 转换器的字长为多少？

解：分辨率 D 不低于 0.005，即 200 × 0.005 = 1 ℃，即能正确显示到 1 ℃

$n_1 \geqslant \log_2(1+1/D)=\log_2(1+1/0.005)=[\lg(1+1/0.005)]/\lg 2=7.65$

则 A/D 转换器的字长为 8 位。

例 2 如测量 0℃ ~500 ℃，要求能正确显示到 1 ℃，所需 ADC 的分辨率 D 为多少？A/D 转换器的字长应选多少？

解：分辨率 $D=1/500=0.002$

$n_1 \geqslant \log_2(1+1/D)=\log_2(1+1/0.002)=[\lg(1+1/0.002)]/\lg 2=8.968$

A/D 转换器的字长应选 12 位。

例 3 某电子台秤，测量范围为 0 ~300 kg，要求能正确显示到 0.01 kg，所需 ADC 的分辨率 D 为多少？A/D 转换器的字长应选多少？

解：分辨率 $D=0.01/300=0.000\,033\,333$

$n_1 \geqslant \log_2(1+1/D)=\log_2(1+1/0.000\,033\,33)=[\lg(1+1/0.000\,033\,33)]/\lg 2=14.87$

A/D 转换器的字长应选 16 位。

分辨率也可用位数表示。例如 8 位 ADC 的分辨率就是 8 位，或者说分辨率为满刻度的 $1/8^8$。一个 100 满刻度的 8 位 ADC 能分辨输入电压变化的最小值是 $100\times 1/8^{18}=0.000\,005\,96$ V = 0.005 96 mV。

(2) 量化误差及量化单位

所谓量化，就是采用一组数码（如二进制码）来逼近离散模拟信号的幅值，将其转换成数字信号。量化误差是由于 ADC 的有限位数对模拟量进行量化而引起的误差。实际上，要准确表示模拟量，ADC 的位数需要很大甚至无穷大。

一个分辨率有限的 ADC 的阶梯状转换曲线与具有无限分辨率的 ADC 转换特性曲线（直线）之间的最大偏差，称为量化误差。

将采样信号转换成数字信号的过程称为量化过程，执行量化动作的装置是 A/D 转换器。字长为 n 的 A/D 转换器把 $y_{\min} \sim y_{\max}$ 变化信号，变换为数字 $0 \sim 2^n-1$，其最低有效位所对应的模拟量 q 称为量化单位。

$$q=\frac{y_{\min}-y_{\max}}{2^n-1}$$

量化过程实际上是一个用 q 去度量采样值幅值高低的小数归整过程。如现在我们到菜市买菜，量化单位是（角），有误差吗？

如 8 位 A/D 转换器把 0 ~ 5 V 模拟信号，变换成 0 ~ 255，其量化单位为

$$q = 5/255 = 0.0196 \text{ V}$$

如将 0 ~ 5.1 V 模拟信号，变换成 0 ~ 255，其量化单位为

$$q = 5.1/255 = 0.02 \text{ V} = 20 \text{ mV}$$

即二进码每变换 1，都是以 20 mV 单位变化。

如：

数字量（十进制表示）	模拟量（mV）
1	20
100	2 000
134	2 680
255	5 100

结论：对采样信号进行编码，用数字表示时，也只能用最小单位 q（称为最小量化单位）的整数位来表示，因此存在“舍”“入”问题，即存在量化误差。

（3）偏移误差。

偏移误差是指输入信号为 0 时输出信号不为 0，有时也称为零值误差。

（4）满刻度误差。

满刻度误差又称为增益误差。ADC 的满刻度误差是指满刻度输出数码所对应的输出电压值与理想输入电压之差。

（5）线性度。

线性度是指转换器实际的转换特性与理想直线的最大误差。

（6）转换速度。

转换速度是指完成一次 A/D 转换所需时间的倒数，是一个很重要的指标。ADC 型号不同，转换速度差别很大，价格也相差很远，通常 8 位逐次逼近式 ADC 的转换时间为 100 μs 左右。选用 ADC 的型号应该与实际需要相一致。在控制时间允许的情况下，应尽量选用便宜的逐次逼近式 A/D 转换器。

（7）转换精度。

A/D 的转换精度由模拟误差和数字误差组成。模拟误差是比较器、解码网络中电阻值以及基准电压波动等引起的误差。数字误差主要包括丢失码误差和量化误差，前者属于非固定误差，由器件质量决定；后者和 ADC 输出数字量位数有关，位数越多，误差就越小。

2. ADC0809/0808 引脚功能

ADC0809 是采样频率为 8 位的、以逐次逼近原理进行模—数转换的器件。其内部有一个 8 通道多路开关，它可以根据地址码锁存译码后的信号，只选通 8 路模拟输入信号中的一个进行 A/D 转换。

ADC0809 芯片有 28 条引脚，采用双列直插式封装，如图 2－5－4 所示。

下面说明各引脚功能。

（1）IN0 ~ IN7：8 路模拟量输入端，用于输入被转换的模拟电压（0 ~ 5 V）。

（2）OUT1 ~ OUT8：8 位数字量输出端。

（3）ADDA、ADDB、ADDC：3 位地址输入线，用于选通 8 路模拟输入中的一路。

（4）ALE：地址锁存允许信号，输入，高电平有效。当 ALE 线为高电平时，ADDA、

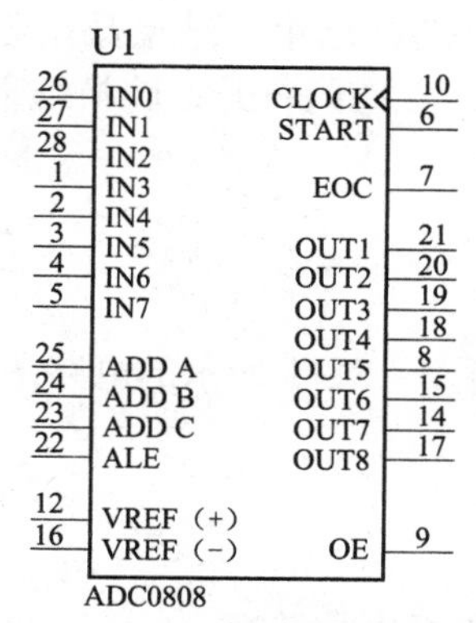

图 2-5-4　ADC0808 引脚分布

ADDB 和 ADDC 三条地址线上的地址信号得以锁存，经译码后控制 8 路模拟开关工作。

（5）ADDA、ADDB、ADDC：为地址输入线，用于选择 IN0 ~ IN7 上的哪一路模拟电压送给比较器进行 A/D 转换。

（6）ADDA、ADDB、ADDC 对 IN0 ~ IN7 的选择，被选模拟量路数和地址的关系如表 2-5-3 所示。

表 2-5-3　被选模拟量路数和地址的关系

被选模拟电压路数	ADDC	ADDB	ADDA
IN0	0	0	0
IN1	0	0	1
IN2	0	1	0
IN3	0	1	1
IN4	1	0	0
IN5	1	0	1
IN6	1	1	0
IN7	1	1	1

（7）START：A/D 转换启动信号，输入，高电平有效。

（8）EOC：A/D 转换结束信号，输出，当 A/D 转换结束时，此端输出一个高电平（转换期间一直为低电平）。

（9）OE：数据输出允许信号，输入，高电平有效。当 A/D 转换结束时，此端输入一个高电平，才能打开输出三态门，输出数字量。

（10）CLK：时钟脉冲输入端。要求时钟频率不高于 640 kHz。

（11）VREF（+）、VREF（-）：基准电压。

（12）VCC：电源，单一 +5 V。

（13）GND：地。

ADC0809/0808 的工作过程是：首先输入 3 位地址，并使 ALE = 1，将地址存入地址锁存器中。此地址经译码选通 8 路模拟输入之一到比较器。START 上升沿将逐次逼近寄存器复位。下降沿启动 A/D 转换，之后 EOC 输出信号变低，指示转换正在进行。直到 A/D 转换完成，EOC 变为高电平，指示 A/D 转换结束，结果数据已存入锁存器，这个信号可用作中断申请。当 OE 输入高电平时，输出三态门打开，转换结果的数字量输出到数据总线上。

5.1.3 任务实施

1. 搭建仿真电路

在 Proteus 仿真软件中绘制如图 2 – 5 – 1 所示的电路图。

2. 任务分析和解决方案

（1）任务分析。

程序应具备以下两个功能：

①能用单片机控制 ADC0808 进行模数转换。

②能把 ADC0808 送至单片机的数字量送 P0 端口，用 LED 灯显示。

（2）解决方案。

①通过单片机编程，由端口产生 ADC0808 需要的时钟脉冲。

②由单片机的相应端口来控制 ADC0808 工作。

3. 汇编语言程序设计

汇编语言源程序：

```
; *** 模数转换 ****
; **** 定义缓冲存储单元及控制位 *****
    ADC   EQU 35H                 ; 模数转换结果存储单元
    CLOCK  BIT P2.4               ; ADC0808 时钟信号输入
    ST   BIT P2.5                 ; A/D 转换启动信号，输入，高电平有效
    EOC   BIT P2.6                ; A/D 转换结束信号，输出，当 A/D 转换结束
                                  时
    OE   BIT P2.7                 ; 数据输出允许信号，输入，高电平有效
; ***** 主程序 ******
    ORG   0000H
    AJMP  AA0
    ORG   000BH
    LJMP  TT0
; *** 初始设置 ***
AA0: MOV  TMOD, #02H              ; 定时器 T0，工作方式 2（自动重装 8 位计数
                                  器）
     MOV  TH0, #HIGH (255 -1)     ; 设置初值 254，即 1 μs 中断一次
     MOV  IE, #82H                ; 开定时器中断
     SETB  TR0                    ; T0 定时器工作
; *** 模数转换 ***
AA1: CLR  ST
     SETB  ST
     CLR  ST                      ; 启动转换
     JNB  EOC, $                  ; 查询 EOC 是否为高电平
```

```
        SETB  OE                    ；数据输出允许信号，输入，高电平有效
        MOV  ADC，P1                ；读取模数转换结果
        CLR  OE                     ；不允许数据输出
        MOV  P0，ADC                ；数值转换由 P0 输出显示
        AJMP  AA1
    ；**** T0 中断服务程序 ****
    TT0：CPL  CLOCK                 ；提供 ADC0808 时钟
        RETI
        END
```

在 Keil 软件中输入以下程序并保存在 D 盘“单片机应用”“任务 5.1”文件夹，工程名命名为“数据采集 ASM”，源文件命名为“数据采集 . asm”。

汇编调试生成“数据采集 . hex”格式文件。在仿真电路中，右键单击单片机，装载“D：\ 项目五 \ 数据采集 1. hex”文件、运行。我们发现，改变电位器的电阻值，也就是改变了输入 ADC0808 的电压值，通过 AD 转换，单片机程序处理，单片机 P0 端口输出二进制代码与电压表的数值是一一对应的。

4. C51 程序设计（C51 转移语句）

C51 语言源程序：

```
//模数转换
  #include <reg51.h>                   //头文件
  #define uchar unsigned char          //定义数据类型（无符号字符型变量）
  uchar adc;                           //模数转换结果存储单元
  sbit clk = P2^4;                     //位定义（时钟脉冲）
  sbit st = P2^5;                      //位定义（启动 ADC）
  sbit eoc = P2^6;                     //位定义（ADC 转换结束）
  sbit oe = P2^7;                      //位定义（数据允许输出）
/********* 主函数 ********** /
 void main (void)
 {
  TMOD = 0x02;                         //定时器 T0、工作方式 2、定时工作
                                         方式
  TH0 = (255 -1) /256;                 //给 T0 的16 位寄存器的高 8 位地址存
                                         入高位初值
  TR0 =1;                              //启动定时器 T0
  ET0 =1;                              //开定时器 T0 中断
  EA =1;                               //开总中断
  while (1)                            //无限循环
  {
   st =0;                              //低电平
   st =1;                              //高电平
   st = 0;                             //低电平，产生一个正脉冲，启动 AD
```

```
                                          转换
F0: if (eoc = =0) goto F0;               //如果 eoc 为低电平，等待
    oe =1;                               //数据输出允许信号
    adc = P1;                            //读取 AD 转换结果
    oe =0;                               //不允许数据输出
    P0 = adc;                            //数值转换由 P0 输出显示
  }
}
/********* T0 中断服务函数 ***** /
void tim0 (void) interrupt 1 using 1 //中断服务函数：中断号为 1，用第 1 组
                                          工作寄存器
{
  clk = ~clk;                            //提供 ADC0808 时钟，f =500 kHz
}
```

在 Keil 软件中输入以下程序并保存在 D 盘“单片机应用”“任务 5.1”文件夹，工程名命名为“数据采集 1C”，源文件命名为“数据采集 1. c”。

5.1.4 再实践

【作业与练习】

将单回路模拟量输入 ADC0808 并与单片机的接口，编程、仿真调试，调节电位器，当 ADC0808 参考电压分别为 5 V 和 5.1 V 时，输入 ADC0808 如表 2-5-4 和表 2-5-5 所示电压值，填写表中单片机 P0 端口的数据。

表 2-5-4 单片机 P0 端口的数据

参考电压/V	输入电压/V	P0 端口输出二进制码	P0 端口输出十进制数	理论计算值（十进制数）
5	2.5			
	2.75			
	3			
	3.85			
	4.5			

表 2-5-5 单片机 P0 端口的数据

参考电压/V	输入电压/V	P0 端口输出二进制码	P0 端口输出十进制数	理论计算值（十进制数）
5.1	2.5			
	2.75			
	3			
	3.85			
	4.5			

任务5.2　电压测量

5.2.1　任务要求

用一片ADC0808和必要的外围器件与AT89C51接口，设计一个简易数字电压表，要求能对IN0输入的模拟电压进行识别，将其测量结果转换成以数码管的形式显示测量电压值（单位：mV），测量范围0～5 000 mV。

5.2.2　相关知识

1. 标度转换

ADC0808是8位A/D转换器，其输出的数字量范围为0～255，它对应0～5 V的输入电压，为了使转换结果能以电压值的形式显示出来，需要将0～255的数据在程序中转换为0～5 V（0～5 000 mV），这种转换称为标度变换。

如测量结果为X（0～255数字量），转换后的结果为Y（0～5 000 mV），则它们之间的关系为

$$Y=\frac{5\,000X}{255}=19.6X$$

单片机中进行小数运算十分不方便，为了简化计算我们将19.6改为196，这样相当于比结果放大了10倍。所以在结果显示时需将标度转换后的十进数前移一位小数点，如不需显示则把最后一位删去，即数码管只显示前四位。得到结果的单位为“毫伏”，如结果单位为“伏”，再把小数点前移三位，第一位数码管带小数点显示，后三位数码管不带小数点显示即可。

如：测量结果$X=100$

$$Y=196X=196\times100=19\,600$$

删去最后一位$Y=1\,960$ mV $=1.96$ V。

2. 数值的运算与拆分显示

由于汇编语言对16位数据运算程序处理较为复杂，一般用C51语言处理较为方便。因测量结果X为0～255数字量，则转换后的结果Y为$0\sim196\times255=0\sim49\,980$为uint类型数据。16位数值运算与拆分C51算法程序如下：

```
#define uint unsigned int        //定义无符号整型数据类型
#define uchar unsigned char      //定义无符号字符数据类型
uchar x;                         //ADC0808 测量结果 (0～255)
uint y;                          //标度转换结果 (0～49 980)
uchar a, b, c, d, e;             //标度转换 (0～49 980) 五位拆分结果
.....
y=x*196;                         //标度转换
a=y/10000;                       //取第一位
y=y%10000;                       //去除最高位
b=y/1000;                        //取第二位
```

```
y = y% 1000;                              //去除第二位
c = y/100;                                //取第三位
y = y% 100;                               //去除第三位
c = y/10;                                 //取第四位
e = y% 10;                                //取第五位
.....
```

5.2.3 任务实施

1. 搭建仿真电路

在 Proteus 仿真软件中绘制如图 2－5－5 所示的电路图。表 2－5－6 所示为仿真电路元器件清单。

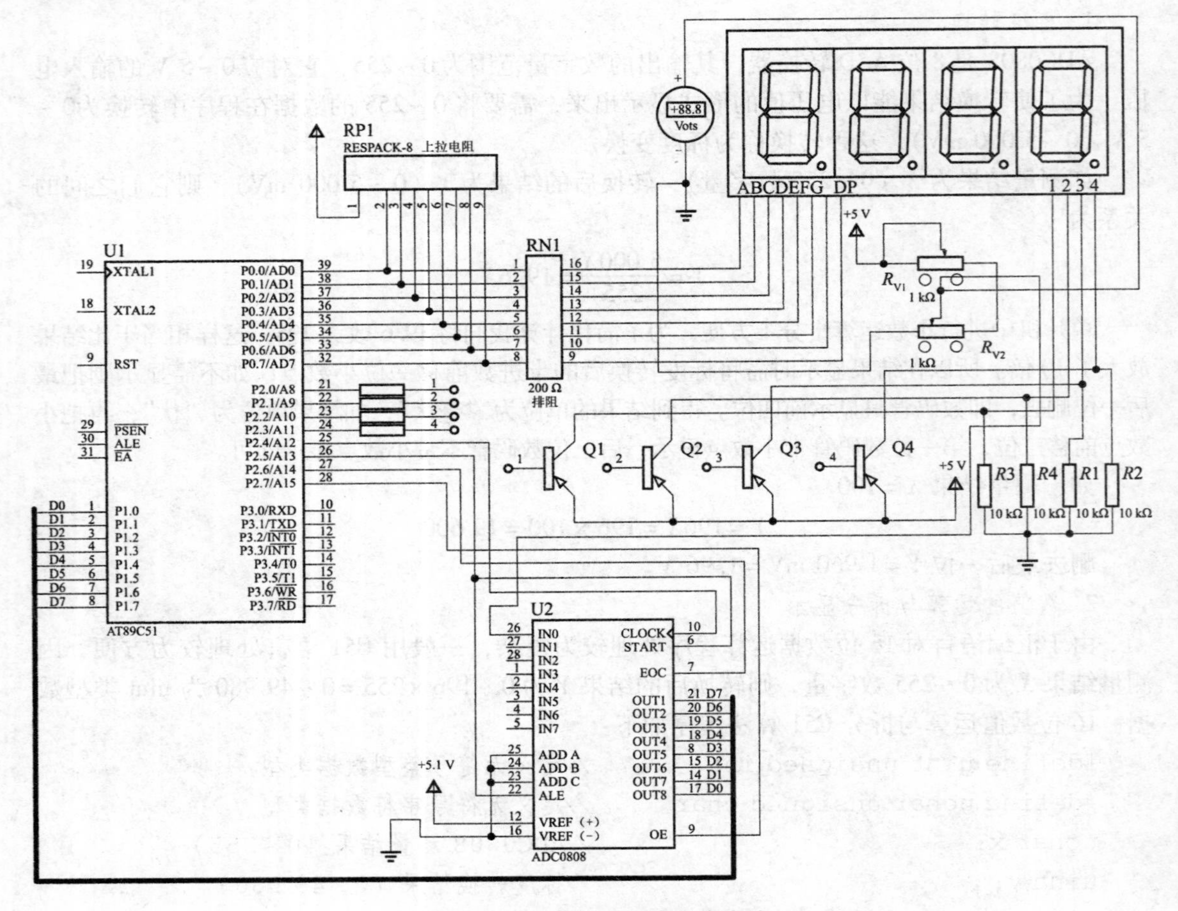

图 2－5－5 数字电压表仿真电路

表 2－5－6 仿真电路元器件清单

序号	元件名称
1	单片机 AT89C51
2	阻排 RX8

续表

序号	元件名称
3	8 位逐次逼近式 A/D 转换器 ADC0808
4	电阻 RES
5	上拉电阻排 RESPACK - 8
6	四位共阳极蓝色数码管 7SEG - MPX4 - CA - BLUE
7	电位器 POT - HG
8	三极管 2N5087

2. 任务分析和解决方案

(1) 任务分析。

程序应具备以下三个功能：

①能用单片机控制 ADC0808 进行模数转换。

②能把 ADC0808 送至单片机的数字量进行标度转换。

③能进行四位数拆分送四位数码管显示。

(2) 解决方案。

①通过单片机编程，由端口产生 ADC0808 需要的时钟脉冲。

②由单片机的相应端口来控制 ADC0808 工作。

3. C51 程序设计

C51 源程序：

```
//数字电压表
#include <reg51.h>                          //头文件
#define uint unsigned int                   //定义无符号整型数据类型
#define uchar unsigned char                 //定义无符号字符数据类型
uchar x;                                    //ADC0808 测量结果 (0 ~255)
uint y;                                     //标度转换结果 (0 ~49 980)
uchar a, b, c, d;                           //标度转换 (0 ~49 980) 前四位拆分结果
sbit clk = P2^4;                            //位定义
sbit st = P2^5;                             //位定义
sbit eoc = P2^6;                            //位定义
sbit oe = P2^7;                             //位定义
sbit P20 = P2^0;                            //位定义
sbit P21 = P2^1;                            //位定义
sbit P22 = P2^2;                            //位定义
sbit P23 = P2^3;                            //位定义
uchar code led [] =
{0xc0, 0xf9, 0xa4, 0xb0, 0x99,
 0x92, 0x82, 0xf8, 0x80, 0x90};            //在 ROM 建立数码管字形码表 (0 ~9)
void delay (void);                          //声明延时函数
```

```
/********* 主函数 ********** /
void main (void)
{
 TMOD = 0x02;                          //定时器 T0、工作方式 2、定时工作方式
 TH0 = (255 -1) /256;                  //给 T0 的 16 位寄存器的高 8 位地址存入高
                                         位初值
 TR0 =1;                               //启动定时器 T0
 ET0 =1;                               //开定时器 T0 中断
 EA =1;                                //开总中断
 while (1)                             //无限循环
 {
  st =0;                               //低电平
  st =1;                               //高电平
  st =0;                               //低电平，产生一个正脉冲，启动 AD 转换
F0 : if (eoc ==0) goto F0;             //如果 eoc 为低电平，等待
   oe =1;                              //数据输出允许信号
   x = P1;                             //读取 AD 转换结果
   oe =0;                              //不允许数据输出
   y =x *196;                          //标度转换
   a =y/10000;                         //取第一位
   y =y% 10000;                        //去除最高位
   b =y/1000;                          //取第二位
   y =y% 1000;                         //去除第二位
   c =y/100;                           //取第三位
   y =y% 100;                          //去除第三位
   d =y/100;                           //取第四位
   P0 =led [a];                        //取第一位查表得字形码送 P0
   P20 =0;                             //点亮第 1 位数码管
   delay ();                           //动态延时
   P20 =1;                             //熄灭第 1 位数码管
   P0 =led [b];                        //取第二位查表得字形码送 P
   P21 =0;                             //点亮第 2 位数码管
   delay ();                           //动态延时
   P21 =1;                             //熄灭第 2 位数码管
   P0 =led [c];                        //取第三位查表得字形码送 P0
   P22 =0;                             //点亮第 3 位数码管
   delay ();                           //动态延时
   P22 =1;                             //熄灭第 3 位数码管
   P0 =led [d];                        //取第四位查表得字形码送 P0
   P23 =0;                             //点亮第 4 位数码管
```

```
    delay ();                          //动态延时
    P23 =1;                            //熄灭第4位数码管
   }
}
/*****1 ms 延时函数 *****/
void delay (void)
{
 uint i;
 for (i =0; i <300; i ++);
}
/*********T0 中断服务函数 *****/
 void tim0 (void) interrupt 1 using 1//中断号为1，用第1组工作寄存器
 {
  clk = ~clk;                          //提供ADC0808 时钟，f =500 kHz
 }
```

在Keil软件中输入以下程序并保存在D盘“单片机应用”“任务5.2”文件夹，工程名命名为“电压测量C”，源文件命名为“电压测量.c”。

编译生成“电压测量.hex”格式文件。在仿真电路中，右键单击单片机，装载“D:\项目五\电压测量.hex”文件、运行。我们发现，改变电位器的电阻值，也就是改变了输入ADC0808的电压值，通过AD转换，单片机程序处理，使电压表的数值与数码管的显示数值一一对应。

5.2.4 再实践

【作业与练习】

用一片ADC0808和必要的外围器件与AT89C51接口，设计一个简易数字电压表，要求能对IN0输入的模拟电压进行识别，将其测量结果转换成以数码管的形式显示测量电压值(单位：V)，测量范围0~5 V，保留小数点后2位。

任务5.3 温度测量

5.3.1 任务要求

某烘干炉温度范围为0℃~200℃，要求：用铂电阻PT100测量炉温，做一个热电阻温度显示仪。

5.3.2 相关知识

温度检测是自动控制系统中经常使用的测量技术，温度的检测方法有很多种，我们在

《传感器与检测技术》学过的有：热电阻测温、热电偶测温和热敏电阻测温。本教材以热电阻及热电偶测温为例学习温度的检测方法。

1. PT100 热电阻温度传感器

热电阻温度传感器是利用金属导体的温度特性，当温度升高时金属的电阻率升高，电阻值增大。通过检测阻值就可以计算出温度值。常用的中低温测温用热电阻传感器为铂热电阻 PT100，测温范围一般为 -200℃ ~ +600 ℃。铂热电阻的测量精确度是最高的，它不仅广泛应用于工业测温，而且被制成标准的基准仪。其结构如图 2-5-6 所示。

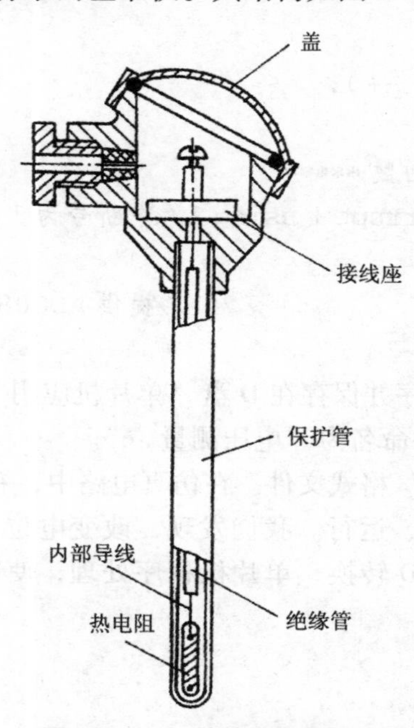

图 2-5-6 铂热电阻的结构

2. PT100 测量放大电路

(1) 热电阻电压转换电路。

热电阻电压转换电路使用单臂电桥，PT100 为电桥的一个桥臂，如图 2-5-7 所示。

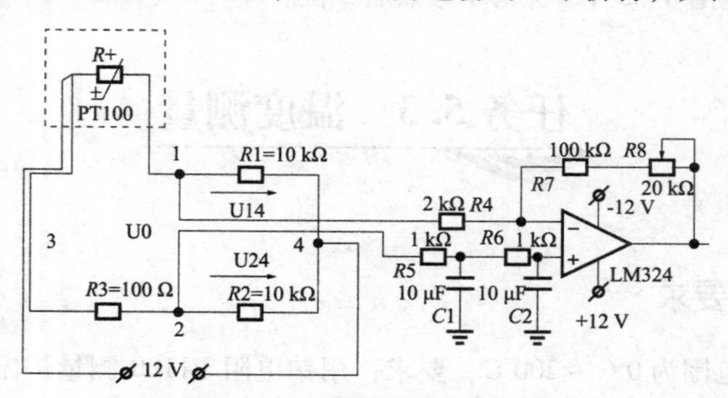

图 2-5-7 热电阻电压转换电路

根据单臂电桥原理，电桥输出电压为

$$U_0 = 12\ \text{V} \cdot \frac{R_t}{R_t + R_1} - 12\text{V} \cdot \frac{R_3}{R_3 + R_2}$$

查 PT100 热电阻分度表：

当温度 $t=0$ ℃时，$R_t=100\ \Omega$，$U_0=0$ V

当温度 $t=200$ ℃时，$R_t=175.86\ \Omega$，

$$U_0=12\ \text{V}\cdot\frac{R_t}{R_t+R_1}-12\text{V}\cdot\frac{R_3}{R_3+R_2}=12\cdot\frac{175.86}{175.86+10\ 000}-12\cdot\frac{100}{100+10\ 000}$$

$$=0.088\ 584\ \text{V}=88.584\ \text{mV}$$

（2）放大电路。

电桥输出的电压为 0 ~ 88.584 mV，为了提高灵敏度，需对电桥输出电压进行放大，图 2 - 5 - 7 所示为使用同相放大电路，此时放大器增益为

$$K=\frac{5000}{88.584}=1+\frac{(R7+R8)}{R4}$$

当取 $R4=2\ \text{k}\Omega$ 时：

$$(R7+R8)\ =\left(\frac{5\ 000}{88.584}-1\right)\times R4=110.88\ (\text{k}\Omega)$$

取 $R7=100\ \text{k}\Omega$，可调电阻 $R8=20\ \text{k}\Omega$。通过调节可调电阻，把电桥输出的电压为 0 ~ 88.584 mV 放大至 0 ~ 5 V，供 A/D 转换用。

3. 标度转换

查 PT 热电阻分度表，电阻与温度变化呈近似线性关系，则炉温→电压值→数字量也呈线性关系，设炉温为 Y，A/D 转换的数字量为 D，那么炉温—数字量标度转换公式如下：

$$Y=Y_{\max}\times\frac{D}{D_{\max}}=200\times\frac{D}{255}$$

由于汇编语言对 16 位数据运算程序处理较为复杂，一般用 C51 语言处理较为方便。因测量结果 D 为 0 ~ 255 数字量，为 unsigned char 类型数据，计算过程为：$200\times D/255=0.784\times 255=200$，由于单片机对小数点运算不方便，放大 100 倍后，运算过程为：$20\ 000DL/255=20\ 000$，为 unsigned uint 类型数据，最后把运算结果小数点前移 2 位即可。炉温标度转换运算与拆分 C51 算法程序如下：

```
#define uint unsigned int          //定义无符号整型数据类型
#define uchar unsigned char        //定义无符号字符数据类型
uchar x;                           //ADC0808 测量结果 (0 ~255)
uint y;                            //标度转换结果 (0 ~199 920)
uchar a, b, c, d;                  //标度转换 (0 ~199 920) 前 4 位拆分结果
.....
y = x * 20000L/255;                //标度转换
a = y/10000;                       //取第一位
y = y% 10000;                      //去除最高位
b = y/1000;                        //取第二位
y = y% 1000;                       //去除第二位
c = y/100;                         //取第三位
y = y% 100;                        //去除第三位
d = y/10;                          //取第四位……
```

5.3.3　任务实施

1. 搭建仿真电路

在 Proteus 仿真软件中绘制如图 2－5－8 所示的电路图。表 2－5－7 所示为仿真电路元器件清单。

表 2－5－7　仿真电路元器件清单

序号	元件名称
1	单片机 AT89C51
2	运算放大器 LM324
3	8 位逐次逼近式 A/D 转换器　ADC0808
4	电阻 RES
5	干电池
6	四位共阴极蓝色数码管 7SEG－MPX4－CC－BLUE
7	电位器 POT－HG
8	铂热电阻 RTD－PT100
9	驱动 74LS245
10	电容器 CAP

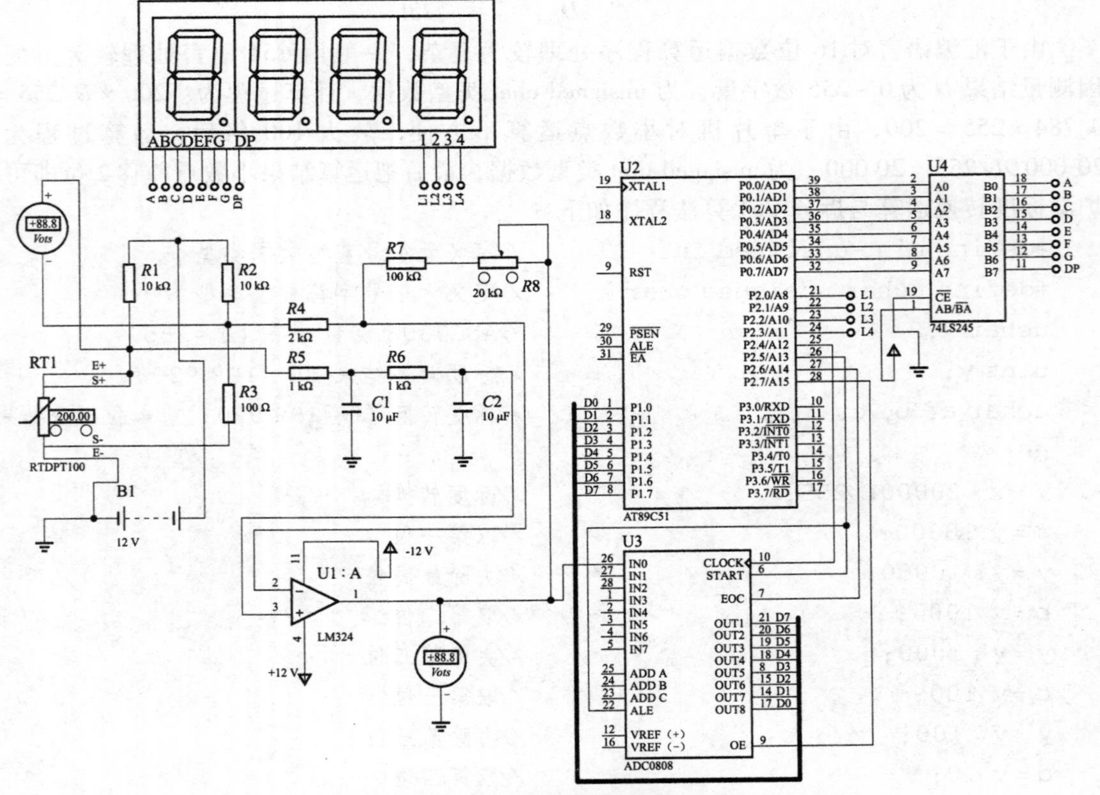

图 2－5－8　热电阻温度测量电路

2. 任务分析和解决方案

（1）任务分析。

程序应具备以下三个功能：

①能用单片机控制 ADC0808 进行模数转换。

②能把 ADC0808 送至单片机的数字量进行标度转换。

③能进行四位数拆分送四位数码管显示。

（2）解决方案。

①通过单片机编程，由端口产生 ADC0808 需要的时钟脉冲。

②由单片机的相应端口来控制 ADC0808 工作。

3. C51 程序设计

C51 源程序：

```
//热电阻测温
 #include <reg51.h>                    //头文件
 #define uint unsigned int             //定义无符号整型数据类型
 #define uchar unsigned char           //定义无符号字符数据类型
 uchar x;                              //ADC0808 测量结果 (0~255)
 uint y;                               //标度转换结果 (0~20 000)
 uchar a, b, c, d;                     //标度转换 (0~20 000) 前四位拆分结果
 sbit clk = P2^4;                      //位定义
 sbit st = P2^5;                       //位定义
 sbit eoc = P2^6;                      //位定义
 sbit oe = P2^7;                       //位定义
 sbit P20 = P2^0;                      //位定义
 sbit P21 = P2^1;                      //位定义
 sbit P22 = P2^2;                      //位定义
 sbit P23 = P2^3;                      //位定义
 uchar code TAB [] =
 {0x3f, 0x06, 0x5b, 0x4f, 0x66,
  0x6d, 0x7d, 0x07, 0x7f, 0x6f}; //字形码表 (0~9) 共阴极不带小数点
 uchar code TAC [] =
 {0xbf, 0x86, 0xdb, 0xcf, 0xe6,
  0xed, 0xfd, 0x87, 0xff, 0xef}; //字形码表 (0~9) 共阴极带小数点
 void delay (void);                    //声明延时函数
/********* 主函数 ********** /
void main (void)
{
 TMOD = 0x02;                          //定时器 T0、工作方式 2、定时工作方式
 TH0 = (255 -1) /256;                  //给 T0 的 16 位寄存器的高 8 位地址存入
                                         高位初值
 TR0 =1;                               //启动定时器 T0
```

```
  ET0 =1;                              //开定时器 T0 中断
  EA =1;                               //开总中断
  while (1)                            //无限循环
  {
   st =0;                              //低电平
   st =1;                              //高电平
   st =0;                              //低电平，产生一个正脉冲，启动 AD 转换
F0:if(eoc = =0) goto F0;               //如果 eoc 为低电平，等待
   oe =1;                              //数据输出允许信号
   x = P1;                             //读取 AD 转换结果
   oe =0;                              //不允许数据输出
   y = x * 20000L/255;                 //标度转换
   a = y/10000;                        //取第一位
   y = y% 10000;                       //去除最高位
   b = y/1000;                         //取第二位
   y = y% 1000;                        //去除第二位
   c = y/100;                          //取第三位
   y = y% 100;                         //去除第三位
   d = y/10;                           //取第四位
   P0 = TAB [a];                       //取第一位查表得字形码送 P0
   P20 =0;                             //点亮第 1 位数码管
   delay ();                           //动态延时
   P20 =1;                             //熄灭第 1 位数码管
   P0 = TAB [b];                       //取第二位查表得字形码送 P0
   P21 =0;                             //点亮第 2 位数码管
   delay ();                           //动态延时
   P21 =1;                             //熄灭第 2 位数码管
   P0 = TAC [c];                       //取第三位查表得字形码送 P0
   P22 =0;                             //点亮第 3 位数码管
   delay ();                           //动态延时
   P22 =1;                             //熄灭第 3 位数码管
   P0 = TAB [d];                       //取第四位查表得字形码送 P0
   P23 =0;                             //点亮第 4 位数码管
   delay ();                           //动态延时
   P23 =1;                             //熄灭第 4 位数码管
  }
 }
/***** 1 ms 延时函数 ***** /
void delay (void)
{
```

```
 uint i;
 for (i =0; i <300; i ++);
}
/********* T0 中断服务函数 ***** /
void tim0 (void) interrupt 1 using 1// 中断号为1，用第1组工作寄存器
{
 clk = ~clk;                           //提供ADC0808时钟，f =500 kHz
}
```

在 Keil 软件中输入以下程序并保存在 D 盘“单片机应用”“任务 5. 3”文件夹，工程名命名为“温度测量 C”，源文件命名为“温度测量 . c”。

编译生成“温度测量 . hex”格式文件。在仿真电路中，右键单击单片机，装载“D：\项目五\温度测量 . hex”文件、运行。我们发现，改变热电阻的温度值，也就是改变了输入 ADC0808 的电压值，通过 AD 转换，单片机程序处理，由于存在线性误差，数码管的显示数值与热电阻的温度值基本是对应的。

5. 3. 4 再实践

【作业与练习】

某烘干箱由电热丝加热，最高温度为 120℃，要求：用镍铬—镍硅热电偶进行温度测量，设计一个热电偶温度测量控制仪，当炉温达到并高于 102℃时电热丝断电停止加热，当温度低于 98℃时电热丝通电继续加热，用四位数码管显示，精确到小数点后一位。

第 三 篇

综合训练

项目1 可调流水灯

AT89C51 单片机 P1 端口分别接有 8 只 LED 灯，P3. 2、P3. 3 端口分别接有 2 个按钮 SB1、SB2，P0、P2 端口各接一共阳极数码管，硬件仿真电路如图 3 - 1 - 1 所示。

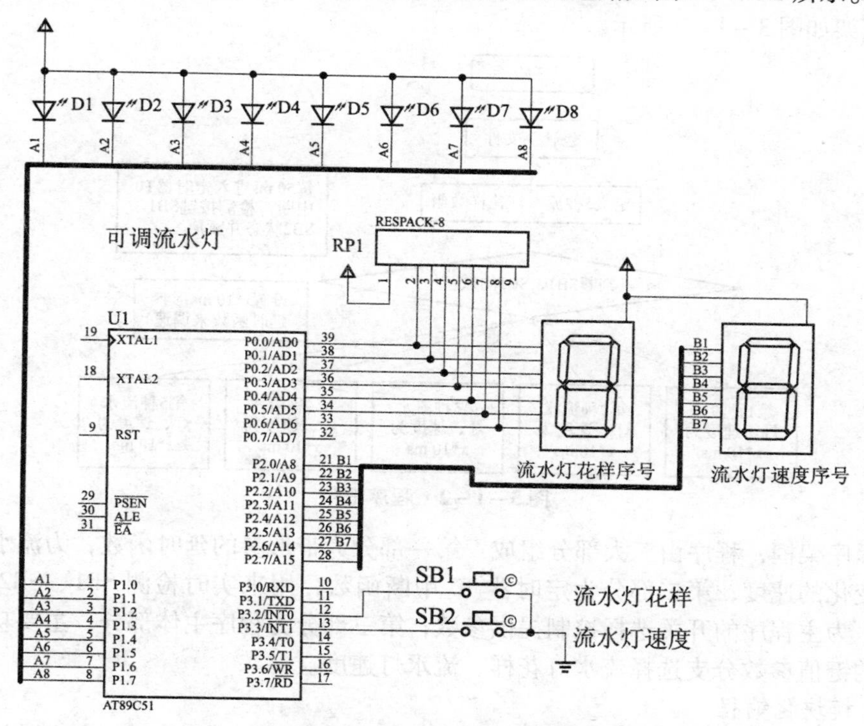

图 3 - 1 - 1　可调流水灯仿真电路

控制要求如下：

（1）每按下释放 SB1 一次，流水灯花样变动一次，共 5 个花样变化，按动 SB1 花样彩灯循环变动，P0 端口的数码管显示花样序号。

（2）每按下 SB2 一次，流水灯时间间隔变快一次，共 5 个变化，按动 SB2 花样彩灯时间间隔循环变动，P2 端口的数码管显示流水灯速度序号。

（3）按键按下时，LED 灯、数码管显示不间断，不闪烁。

训练指导

在第二篇中，把单片机在测量控制中的关键技术分解到各个项目中学习，但在实际工程应用中，往往是多项技术的综合。学生在本篇通过自主训练，学会应用前面所学项目的关键技术，以课题案例为载体进行多项技术的综合练习，达成单片机技术应用能力的目的。本训练指导，以 C51 模块化编程法引导学生掌握单片机复杂多任务的完成过程。

1. 构建硬件仿真电路

根据课题控制要求，参照图 3－1－1，在 Proteus 自主构建硬件仿真电路。

2. 程序框架

C51 模块化编程即单片机程序的模块化设计，简单地说就是程序的编写不是开始就逐条录入单片机 C51 语句，而是首先用主程序、子程序、子过程等框架把软件的主要结构和流程描述出来，并定义和调试好各个框架之间的输入、输出链接关系。逐步求精的结果是得到一系列以功能块为单位的算法描述。以功能块为单位进行程序设计，实现其求解算法的方法称为模块化。模块化的目的是为了降低程序复杂度，使程序设计、调试和维护等操作简单化。程序框架如图 3－1－2 所示。

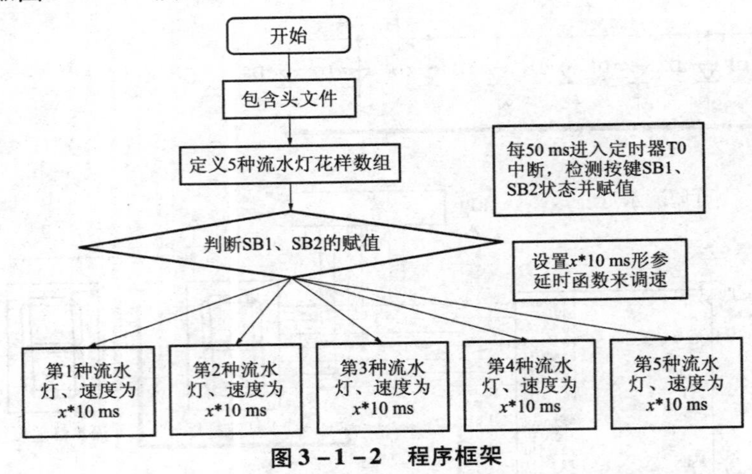

图 3－1－2　程序框架

根据程序架框，程序由三大部分组成：第一部分为带形参的延时函数，为流水灯提供实时可控制变化的速度；第二部分为定时器 T0 中断函数，用来实时检测 SB1、SB2 按键的状态并赋值，为主程序的开关选择控制提供参数；第三部分为程序主体部分，主要功能是根据实时提供的键值参数分支选择流水灯花样、流水灯速度。

3. C51 模块化编程

模块化编程是指将一个庞大的程序划分为若干个功能独立的模块，对各个模块进行独立开发，然后再将这些模块统一合并为一个完整的程序。这是 C51 语言面向过程的编程方法，可以缩短开发周期，提高程序的可读性和可维护性。

在单片机程序里，程序比较小或者功能比较简单的时候，我们不需要采用模块化编程，但是，当程序功能复杂、涉及的资源较多的时候，模块化编程就能体现它的优越性了。实际上，模块化编程就是模块合并的过程，就是建立每个模块的头文件和源文件并将其加入到主体程序的过程。主体程序调用模块的函数是通过包含模块的头文件来实现的，模块的头文件和源文件是模块密不可分的两个部分，缺一不可。所以，模块化编程必须提供每个模块的头文件和源文件。下面我们以本课题为例来学习模块化编程。

1）建立 $x*10$ ms 形参延时函数源文件和头文件

（1）建立模块的源文件。

在模块化编程里，模块的源文件是实现该模块功能的变量定义和函数定义，不能定义 main 函数。建立模块源文件方法很多，直接在主体工程里新建一个文件，把代码添加进去，保存为 .c 的文件，然后将该文件加入到主体工程；或者是在工程外建立一个记事本文件，把代码添加进去，保存为 .c 的文件，然后把文件添加到主体工程里。在这里，我们把延时代码放在一个新建的记事本文件里并保存为“delay. c”，延时模块的源文件就生成了，如图 3－1－3 所示。

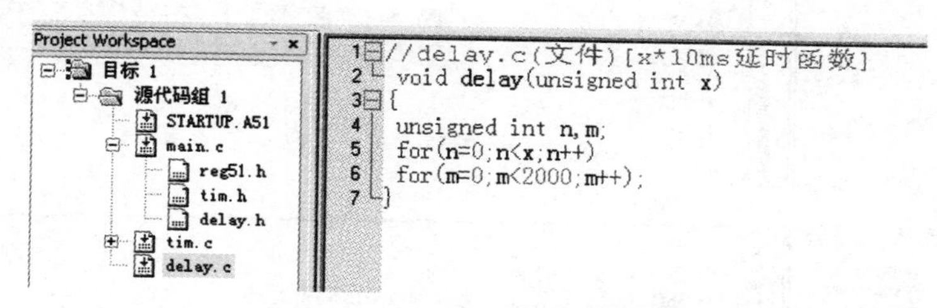

图 3－1－3　建立模块的源文件

（2）建立模块的头文件。

模块的头文件就是模块和主体程序的接口，里面是模块源文件的函数声明。建立头文件的方法也和建立源文件类似，只是在保存的时候把文件保存为 .h 的文件。在这里，我们新建一个文本文件，把延时模块的源文件里的两个函数声明放到文件里并保存为“delay. h”。延时模块的头文件也就生成了。每个模块的头文件最终都要被包含在主体程序里，而且不能重复包含，否则编译器报错，所以在每个模块的头文件里要做一些处理，以防止头文件重复包含，如图 3－1－4 所示。

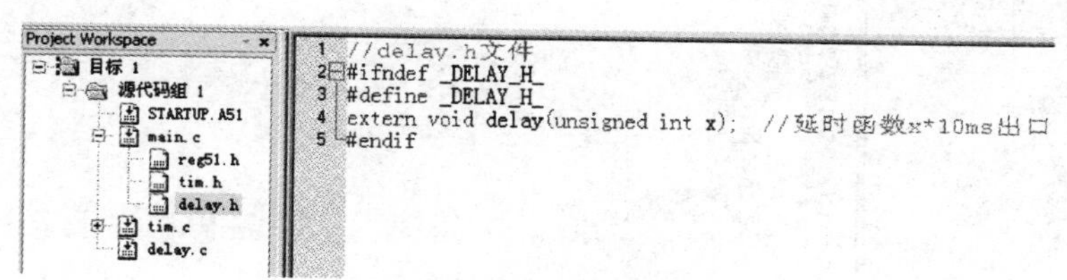

图 3－1－4　建立模块的头文件

在头文件“delay. h”里，#ifndef …#endif 为预编译指令，作用是避免重复包含。头文件的开头两句：“#ifndef _ DELAY_ H_ ”和“#define _ DELAY_ H_ ”，意思是：如果没有定义“_ DELAY_ H_ ”，就定义“_ DELAY_ H_ ”。“_ DELAY_ H_ ”是这个头文件的标识符，名字可以任意取，但通常的写法是将头文件名改成大写，把点改成下划线，首尾再加下划线组成，一看就知道是头文件的标示符。接下来就是定义头文件的内容，也就是列出函数声明，在函数声明的前面最好加上 extern 关键字，有些 C 编译器需要加上这个关键字才能通过编译，而在 Keil 软件的 C 编译器，extern 关键字加与不加都一样。头文件的最后应该是结束编译指令#endif。

2）建立定时器 T0 中断函数源文件和头文件

（1）建立模块的源文件，如图 3－1－5 所示。

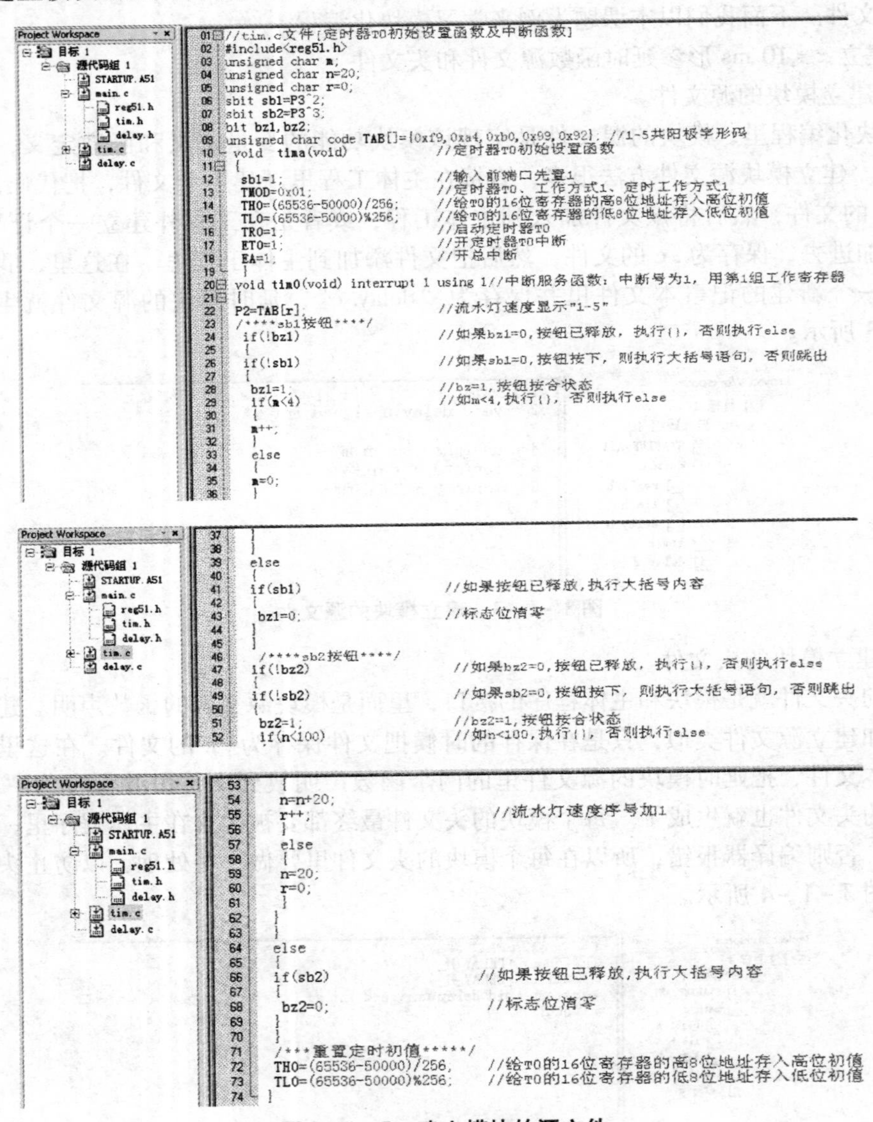

```
//tim.c文件[定时器T0初始设置函数及中断函数]
#include<reg51.h>
unsigned char m;
unsigned char n=20;
unsigned char r=0;
sbit sb1=P3^2;
sbit sb2=P3^3;
bit bz1,bz2;
unsigned char code TAB[]={0xf9,0xa4,0xb0,0x99,0x92};  //1-5共阳极字形码
 void  tima(void)                     //定时器T0初始设置函数
 {
  sb1=1;                              //输入前端口先置1
  TMOD=0x01;                          //定时器T0、工作方式1、定时工作方式1
  TH0=(65536-50000)/256;              //给T0的16位寄存器的高8位地址存入高位初值
  TL0=(65536-50000)%256;              //给T0的16位寄存器的低8位地址存入低位初值
  TR0=1;                              //启动定时器T0
  ET0=1;                              //开定时器T0中断
  EA=1;                               //开总中断
  }
 void tim0(void) interrupt 1 using 1//中断服务函数：中断号为1，用第1组工作寄存器
 {
 P2=TAB[r];                           //流水灯速度显示"1-5"
 /****sb1按钮****/
  if(!bz1)                            //如果bz1=0,按钮已释放，执行{}，否则执行else
  {
  if(!sb1)                            //如果sb1=0,按钮按下，则执行大括号语句，否则跳出
  {
   bz1=1;                             //bz=1,按钮按合状态
   if(m<4)                            //如m<4,执行{}，否则执行else
   {
   m++;
   }
   else
   {
   m=0;
   }
  }
  }
  else
  {
  if(sb1)                             //如果按钮已释放,执行大括号内容
  {
   bz1=0;                             //标志位消零
  }
  }
   /****sb2按钮****/
  if(!bz2)                            //如果bz2=0,按钮已释放，执行{}，否则执行else
  {
  if(!sb2)                            //如果sb2=0,按钮按下，则执行大括号语句，否则跳出
  {
   bz2=1;                             //bz2=1,按钮按合状态
   if(n<100)                          //如n<100,执行{}否则执行else
   {
   n=n+20;
   r++;                               //流水灯速度序号加1
   }
   else
   {
   n=20;
   r=0;
   }
  }
  }
  else
  {
  if(sb2)                             //如果按钮已释放,执行大括号内容
  {
   bz2=0;                             //标志位消零
  }
  }
  /***重置定时初值*****/
  TH0=(65536-50000)/256;      //给T0的16位寄存器的高8位地址存入高位初值
  TL0=(65536-50000)%256;      //给T0的16位寄存器的低8位地址存入低位初值
 }
```

图 3－1－5　建立模块的源文件

（2）建立模块的头文件，如图 3－1－6 所示。

```
//tim.h文件
#ifndef __TIM_H__
#define __TIM_H__
extern tima(void);              //定时器T0初始函数出口
extern unsigned char m;         //流水灯花样变化序号出口
extern unsigned char n;         //流水灯速度变化序号出口
#endif
```

图 3－1－6　建立模块的头文件

3）建立主体程序源文件并在主体程序里包含各模块的头文件

建立一个“可控流水灯”的主体工程，把上面的四个文件“delay. h”“delay. c”“tim. h”和“tim. c”分别添加到工程里。为了体现“主体”和区别于模块，把主体工程的源文件命名为“main. c”。

在包含模块头文件时，可以写成#include “delay. h” 也可以写成#i nclude < delay. h >。这里使用双引号和尖括号的区别是程序编译时编译器查找头文件的开始位置不同。用双引号括起来的头文件，编译时从工程文件夹开始查找；用尖括号括起来的头文件，编译时从编译器安装文件夹开始查找。如果头文件放在工程文件夹里，我们通常写成双引号的形式；如果头文件在编译器安装文件夹里，我们通常写成尖括号的形式。这就能保证编译速度，如图 3 - 1 - 7 所示。

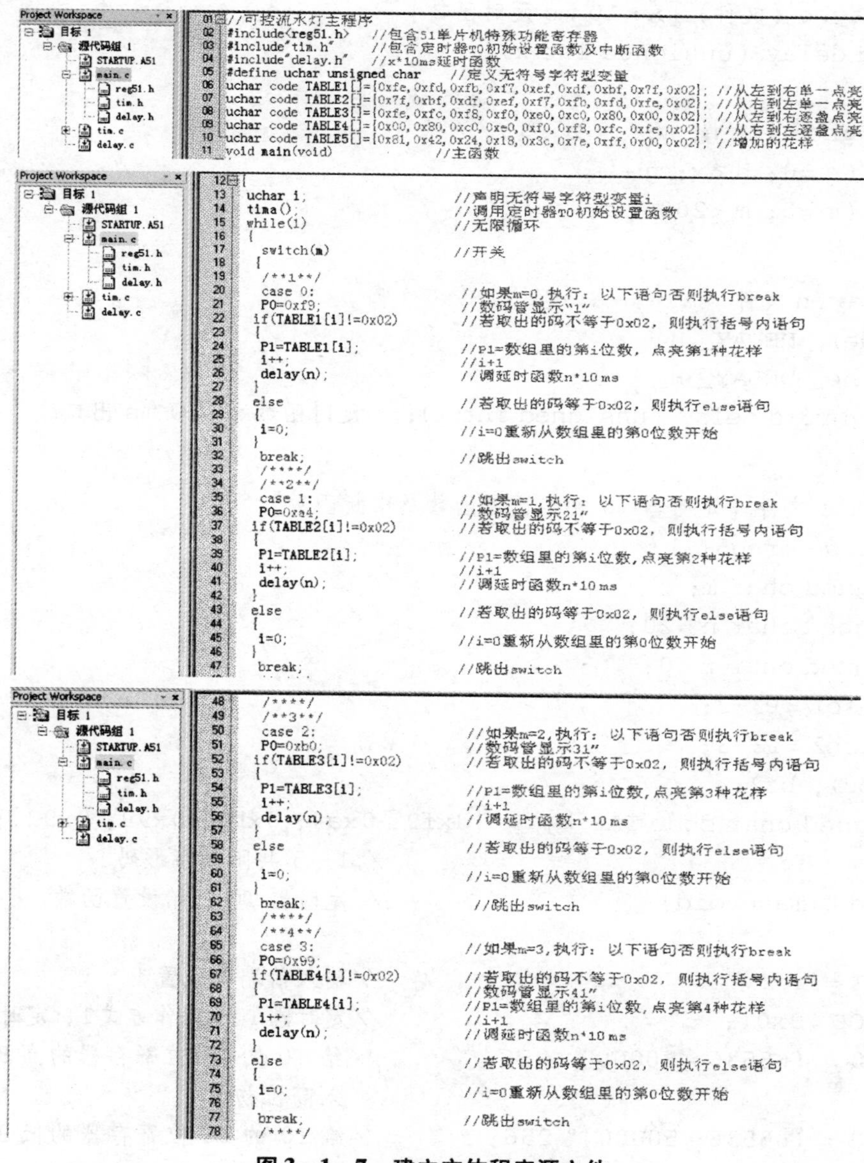


```c
01 //可控流水灯主程序
02 #include<reg51.h>     //包含51单片机特殊功能寄存器
03 #include"tim.h"       //包含定时器T0初始设置函数及中断函数
04 #include"delay.h"     //x*10ms延时函数
05 #define uchar unsigned char     //定义无符号字符型变量
06 uchar code TABLE1[]={0xfe,0xfd,0xfb,0xf7,0xef,0xdf,0xbf,0x7f,0x02}; //从左到右单一点亮
07 uchar code TABLE2[]={0x7f,0xbf,0xdf,0xef,0xf7,0xfb,0xfd,0xfe,0x02}; //从右到左单一点亮
08 uchar code TABLE3[]={0xfe,0xfc,0xf8,0xf0,0xe0,0xc0,0x80,0x00,0x02}; //从左到右逐盏点亮
09 uchar code TABLE4[]={0x00,0x80,0xc0,0xe0,0xf0,0xf8,0xfc,0xfe,0x02}; //从右到左逐盏点亮
10 uchar code TABLE5[]={0x81,0x42,0x24,0x18,0x3c,0x7e,0xff,0x00,0x02}; //增加的花样
11 void main(void)              //主函数
12 {
13   uchar i;                   //声明无符号字符型变量i
14   tima();                    //调用定时器T0初始设置函数
15   while(1)                   //无限循环
16   {
17     switch(m)                //开关
18     {
19      /**1**/
20      case 0:                 //如果m=0,执行：以下语句否则执行break
21      P0=0xf9;                //数码管显示"1"
22     if(TABLE1[i]!=0x02)      //若取出的码不等于0x02，则执行括号内语句
23     {
24      P1=TABLE1[i];           //P1=数组里的第i位数，点亮第1种花样
25      i++;                    //i+1
26      delay(n);               //调延时函数n*10 ms
27     }
28     else                     //若取出的码等于0x02，则执行else语句
29     {
30      i=0;                    //i=0重新从数组里的第0位数开始
31     }
32     break;                   //跳出switch
33      /****/
34      /**2**/
35      case 1:                 //如果m=1,执行：以下语句否则执行break
36      P0=0xa4;                //数码管显示2"
37     if(TABLE2[i]!=0x02)      //若取出的码不等于0x02，则执行括号内语句
38     {
39      P1=TABLE2[i];           //P1=数组里的第i位数,点亮第2种花样
40      i++;                    //i+1
41      delay(n);               //调延时函数n*10 ms
42     }
43     else                     //若取出的码等于0x02，则执行else语句
44     {
45      i=0;                    //i=0重新从数组里的第0位数开始
46     }
47     break;                   //跳出switch
48      /****/
49      /**3**/
50      case 2:                 //如果m=2,执行：以下语句否则执行break
51      P0=0xb0;                //数码管显示3"
52     if(TABLE3[i]!=0x02)      //若取出的码不等于0x02，则执行括号内语句
53     {
54      P1=TABLE3[i];           //P1=数组里的第i位数,点亮第3种花样
55      i++;                    //i+1
56      delay(n);               //调延时函数n*10 ms
57     }
58     else                     //若取出的码等于0x02，则执行else语句
59     {
60      i=0;                    //i=0重新从数组里的第0位数开始
61     }
62     break;                   //跳出switch
63      /****/
64      /**4**/
65      case 3:                 //如果m=3,执行：以下语句否则执行break
66      P0=0x99;
67     if(TABLE4[i]!=0x02)      //若取出的码不等于0x02，则执行括号内语句
68     {                        //数码管显示4"
69      P1=TABLE4[i];           //P1=数组里的第i位数,点亮第4种花样
70      i++;                    //i+1
71      delay(n);               //调延时函数n*10 ms
72     }
73     else                     //若取出的码等于0x02，则执行else语句
74     {
75      i=0;                    //i=0重新从数组里的第0位数开始
76     }
77     break;                   //跳出switch
78      /****/
```

图 3 - 1 - 7　建立主体程序源文件

```
Project Workspace
目标 1
  源代码组 1
    STARTUP.A51
    main.c
      reg51.h
      tim.h
      delay.h
    tim.c
    delay.c
```

```
079    /**5**/
080    case 4:                     //如果m=4,执行：以下语句否则执行breek
081    P0=0x92;                    //数码管显示51"
082   if(TABLE5[i]!=0x02)          //若取出的码不等于0x02，则执行括号内语句
083   {
084    P1=TABLE5[i];               //P1=数组里的第i位数,点亮第5种花样
085    i++;                        //i+1
086    delay(n);                   //调延时函数n*10 ms
087   }
088   else                         //若取出的码等于0x02，则执行else语句
089   {
090    i=0;                        //i=0重新从数组里的第0位数开始
091   }
092    break;                      //跳出switch
093    /****/
094   }
095  }
096 }
```

图 3－1－7　建立主体程序源文件（续）

```
//delay.c (文件) [x*10 ms 延时函数]
 void delay (unsigned int x)
{
 unsigned int n, m;
 for (n=0; n<x; n++)
 for (m=0; m<2000; m++);
}

//delay.h 文件
#ifndef_ DELAY_ H_
#define_ DELAY_ H_
extern void delay (unsigned int x); //延时函数 x*10 ms 出口
#endif

//tim.c 文件 [定时器 T0 初始设置函数及中断函数]
#include <reg51.h>
unsigned char m;
unsigned char n=20;
unsigned char r=0;
sbit sb1=P3^2;
sbit sb2=P3^3;
bit bz1, bz2;
unsigned char code TAB [] = {0xf9, 0xa4, 0xb0, 0x99, 0x92};
                                         //1~5 共阳极字形码
 void tima (void)                        //定时器 T0 初始设置函数
 {
  sb1=1;                                 //输入前端口先置1
  TMOD=0x01;                             //定时器 T0、工作方式1、定时工作方式1
  TH0= (65536-50000) /256;               //给 T0 的 16 位寄存器的高 8 位地址存
                                           入高位初值
  TL0= (65536-50000)%256;                //给 T0 的 16 位寄存器的低 8 位地址存
                                           入低位初值
```

```
  TR0 =1;                                //启动定时器 T0
  ET0 =1;                                //开定时器 T0 中断
  EA =1;                                 //开总中断
  }
 void tim0 (void) interrupt 1 using 1    //中断服务函数：中断号为1，用第1组
                                           工作寄存器
{
P2 =TAB [r];                             //流水灯速度显示“1~5”
/**** sb1 按钮 **** /
 if (! bz1)                              //如果bz1 =0，按钮已释放，执行{}，
                                           否则执行else
 {
 if (! sb1)                              //如果sb1 =0，按钮按下，则执行大括
                                           号语句，否则跳出
 {
  bz1 =1;                                //bz =1，按钮按合状态
  if (m<4)                               //如m<4，执行{}，否则执行else
  {
  m++;
  }
  else
  {
  m =0;
  }
 }
 }
 else
 {
 if (sb1)                                //如果按钮已释放，执行大括号内容
 {
  bz1 =0;                                //标志位清零
 }
 }
/**** sb2 按钮 **** /
if (! bz2)                               //如果bz2 =0，按钮已释放，执行{}，
                                           否则执行else
{
if (! sb2)                               //如果sb2 =0，按钮按下，则执行大括
                                           号语句，否则跳出
{
```

```
 bz2 =1;                         //bz2 =1，按钮按合状态
 if (n<100)                      //如n<100，执行{}，否则执行else
 {
 n=n+20;
 r++;                            //流水灯速度序号加1
 }
 else
 {
 n=20;
 r=0;
 }
}
}
else
{
if (sb2)                         //如果按钮已释放，执行大括号内容
{
 bz2 =0;                         //标志位清零
}
}
/* * * 重置定时初值 * * * * * /
TH0 = (65536 -50000) /256;       //给T0的16位寄存器的高8位地址存
                                   入高位初值
TL0 = (65536 -50000)% 256;       //给T0的16位寄存器的低8位地址存
                                   入低位初值
}
//tim.h文件
#ifndef_ TIM_ H_
#define_ TIM_ H_
extern tima (void);              //定时器T0初始函数出口
extern unsigned char m;          //流水灯花样变化序号出口
extern unsigned char n;          //流水灯速度变化序号出口
#endif
//可控流水灯主程序
#include <reg51.h>               //包含51单片机特殊功能寄存器
#include" tim.h"                 //包含定时器T0初始设置函数及中断
                                   函数
#include" delay.h"               //x*10 ms延时函数
#define uchar unsigned char      //定义无符号字符型变量
```

```
    uchar code TABLE1 [ ] = {0xfe, 0xfd, 0xfb, 0xf7, 0xef, 0xdf, 0xbf,
0x7f, 0x02};                                //从左到右单一点亮
    uchar code TABLE2 [ ] = {0x7f, 0xbf, 0xdf, 0xef, 0xf7, 0xfb, 0xfd,
0xfe, 0x02};                                //从右到左单一点亮
    uchar code TABLE3 [ ] = {0xfe, 0xfc, 0xf8, 0xf0, 0xe0, 0xc0, 0x80,
0x00, 0x02};                                //从左到右逐只点亮
    uchar code TABLE4 [ ] = {0x00, 0x80, 0xc0, 0xe0, 0xf0, 0xf8, 0xfc,
0xfe, 0x02};                                //从右到左逐只点亮
    uchar code TABLE5 [ ] = {0x81, 0x42, 0x24, 0x18, 0x3c, 0x7e, 0xff,
0x00, 0x02};                                //增加的花样
    void main (void)                        //主函数
    {
     uchar i;                               //声明无符号字符型变量 i
     tima ();                               //调用定时器 T0 初始设置函数
     while (1)                              //无限循环
     {
      switch (m)                            //开关
      {
      /* *1* * /
      case 0:                               //如果 m=0, 执行: 以下语句否则执
                                              行 break
      P0 =0xf9;                             //数码管显示“1”
     if (TABLE1 [i]! =0x02)                 //若取出的码不等于 0x02, 则执行括号
                                              内语句
     {
      P1 =TABLE1 [i];                       //P1 =数组里的第 i 位数, 点亮第 1 种
                                              花样
      i ++;                                 //i +1
      delay (n);                            //调延时函数 n*10 ms
     }
     else                                   //若取出的码等于 0x02, 则执行 else
                                              语句
     {
      i =0;                                 //i =0 重新从数组里的第 0 位数开始
     }
      break;                                //跳出 switch
      /* * * * /
      /* *2* * /
      case 1:                               //如果 m=1, 执行: 以下语句否则执
                                              行 break
```

```
     P0 =0xa4;                          //数码管显示"21"
    if (TABLE2 [i]! =0x02)              //若取出的码不等于0x02,则执行括号
                                          内语句
    {
     P1 =TABLE2 [i];                    //P1 =数组里的第 i 位数,点亮第 2 种
                                          花样
     i ++;                              //i +1
     delay (n);                         //调延时函数 n*10 ms
    }
    else                                //若取出的码等于0x02,则执行 else
                                          语句
    {
     i =0;                              //i =0 重新从数组里的第 0 位数开始
    }
     break;                             //跳出 switch
     /* * * * /
     /* *3 * * /
     case 2:                            //如果 m =2,执行:以下语句否则执
                                          行 break
     P0 =0xb0;                          //数码管显示"31"
    if (TABLE3 [i]! =0x02)              //若取出的码不等于0x02,则执行括号
                                          内语句
    {
     P1 =TABLE3 [i];                    //P1 =数组里的第 i 位数,点亮第 3 种
                                          花样
     i ++;                              //i +1
     delay (n);                         //调延时函数 n*10 ms
    }
    else                                //若取出的码等于0x02,则执行 else
                                          语句
    {
     i =0;                              //i =0 重新从数组里的第 0 位数开始
    }
     break;                             //跳出 switch
     /* * * * /
     /* *4 * * /
     case 3:                            //如果 m =3,执行:以下语句否则执
                                          行 break
     P0 =0x99;
    if (TABLE4 [i]! =0x02)              //若取出的码不等于0x02,则执行括号
```

```
                                        内语句
    {                                   //数码管显示“41”
     P1 =TABLE4 [i];                    //P1 =数组里的第 i 位数,点亮第 4 种花样
     i ++;                              //i +1
     delay (n);                         //调延时函数 n*10 ms
    }
    else                                //若取出的码等于0x02,则执行else语句
    {
     i =0;                              //i =0 重新从数组里的第 0 位数开始
    }
     break;                             //跳出 switch
     /* * * * /
     /* *5 * * /
     case 4:                            //如果 m = 4,执行:以下语句否则执
                                        行 break
     P0 =0x92;                          //数码管显示“51”
    if (TABLE5 [i]! =0x02)              //若取出的码不等于 0x02,则执行括号
                                        内语句
    {
     P1 =TABLE5 [i];                    //P1 =数组里的第 i 位数,点亮第 5 种
                                        花样
     i ++;                              //i +1
     delay (n);                         //调延时函数 n*10ms
    }
    else                                //若取出的码等于 0x02,则执行 else
                                        语句
    {
     i =0;                              //i =0 重新从数组里的第 0 位数开始
    }
     break;                             //跳出 switch
     /* * * * /
    }
   }
  }
```

AT89C51 单片机 P1 端口接分别接有 8 路 LED 灯，P3. 2、P3. 3、P3. 4、P3. 5 端口分别接有 4 个按钮 SB1、SB2、SB3、SB4，P0、P2 端口接一二位共阴极数码管，硬件仿真电路如图3 –2 –1 所示。

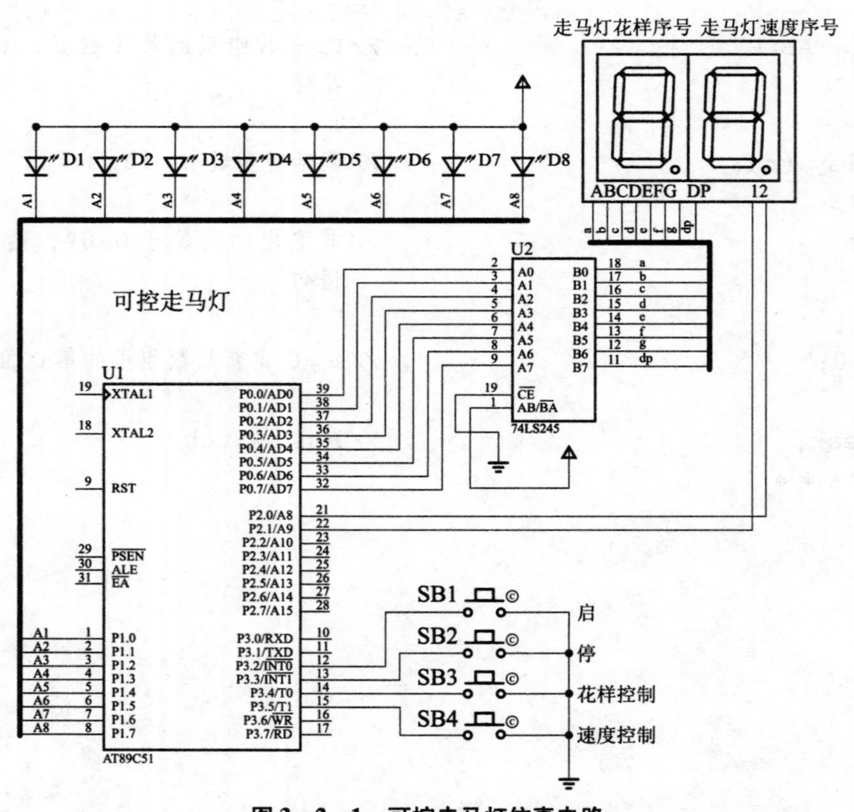

图 3 –2 –1　可控走马灯仿真电路

控制要求如下：

（1）可通过 SB1、SB2 控制走马灯启动和停止。

（2）设计 8 种走马灯变换花样，按下 SB3 一次，走马灯花样变动一次，按动 SB3 走马灯花样循环变动。P0 端口的数码管显示花样序号。

（3）设计 3 挡走马灯花样变化速度，按下 SB4 一次，走马灯时间间隔循环变动。

（4）用两位数码管分别显示花样序号和速度序号。

（5）按键按下时，LED 灯、数码管显示不间断，不闪烁。

项目 3

可调电子钟

AT89C51 单片机 8 位 8 段共阴极 LED 数码管与单片机动态显示接口，P1.0、P1.1、P1.2、P1.3 端口分别接 SB1、SB2、SB3、SB4，其仿真电路如图 3-3-1 所示。

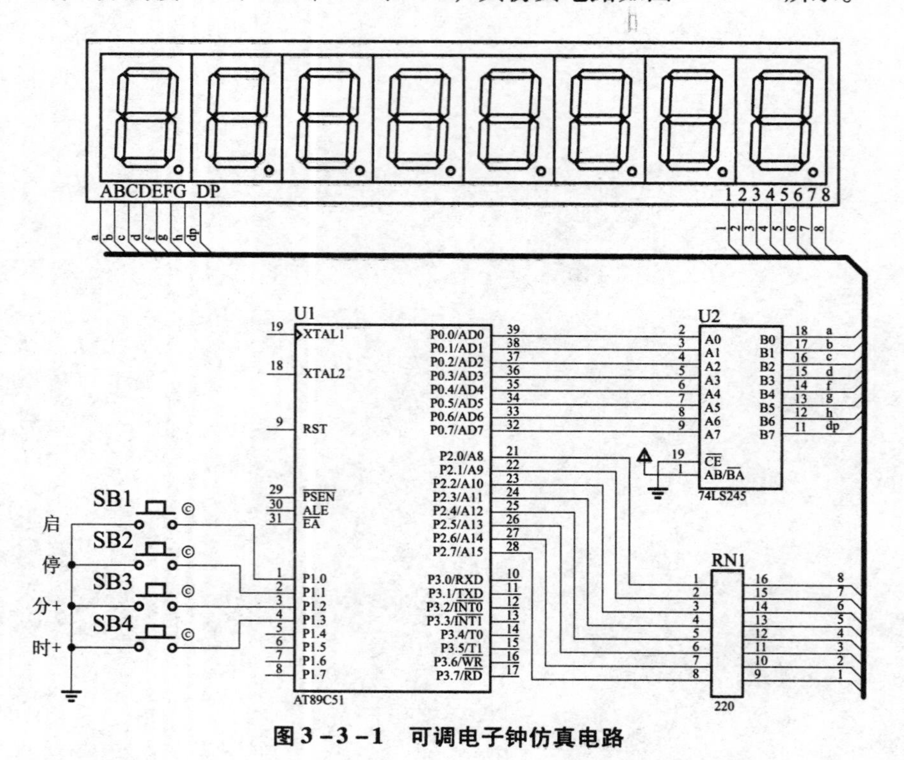

图 3-3-1　可调电子钟仿真电路

控制要求如下：

（1）按下 SB1 电子启动，8 位数码管 1、2 位显示“小时”，4、5 位显示“分钟”，7、8 位显示“秒”，3、6 位一直显示“-”。

（2）按下 SB2 电子钟暂停计时。

（3）按下 SB3 一次，“分钟”加一调整，“0～59”循环。

（4）按下 SB4 一次，“时”加一调整，“0～23”循环。

（5）按键按下时，数码管动态显示不间断，不闪烁。

单片机 2 位 8 段 LED 显示器与单片机连接如图 3－4－1 所示，试实现 0～99 s 时钟，并可通过键盘实现预置定时闹钟，定时时间到点亮 P1 端口 LED 灯。

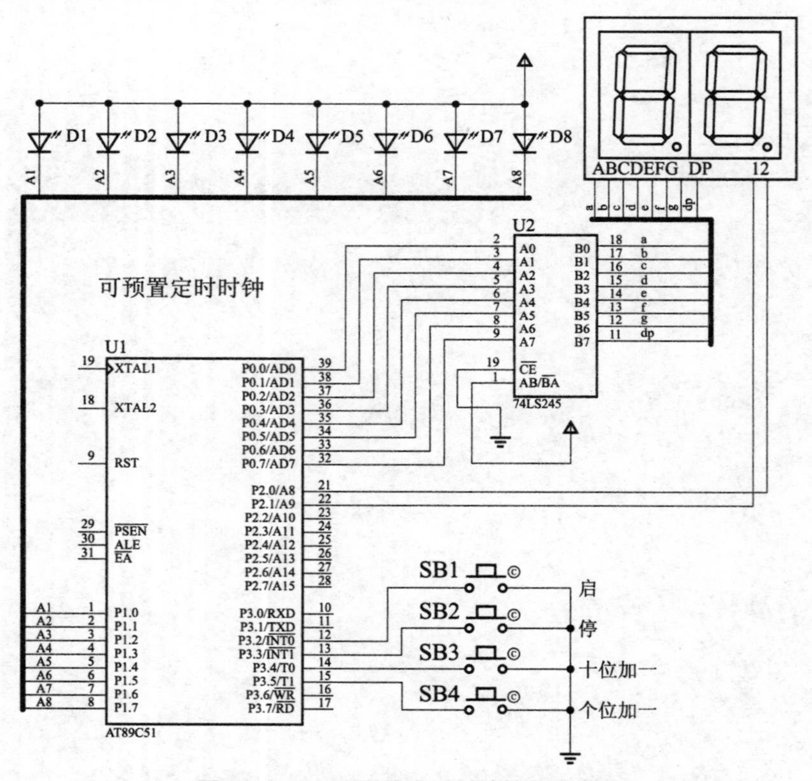

图 3－4－1　可预置定时时钟的仿真电路

控制要求如下：

（1）单片机上电或复位后，两位数码管显示“00”。

（2）按钮 SB1 控制定时器启动，按钮 SB2 控制时钟运行时暂停，定时时间到时钟清零。

（3）可用键盘按钮 SB3、SB4 手动预置 0 ~ 99 s 定时值。其中：

SB3 为预置十位加 1，每按一次，数码管的十位加 1，从 0 ~ 9 循环变化；

SB4 为预置个位加 1，每按一次，数码管的个位加 1，从 0 ~ 9 循环变化。

（4）当预置好定时时间后，按下 SB1 定时时钟开始运行，按下 SB2 时钟停止运行。

（5）在时钟运行过程中，如要更改定时时间，按下 SB2 时钟暂停，显示预置定时时间，按动 SB3、SB4 重新设置定时值，按下 SB1 定时时钟继续运行。

（6）定时时间到，P1 端口 8 只 LED 灯按 0.5 s 时间间隔闪烁，提示定时时间到，二位数码管显示定时到了的时间。

（7）按键按下时，数码管显示不间断，不闪烁。

项目5

可预置倒计时

单片机2位8段LED显示器与单片机连接如图3－5－1所示，试实现0～99 s倒计时，并可通过键盘实现预置倒计时时间，倒计时时间到点亮P1端口LED灯。

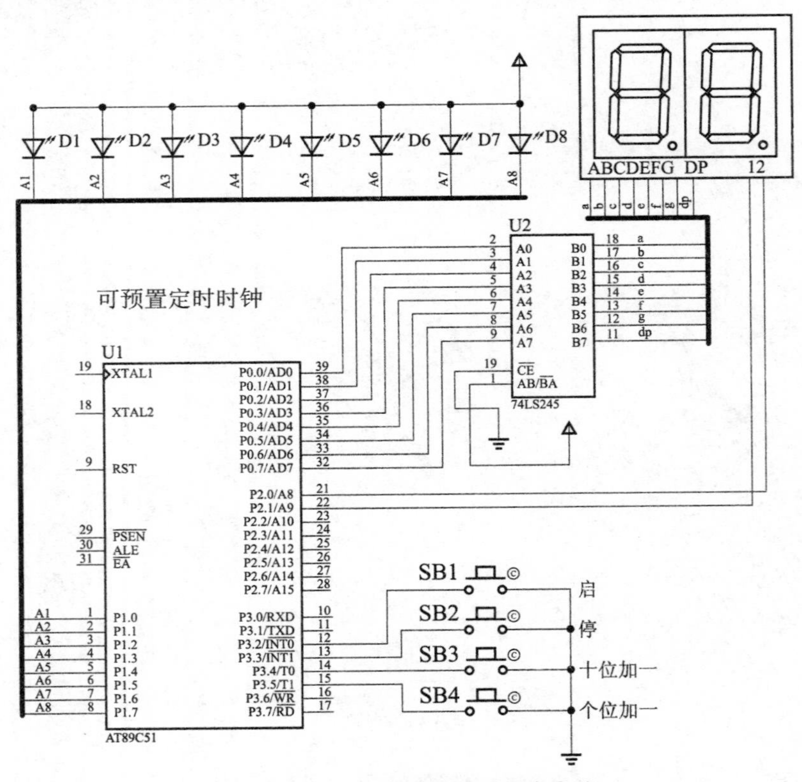

图3－5－1　可预置倒计时仿真电路

控制要求如下：

（1）单片机上电或复位后，2位数码管显示“00”。

（2）可用键盘按钮 SB3、SB4 手动预置 0 ~ 99 s 倒计时值。其中：

SB3 为预置高位加 1，每按一次，数码管的十位加 1，从 0 ~ 9 循环变化；

SB4 为预置低位加 1，每按一次，数码管的个位加 1，从 0 ~ 9 循环变化。

（3）可用键盘按钮 SB1、SB2 手动运行和停止。当预置好倒计时时间后，按下 SB1 为倒计时开始运行，按下 SB2 为倒计时停止运行。

（4）在倒计时过程中，可随时按动 SB3、SB4 改变倒计时时间。

（5）定时时间到，P1 端口 8 路 LED 灯按 0.5 s 时间间隔闪烁，提示定时时间到，二位数码管显示定时到了的时间。

（6）按键按下时，数码管显示不间断、不闪烁。

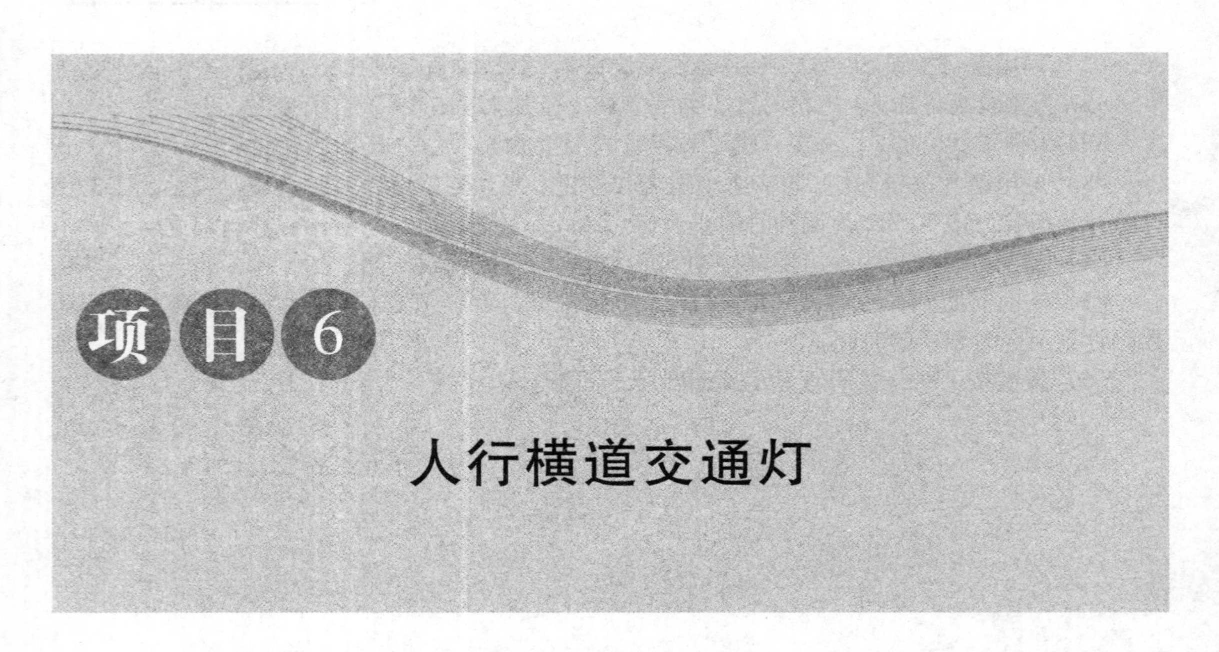

项目 6

人行横道交通灯

近年来，随着交通流量的日益增大，为了缓和行人过马路时车辆与行人争抢道路这一矛盾，在一些行人过马路比较集中的路段如学校、商场等门口的人行横道上加装了人行横道信号灯，如图 3-6-1 所示。

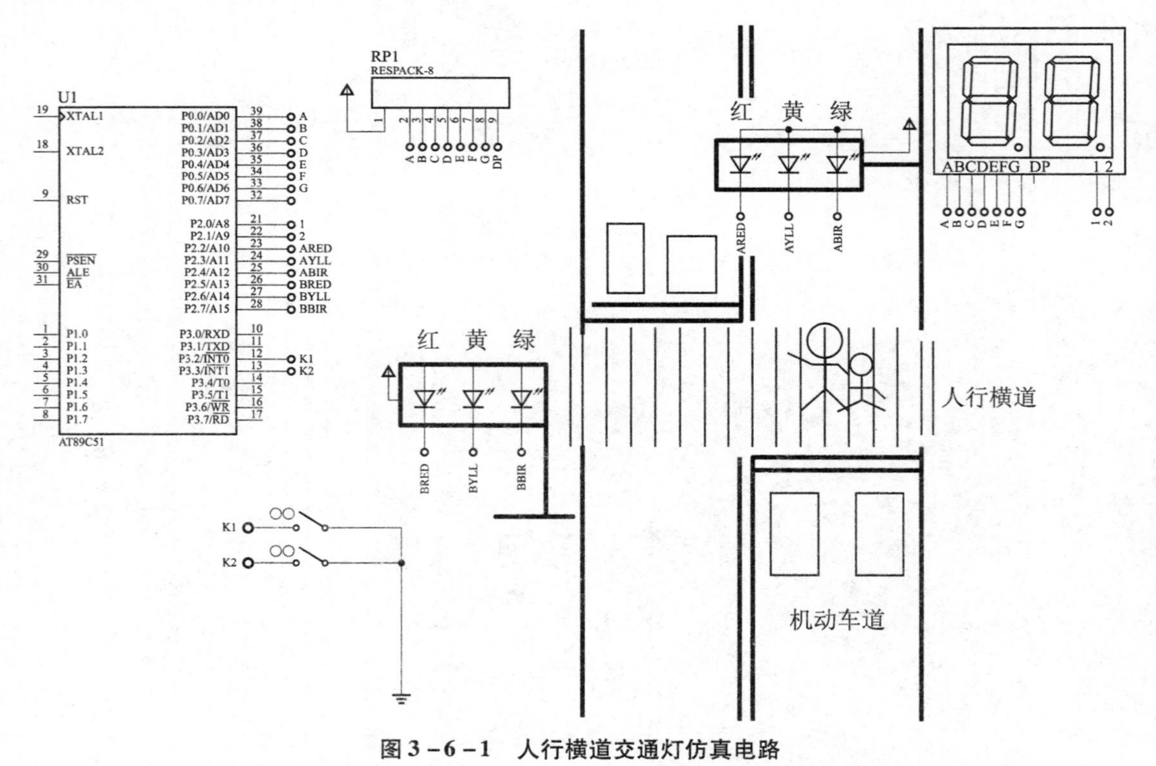

图 3-6-1 人行横道交通灯仿真电路

硬件电路及控制过程。

(1) 单片机系统上电后，机动车道和人行横道信号灯按如下控制点亮：

①机动车道信号灯。

红灯灭、绿灯亮 17 s→绿灯闪烁 2 s→绿灯灭、黄灯亮 1 s→红灯亮 12 s。

②人行横道信号灯及二位数码管。

绿灯灭、红灯亮 22 s、数码管显示“00”→红灯灭、绿灯亮 10 s、黄灯 1 s 闪烁，数码管显示“10”并倒计时至“00”，当倒计时至“03”时，黄灯 0.5 s 闪烁，提示行人尽快通过。

人行横道交通灯循环时序图如图 3－6－2 所示。

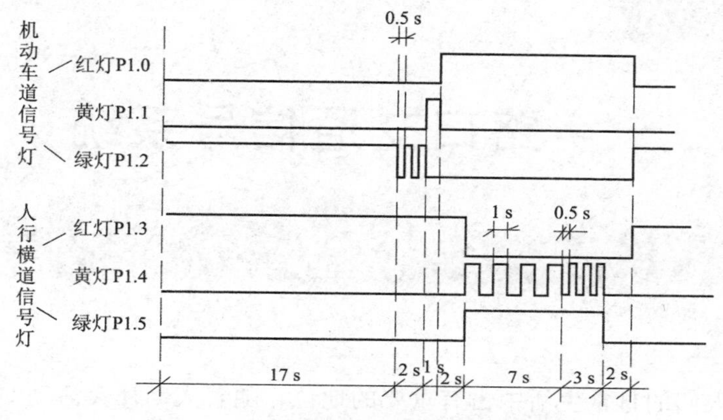

图 3－6－2　人行横道交通灯循环时序图

（2）在闲时，当合上开关 K1，机动车道和人行横道只有黄色信号灯都按 0.5 s 闪烁，数码显示屏无显示。提醒机动车及行人，注意观望，确认安全时通过。

（3）在特殊情况，合上开关 K2，机动车道绿色信号灯亮，人行横道红色信号灯亮，只允许机动车通行，断开 K2 后，马上恢复上述（1）或（2）的当前状态。

项目7

十字路口交通信号系统

1. 项目概况

交通安全在人们的日常生活中占有重要的地位，随着人们社会活动的日益频繁，汽车拥有量的增加，城市交通给我们的出行带来越来越大的压力。十字路口信号灯的出现，使交通得以有效管制，对于疏导交通流量、提高道路通行能力，减少交通事故有明显效果。

本系统采用单片机 AT89C51 为核心器件来设计开发交通灯控制器，设计开发十字路口交通信号系统，使系统实用性更强、操作更为简单。

2. 系统功能

（1）信号灯及倒计时。

具有十字路口机动车及人行横道行人通行信号，并设十字路口红绿灯信号数码管显示屏倒计时提示，红黄绿信号灯及数码管按如图 3－7－1 所示的时序亮灭及循环。

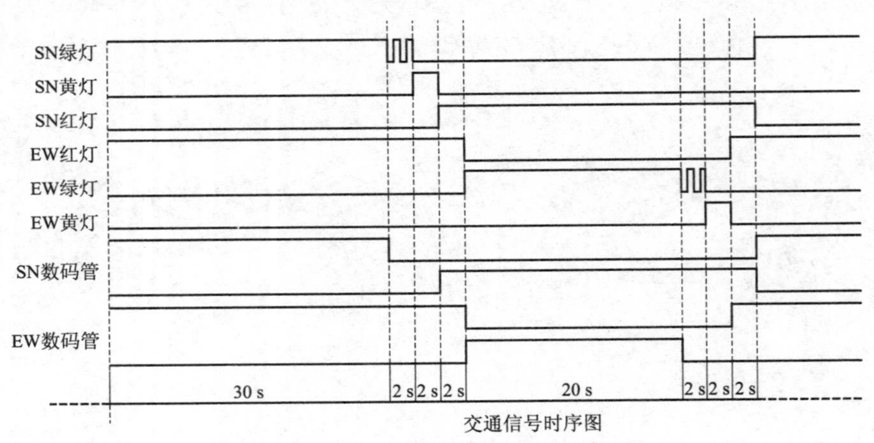

图 3－7－1　十字路口交通信号时序

（2）控制功能。

①系统上电，指示灯 HL 亮；

②按钮控制功能，如表 3－7－1 所示。

表 3－7－1　按钮控制功能

按钮	指示灯	功能
SB1	HL1	时间：6～24 点，正常交通状况。 按正常亮灯时序工作，南北、东西数码管显示屏红绿灯倒计时提示
SB2	HL2	时间：0～6 点，十字路口黄灯闪烁提示，过往车辆和行人在确保安全下通行。南北—东西黄灯按 1 s 闪烁，数码管不显示
SB3	HL3	按下 SB3，南北强行。 南北绿灯、东西红灯一直亮，数码管不显示。 再按下 SB3，取消南北强行，恢复正常亮灯时序
SB4	HL4	按下 SB4，东西强行。 东西绿灯、南北红灯一直亮，数码管不显示。 再按下 SB4，取消东西强行，恢复正常亮灯时序

3. 系统仿真电路

十字路口交通信号系统仿真电路如图 3－7－2 所示。

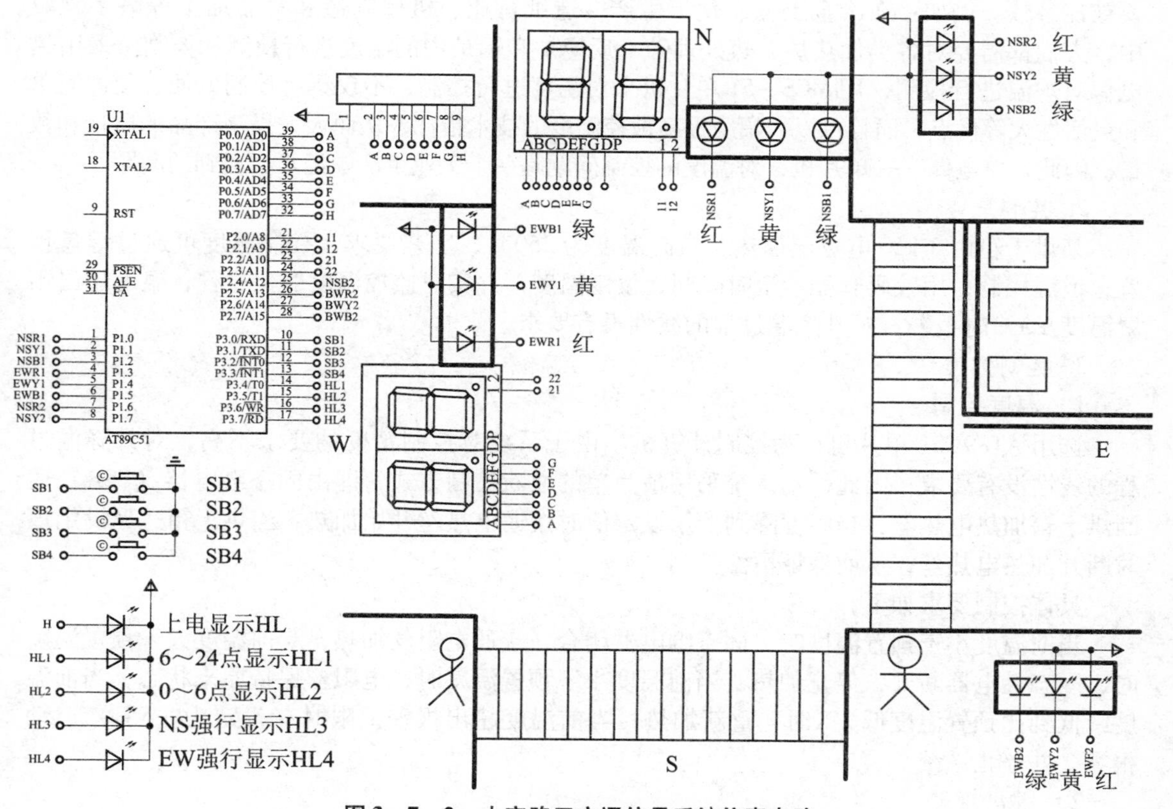

图 3－7－2　十字路口交通信号系统仿真电路

1. 引言

在现代化的工业生产中，电流、电压、温度、压力、流量、流速和开关量都是常用的主要被控参数。例如：在冶金工业、化工生产、造纸行业、机械制造和食品加工等诸多领域中，人们都需要对各类加热炉、热处理炉、反应炉和锅炉中的温度进行检测和控制。采用热电偶对炉温进行检测，用 MCS－51 单片机来对温度进行控制，不仅具有控制方便、硬件简单和灵活性大等优点，而且可以大幅度提高被控温度的技术指标，从而大大提高产品的质量和数量。因此，热电偶——单片机，对温度的控制问题是一个工业生产中经常会遇到的问题。

2. 控制任务

某烘干箱由 3 kW 电热丝加热，最高温度为 250℃，工艺要求：控制温度可通过键盘预置；恒温控制；用数码管显示定时时间、设定温度，并实时监控温度变化过程；温度超出预置温度 ±5℃时报警；对升降温过程的线性没有要求。

3. 控制方案

1）温度控制

选用 AT89C51 单片机作为控制计算机，由于系统对控制精度的要求不高，对升降温过程的线性没有要求，因此，本系统采用最简单的通断控制方式，即由固态继电器（SSR）通断烘干箱加热电热丝，当温度降到低于设定值时接通电热丝开始加热，当烘干箱达到设定值时断开加热电热丝，从而保证恒温控制。

具体控制要求如下：

当前温度小于预置温度时，固态继电器闭合，接通电阻丝加热；当前温度大于预置温度时，固态继电器断开，停止加热；当前温度小于预置温度时，电阻丝保持原来状态；当前温度降低到比预置温度低 2℃时，重新加热；当前温度超出报警上限时（设定为 ±5℃）启动报警，并停止系统。

2）键盘管理

利用单片机基本 I/O 端口与键盘连接实现相关信息的输入。单片机上电或复位后，系统处于键盘管理状态，键值功能如下：

键号“A”：预置十挡温度循环加控制，分别是80℃、100℃、120℃、140℃、160℃、180℃、200℃、210℃、220℃、230℃。

键号“B”：预置十挡温度循环减控制，分别是80℃、100℃、120℃、140℃、160℃、180℃、200℃、210℃、220℃、230℃。

键号“C”：启动控制。按下键号“C”系统启动，显示当前炉温，系统启动后，不能更改预置温度。

键号“D”：停止控制，系统停止，显示预置温度。

3）信号显示

（1）要求能用指示灯显示系统上电、运行、停止及越限报警信息。

（2）用四位数码管显示3位整数温度。

4）温度检测

（1）温度传感器选用镍铬—镍硅（K型）热电偶，经测量放大器放大后，把微弱的直流电信号变换为0～5 V的直流电压。

（2）A/D转换器件选择ADC0808模数转换器。

4. 温度控制系统的结构框图及仿真电路

图3－8－1所示为热电偶测温控制系统的结构框图。

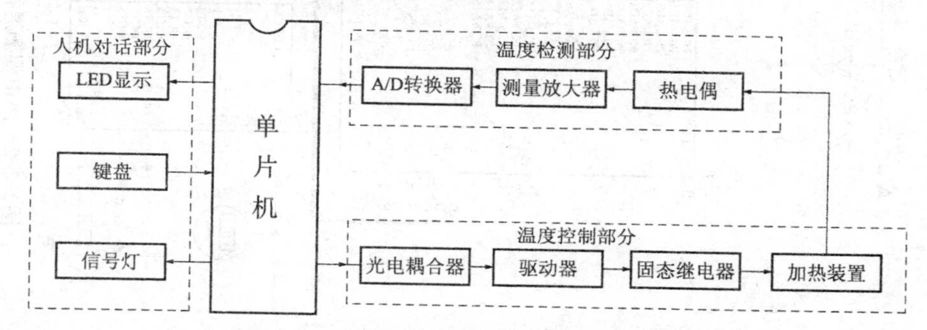

图3－8－1　热电偶测温控制系统的结构框图

图3－8－2所示为热电偶测温控制系统的仿真电路图。

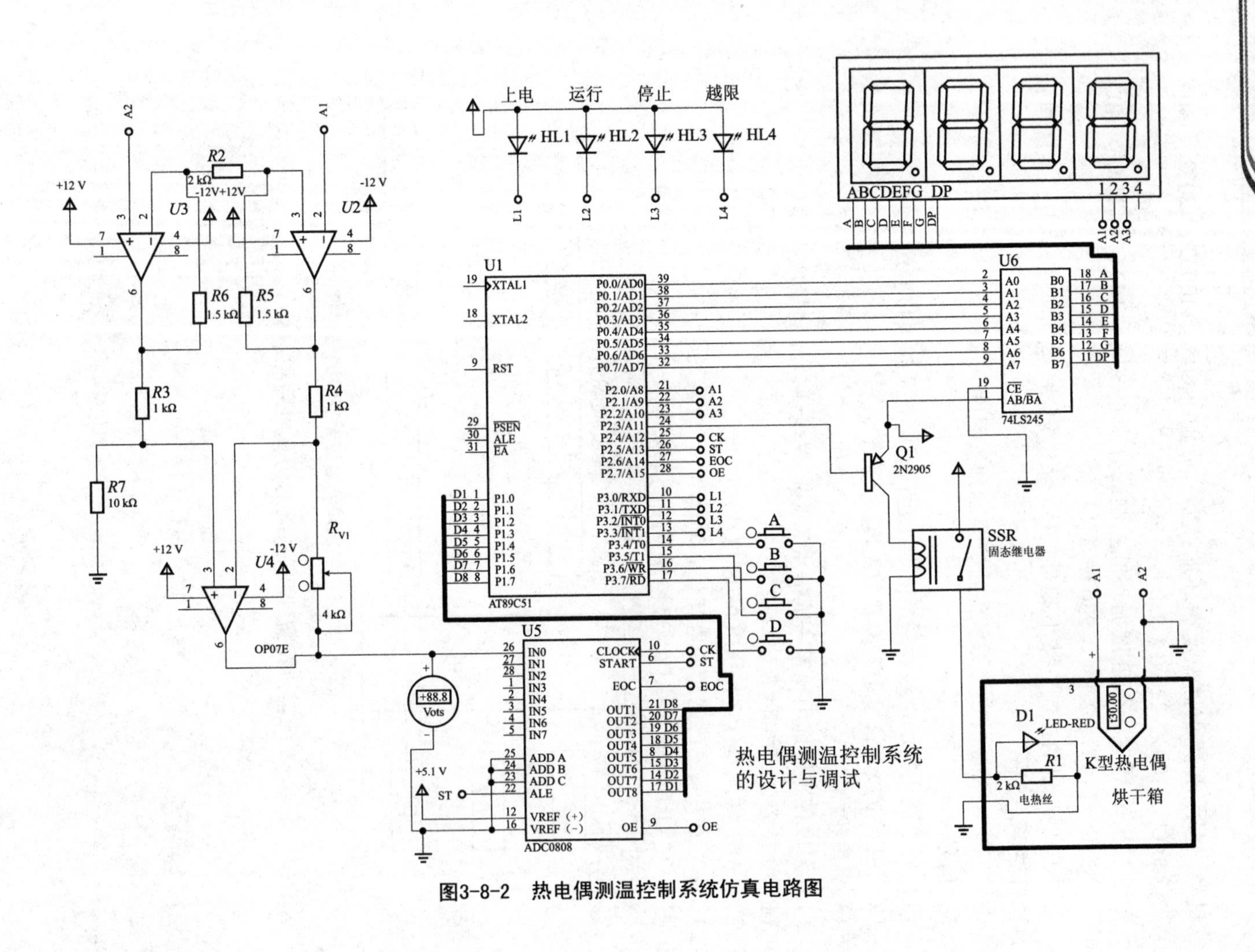

图3-8-2　热电偶测温控制系统仿真电路图

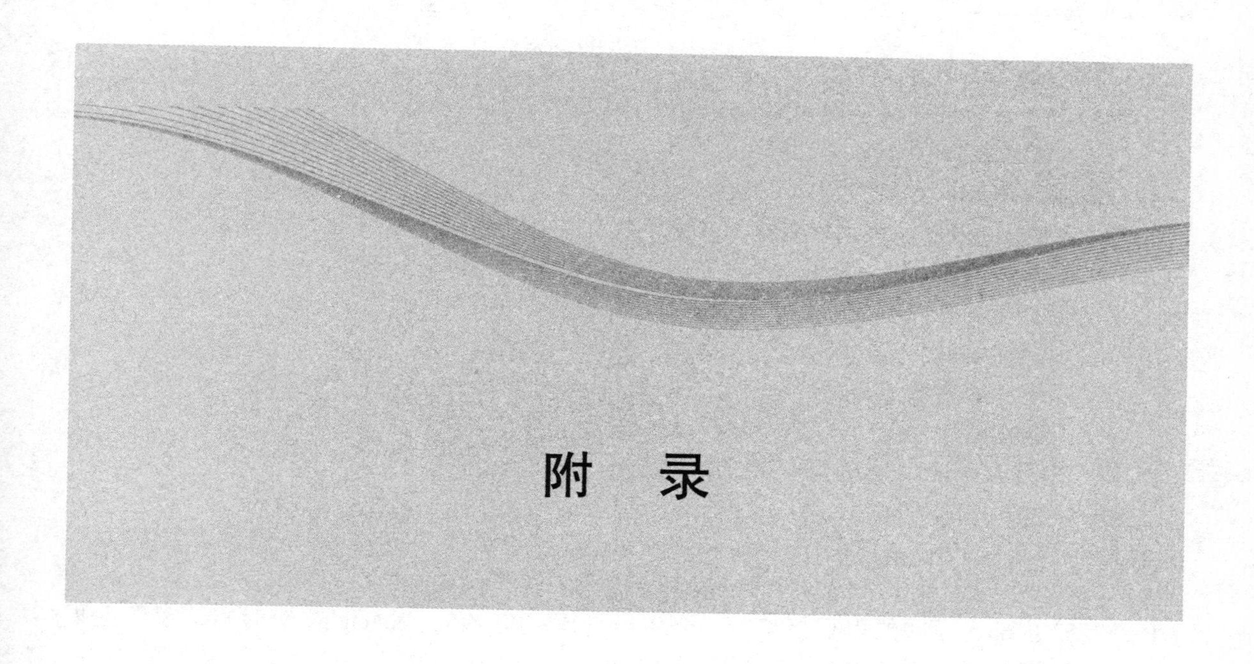

附 录

附录 1 AT89 系列单片机

1. AT89 系列单片机简介

AT89 系列单片机是 ATMEL 公司的 8 位 Flash 单片机系列，这个系列单片机的最大特点是在片内含有 Flash 存储器。因此，在应用中有着十分广泛的前途，特别是在便携式省电及特殊信息保存的仪器和系统中显得更为有用。AT89 系列单片机是以 8051 核构成的，它和 8051 系列单片机是兼容的，故而对于熟悉 8051 的用户来说，用 ATMEL 公司的 89 系列单片机进行取代 8051 的系统设计是轻而易举的事。

2. 89 系列单片机的优点

（1）内部含 Flash 存储器。在系统的开发过程中可以十分容易进行程序的修改，从而大大缩短了系统的开发周期；能有效地保存一些数据信息，即使外界电源损坏也不会影响到信息的保存。

（2）89 系列单片机的引脚和 80C51 的引脚相同。当用 89 系列单片机取代 80C51 时，不管采用 40 引脚或是 44 引脚的产品，只要用相同引脚的 89 系列单片机取代 80C51 的单片机即可以直接进行代换。

（3）静态时钟方式。89 系列单片机采用静态时钟方式，节省电能，这对于降低便携式产品的功耗十分有用。

（4）错误编程亦无废品产生。一般的 OTP 产品一旦错误编程就成了废品，而 89 系列单片机内部采用了 Flash 存储器，所以错误编程之后仍可以重新编程直到正确为止，故不存在废品。

（5）可进行反复系统试验。用 89 系列单片机设计的系统可以反复进行系统试验，每次试验可以编入不同的程序修改使系统不断能追随用户的最新要求。

3. 89 系列单片机的内部结构

89 系列单片机的内部结构和 80C51 相近，主要含有如下一些部件：

（1）8031CPU；

（2）振荡电路；

（3）总线控制部件；

（4）中断控制部件；

（5）片内 Flash 存储器；

（6）片内 RAM；

（7）并行 I/O 接口；

（8）定时器；

（9）串行 I/O 接口；

（10）片内 EEPROM。

89 系列单片机中 AT89C1051 的 Flash 存储器容量最小只有 1 KB，储器容量最大有 20KB。这个系列中结构最简单的是 AT89C1051，它内部不含串行接口；最复杂的是 AT89S8252 内部含标准的串行接口、一个串行外围接口 SPI，Watchdog 定时器，双数据指针，EEPROM 电源下降的中断恢复等功能和部件。

89 系列单片机目前有多种型号分别为 AT89C1051、AT89C2051、AT89C4051、AT89C51 AT89LV51、AT89C52、AT89LV52、AT89S8252、AT89LS8252、AT89C55、AT89LV55、AT89S53 AT89LS53、AT89S4D12。其中 AT89LV51、AT89LV52 和 AT89LV55 分别是 AT89C51、AT89C52 和 AT89C55 的低电压产品，最低电压可以低至 2.7 V。而 AT89C1051 和 AT89C2051 则是低档型低电压产品，它们仅有 20 个引脚最低电压仅为 2.7 V。

4. 89 系列单片机的型号编码

89 系列单片机的型号编码由三个部分组成，前缀、型号和后缀。格式如下：

AT89CXXXX XXXX

其中 AT 是前缀，89CXXXX 是型号，XXXX 是后缀。

下面分别对这三个部分进行说明，并且对其中有关参数的表示和意义做相应的解释。

（1）前缀由字母 AT 组成表示该器件是 ATMEL 公司的产品。

（2）型号由 89CXXXX 或 89LVXXXX 或 89SXXXX 等表示。

89CXXXX 中 9 是表示内部含 Flash 存储器，C 表示为 CMOS 产品。

89LVXXXX 中 LV 表示低压产品。

89SXXXX 中 S 表示含有串行下载 Flash 存储器，XXXX 表示器件型号数，四个参数组成如 51、1051、8252 等，每个参数的表示和意义不同。

（3）后缀由 XXXX 组成，在型号与后缀部分有空格隔开。

①后缀中的第一个参数 X 用于表示速度，它的意义如下：

X12 表示速度为 12 MHz；X20 表示速度为 20 MHz；X16 表示速度为 16 MHz；X24 表示速度为 24 MHz。

②后缀中的第二个参数 X 用于表示封装，它的意义如下：

X D 表示陶瓷封装；X Q 表示 PQFP 封装；X J 表示 PLCC 封装；X A 表示 TQFP 封装；X P 表示塑料双列直插 DIP 封装；X W 表示裸芯片；X S 表示 SOIC 封装。

③后缀中第三个参数 X 用于表示温度范围，它的意义如下：

X C 表示商业用产品温度范围为 0 +70；

X I 表示工业用产品温度范围为 40 +85；

X A 表示汽车用产品温度范围为 40 +125；

X M 表示军用产品温度范围为 55 +150；

④后缀中第四个参数 X 用于说明产品的处理情况，它的意义如下：

X 为空表示处理工艺是标准工艺；

X883 表示处理工艺采用 MIL STD 883 标准。

例如有一个单片机型号为 AT89C51 12PI，表示意义为该单片机是 ATMEL 公司的 Flash 单片机、内部是 CMOS、结构速度为 12 MHz、封装为塑封 DIP、是工业用产品、按标准处理工艺生产。

5. 89 系列单片机分类

AT89 系列单片机可分为标准型号、低档型号和高档型号三类。

标准型有 AT89C51 等六种型号，它们的基本结构和 89C51 是类似的，是 80C51 的兼容产品；低档型有 AT89C1051 等两种型号它们的 CPU 核和 89C51 是相同的但并行 I/O 口较少；高档型有 AT89S8252 等型号，是一种可串行下载的 Flash 单片机，可以用在线方式对单片机进行程序下载。

1）标准型单片机

标准型单片机有 89C51、89LV51、89C52、89LV52、89C55、89LV55 六种型号。

标准型 89 系列单片机和 MCS 51 系列单片机兼容的，内部含有 4 KB、8 KB 或 20 KB 可重复编程的 Flash 存储器，可进行 1 000 次擦写操作；全静态工作为 0 ~ 33 MHz，三级程序存储器加密锁定；内部含 128 字节、256 字节的 RAM，有 32 位可编程的 I/O 端口，有 2 ~ 3 个 16 位定时器计数器，有 6 ~ 8 级中断，UART 通用串行接口，有低电压空闲及电源下降方式。

在这六种型号中 AT89C51 是一种基本型号，AT89LV51 是一种能在低电压范围工作的改进型，可在 2. 76 V 电压范围工作，其他功能和 89C51 相同。AT89C52 是在 AT89C51 的基础上，在存储器容量、定时器和中断能力上得到改进的型号，89C52 的 Flash 存储器容量为 8 KB，16 位定时器计数器有 3 个，中断有 8 级。89C51 的 Flash 存储器容量为 4 KB，16 位定时器计数器有 2 个，中断只有 6 级。AT89LV52 是 89C52 的低电压型号，可在 2. 76 V 电压范围内工作，89C55 的 Flash 存储器容量为 20 KB，16 位定时计数器有 3 个，中断有 8 级，AT89 LV55 是 89C55 的低电压型号可在 2. 76 V 电压范围内工作。

2）低档型单片机

低档型的单片机有 AT89C1051 和 AT89C2051 两种型号。除并行 I/O 端口数较少之外其他部件结构基本和 AT89C51 差不多，之所以被称为低档型主要是因为它的引脚只有 20 脚，比标准型的 40 引脚少得多。AT89C1051 的 Flash 存储器只有 1 KB，RAM 只有 64 字节，内部不含串行接口，内部的中断响应只有 3 种，保密锁定位只有 2 位，这些也是和标准型的 AT89C51 有区别的地方。AT89C2051 的 Flash 存储器只有 2 KB，RAM 只有 128 字节，保密锁定位有 2 位，也由于在上述有关部件上 AT89C1051、AT89C2051 的功能比标准型 AT89C51 要弱，所以它们就处于低档位置。

3）高档型单片机

高档型有 AT89S53、AT89S8252、AT89S4D12 等型号，是在标准型的基础上增加了一些功能形成的。增加的功能主要有如下几点：

①AT89S4D12 有 4 KB 可下载 Flash 存储器，AT89S8252 有 8 KB 可下载 Flash 存储器，AT89S53 有 12 KB 可下载 Flash 存储器，下载功能是由 IBM 微机通过 89 系列单片机的串行外围接口 SPI 执行的。

②除 8 KB Flash 存储器外，AT89S8252 还含有一个 2 KB 的 EEPROM，从而提高了存储容量。

③含有 9 个中断响应的能力。

④含标准型和低档型所不具有的 SPI 接口。

⑤含有 Watchdog 定时器（看门狗定时器）。

⑥含有双数据指针。

⑦含有从电源下降的中断恢复。

⑧AT89S4D12 除了 4 KB 可下载 Flash 存储器之外，还有一个 128K 片内 Flash 数据存储器，12 MHz 内部振荡器，5 个可编程 I/O 线。

附录 2　MCS－51 指令表

MCS－51 指令表中所用符号和含义：

Rn——当前工作寄存器组的 8 个工作寄存器（n＝0～7）。

Ri——可用于间接寻址的寄存器，只能是当前寄存器组中的 2 个寄存器 R0、R1（i＝0，1）。

direct——内部 RAM 中的 8 位地址（包括内部 RAM 低 128 单元地址和专用寄存器单元地址）。

#data——8 位常数。

#data16——16 位常数。

addr16——16 位目的地址，只限于在 LCALL 和 LJMP 指令中使用。

addr11——11 位目的地址，只限于在 ACALL 和 AJMP 指令中使用。

rel——相对转移指令中的 8 位带符号偏移量。

DPTR——数据指针，16 位寄存器，可用作 16 位地址寻址。

SP——堆栈指针，用来保护有用数据。

bit——内部 RAM 或专用寄存器中的直接寻址位。

A——累加器。

B——专用寄存器，用于乘法和除法指令或暂存器。

C——进位标志或进位位，或布尔处理机中的累加器。

@——间接寻址寄存器的前缀标志，如@ Ri，@ DPTR。

/——位操作数的前缀，表示对位操作数取反，如/bit。

（×）——以×的内容为地址的单元中的内容，X 为表示指针的寄存器 Ri（i＝0、1）、DPTR、SP（Ri、DPTR、SP 的内容均为地址）或直接地址单元。如：为了区别地址单元与立即数如 30H 单元与立即数 30H，注释时，表述地址单元时用括号如（30H），立即数直接表示 30H。

$——表示当前指令的地址。

< = >——表示数据交换。

←——箭头左边的内容被箭头右边的内容所代替。

十六进制代码	助记符	功能	对标志位影响				字节数	周期数
			P	OV	AC	CY		
46，47	ORL A，@Ri	A∨（Ri）→A	√	X	X	X	1	1
44	ORL A，#data	A∨data→A	√	X	X	X	2	1
42	ORL direct，A	（direct）∨A→（direct）	X	X	X	X	2	1
43	ORL direct，#data	（direct）∨data→（direct）	X	X	X	X	3	2
68～6F	XRL A，Rn	A⊕Rn→A	√	X	X	X	1	1
65	XRL A，direct	A⊕（direct）→A	√	X	X	X	2	1
66，67	XRL A，@Ri	A⊕（Ri）→A	√	X	X	X	1	1
64	XRL A，#data	A⊕data→A	√	X	X	X	2	1
62	XRL direct，A	（direct）⊕A→（direct）	X	X	X	X	2	1
63	XRL direct，#data	（direct）⊕data→（direct）	X	X	X	X	3	2
E4	CLR A	0→A	√	X	X	X	1	1
F4	CPL A	$\overline{A}$→A	X	X	X	X	1	1
23	RL A	A循环左移一位	X	X	X	X	1	1
33	RLC A	A带进位位循环左移一位	√	X	X	√	1	1
03	RR A	A循环右移一位	X	X	X	X	1	1
13	RRC A	A带进位位循环右移一位	√	X	X	√	1	1
C4	SWAP A	A半字节交换	X	X	X	X	1	1
数据传送指令								
E8～EF	MOV A，Rn	Rn→A	√	X	X	X	1	1
E5	MOV A，direct	（direct）→A	√	X	X	X	2	1
E6，E7	MOV A，@Ri	（Ri）→A	√	X	X	X	1	1
74	MOV A，#data	data→A	√	X	X	X	2	1
F8～FF	MOV Rn，A	A→Rn	X	X	X	X	1	1
A8～AF	MOV Rn，direct	（direct）→Rn	X	X	X	X	2	2
78～7F	MOV Rn，#data	data→Rn	X	X	X	X	2	1
F5	MOV direct，A	A→（direct）	X	X	X	X	2	1
88～8F	MOV direct，Rn	direct→Rn	X	X	X	X	2	2
85	MOV direct1，direct2	（direct2）→（direct1）	X	X	X	X	3	2
86，87	MOV direct，@Ri	（Ri）→（direct）	X	X	X	X	2	2

续表

十六进制代码	助记符	功能	对标志位影响				字节数	周期数
			P	OV	AC	CY		
75	MOV direct，#data	data→（direct）	X	X	X	X	3	2
F6，F7	MOV @Ri，A	A→（Ri）	X	X	X	X	1	1
A6，A7	MOV @Ri，direct	（direct）→（Ri）	X	X	X	X	2	2
76，77	MOV @Ri，#data	data→（Ri）	X	X	X	X	2	1
90	MOV DPTR，#data16	data16→DPTR	X	X	X	X	3	2
93	MOVC A，@A+DPTR	A+DPTR→A	√	X	X	X	1	2
83	MOVC A，@A+PC	A+PC→A	√	X	X	X	1	2
算术运算指令								
28~2F	ADD A，Rn	A+Rn→A	√	√	√	√	1	1
25	ADD A，direct	A+（direct）→A	√	√	√	√	2	1
26，27	ADD A，@Ri	A+（Ri）→A	√	√	√	√	1	1
24	ADD A，#data	A+data→A	√	√	√	√	2	1
38~3F	ADDC A，Rn	A+Rn+CY→A	√	√	√	√	1	1
35	ADDC A，direct	A+（direct）+CY→A	√	√	√	√	2	1
36，37	ADDC A，@Ri	A+（Ri）+CY→A	√	√	√	√	1	1
34	ADDC A，#data	A+data+CY→A	√	√	√	√	2	1
98~9F	SUBB A，Rn	A-Rn-CY→A	√	√	√	√	1	1
95	SUBB A，direct	A-（direct）-CY→A	√	√	√	√	2	1
96，97	SUBB A，@Ri	A-（Ri）-CY→A	√	√	√	√	1	1
94	SUBB A，#data	A-data-CY→A	√	√	√	√	2	1
04	INC A	A+1→A	√	X	X	X	1	1
08~0F	INC Rn	Rn+1→Rn	X	X	X	X	1	1
05	INC direct	（direct）+1→（direct）	X	X	X	X	2	1
06，07	INC @Ri	（Ri）+1→（Ri）	X	X	X	X	1	1
A3	INC DPTR	DPTR+1→DPTR					1	2
14	DEC A	A-1→A	√	X	X	X	1	1
18~1F	DEC Rn	Rn-1→Rn	X	X	X	X	1	1
15	DEC direct	（direct）-1→（direct）	X	X	X	X	2	1
16，17	DEC @Ri	（Ri）-1→（Ri）	X	X	X	X	1	1
A4	MUL AB	A*B→BA	√	√	X	0	1	4
84	DIV AB	A/B→A……B	√	√	X	0	1	4

续表

十六进制代码	助记符	功能	对标志位影响				字节数	周期数
			P	OV	AC	CY		
D4	DA A	对 A 进行十进制调整	√	X	√	√	1	1
逻辑运算指令								
58～5F	ANL A，Rn	A∧Rn→A	√	X	X	X	1	1
55	ANL A，direct	A∧（direct）→A	√	X	X	X	2	1
56，57	ANL A，@Ri	A∧（Ri）→A	√	X	X	X	1	1
54	ANL A，#data	A∧data→A	√	X	X	X	2	1
52	ANL direct，A	（direct）∧A→（direct）	X	X	X	X	2	1
53	ANL direct，#data	（direct）∧data→（direct）	X	X	X	X	3	2
48～4F	ORL A，Rn	A∨Rn→A	√	X	X	X	1	1
45	ORL A，direct	A∨（direct）→A	√	X	X	X	2	1
E2，E3	MOVX A，@Ri	（Ri）→A	√	X	X	X	1	2
E0	MOVX A，@DPTR	（DPTR）→A	√	X	X	X	1	2
F2，F3	MOVX @Ri，A	A→（Ri）	X	X	X	X	1	2
F0	MOVX @DPTR，A	A→（DPTR）	X	X	X	X	1	2
C0	PUSH direct	SP＋1→SP （direct）→SP	X	X	X	X	2	2
D0	POP direct	SP→（direct） SP－1→SP	X	X	X	X	2	2
C8～CF	XCH A，Rn	A＜＝＞Rn	√	X	X	X	1	1
C5	XCH A，direct	A＜＝＞（direct）	√	X	X	X	2	1
C6，C7	XCH A，@Ri	A＜＝＞（Ri）	√	X	X	X	1	1
D6，D7	XCHD A，@Ri	$A_{0\sim3}$＜＝＞$(Ri)_{0\sim3}$	√	X	X	X	1	1
位操作指令								
C3	CLR C	0→CY	X	X	X	√	1	1
C2	CLR bit	0→bit	X	X	X		2	1
D3	SETB C	1→CY	X	X	X	√	1	1
D2	SETB bit	1→bit	X	X	X		2	1
B3	CPL C	$\overline{CY}$→CY	X	X	X	√	1	1
B2	CPL bit	$\overline{bit}$→bit	X	X	X		2	1
82	ANL C，bit	CY∧bit→CY	X	X	X	√	2	2

续表

十六进制代码	助记符	功能	对标志位影响				字节数	周期数
			P	OV	AC	CY		
B0	ANL C，/bit	CY∧ $\overline{bit}$ →CY	X	X	X	√	2	2
72	ORL C，bit	CY∨bit→CY	X	X	X	√	2	2
A0	ORL C，/bit	CY∨ $\overline{bit}$ →CY	X	X	X	√	2	2
A2	MOV C，bit	bit→CY	X	X	X	√	2	1
92	MOV bit，C	CY→bit	X	X	X	X	2	2
控制转移指令								
*1	ACALL addr11	PC+2→PC，SP+1→SP $(PC)_{0\sim7}$→（SP)，SP+1→SP $(PC)_{8\sim15}$→（SP） addr11→（PC)$_{10\sim0}$	X	X	X	X	2	2
12	LCALL addr16	PC+3→PC，SP+1→SP $(PC)_{0\sim7}$→（SP)，SP+1→SP $(PC)_{8\sim15}$→（SP） addr16→PC	X	X	X	X	3	2
22	RET	SP→（PC)$_{8\sim15}$，SP－1→SP SP→（PC)$_{0\sim7}$，SP－1→SP	X	X	X	X	1	2
32	RETI	SP→（PC)$_{8\sim15}$，SP－1→SP SP→（PC)$_{0\sim7}$，SP－1→SP 中断返回	X	X	X	X	1	2
*1	AJMP addr11	PC+2→PC addr11→（PC)$_{10\sim0}$	X	X	X	X	2	2
02	LJMP addr16	addr16→PC	X	X	X	X	3	2
80	SJMP rel	PC+2→PC，rel→PC	X	X	X	X	2	2
73	JMP @A+ DPTR	A+ DPTR→PC	√	X	X	X	1	2
60	JZ rel	A=0，rel→PC A≠0，PC+2→PC	X	X	X	X	2	2
70	JNZ rel	A≠0，rel→PC A=0，PC+2→PC	X	X	X	X	2	2
40	JC rel	CY=1，rel→PC CY=0，PC+2→PC	X	X	X	X	2	2
50	JNC rel	CY=0，rel→PC CY=1，PC+2→PC	X	X	X	X	2	2

续表

十六进制代码	助记符	功能	对标志位影响				字节数	周期数
			P	OV	AC	CY		
20	JB bit，rel	bit = 1，rel→PC bit = 0，PC + 3→PC	X	X	X	X	3	2
30	JNB bit，rel	bit = 0，rel→PC bit = 1，PC + 3→PC	X	X	X	X	3	2
10	JBC bit，rel	bit = 1，rel→PC，0→bit bit = 0，PC + 3→PC	X	X	X	X	3	2
B5	CJNE A，direct，rel	A≠（direct），rel→PC A =（direct），PC + 3→PC	X	X	X	√	3	2
B4	CJNE A，# data，rel	A≠data，rel→PC A = data，PC + 3→PC	X	X	X	√	3	2
B8 ~ BF	CJNE Rn，# data，rel	Rn≠data，rel→PC Rn = data，PC + 3→PC	X	X	X	√	3	2
B6 ~ B7	CJNE @ Ri，# data，rel	(Ri)≠data，rel→PC (Ri) = data，PC + 3→PC	X	X	X	√	3	2
D8 ~ DF	DJNZ Rn，rel	Rn - 1≠0，rel→PC Rn - 1 = 0，PC + 2→PC	X	X	X	X	2	2
D5	DJNZ direct，rel	(direct) - 1≠0，rel→PC (direct) - 1 = 0，PC + 3→PC	X	X	X	√	3	2
00	NOP	空操作，PC + 1→PC	X	X	X	X	1	1

附录 3　C51 中的关键字

关键字	用 途	说 明
auto	存储种类说明	用以说明局部变量，缺省值为此
break	程序语句	退出最内层循环
case	程序语句	Switch 语句中的选择项
char	数据类型说明	单字节整型数或字符型数据
const	存储类型说明	在程序执行过程中不可更改的常量值
continue	程序语句	转向下一次循环
default	程序语句	Switch 语句中的失败选择项
do	程序语句	构成 do…while 循环结构

续表

关键字	用 途	说 明
double	数据类型说明	双精度浮点数
else	程序语句	构成 if…else 选择结构
enum	数据类型说明	枚举
extern	存储种类说明	在其他程序模块中说明了的全局变量
flost	数据类型说明	单精度浮点数
for	程序语句	构成 for 循环结构
goto	程序语句	构成 goto 转移结构
if	程序语句	构成 if…else 选择结构
int	数据类型说明	基本整型数
long	数据类型说明	长整型数
register	存储种类说明	使用 CPU 内部寄存的变量
return	程序语句	函数返回
short	数据类型说明	短整型数
signed	数据类型说明	有符号数，二进制数据的最高位为符号位
sizeof	运算符	计算表达式或数据类型的字节数
static	存储种类说明	静态变量
struct	数据类型说明	结构类型数据
swicth	程序语句	构成 switch 选择结构
typedef	数据类型说明	重新进行数据类型定义
union	数据类型说明	联合类型数据
unsigned	数据类型说明	无符号数数据
void	数据类型说明	无类型数据
volatile	数据类型说明	该变量在程序执行中可被隐含地改变
while	程序语句	构成 while 和 do.. while 循环结构

附表 4　ANSIC 标准关键字

关键字	用 途	说 明
bit	位标量声明	声明一个位标量或位类型的函数

续表

关键字	用 途	说 明
sbit	位标量声明	声明一个可位寻址变量
Sfr	特殊功能寄存器声明	声明一个特殊功能寄存器
Sfr16	特殊功能寄存器声明	声明一个 16 位的特殊功能寄存器
data	存储器类型说明	直接寻址的内部数据存储器
bdata	存储器类型说明	可位寻址的内部数据存储器
idata	存储器类型说明	间接寻址的内部数据存储器
pdata	存储器类型说明	分页寻址的外部数据存储器
xdata	存储器类型说明	外部数据存储器
code	存储器类型说明	程序存储器
interrupt	中断函数说明	定义一个中断函数
reentrant	再入函数说明	定义一个再入函数
using	寄存器组定义	定义芯片的工作寄存器

附录 5　C51 运算符优先级和结合性

级别	类别	名称	运算符	结合性
1	强制转换、数组、结构、联合	强制类型转换	(　)	右结合
		下标	[　]	
		存取结构或联合成员	- >或.	
2	逻辑	逻辑非	!	左结合
	字位	按位取反	~	
	增量	加一	+ +	
	减量	减一	- -	
	指针	取地址	&	
		取内容	*	
	算术	单目减	-	
	长度计算	长度计算	sizeof	

续表

级别	类别	名称	运算符	结合性
3	算术	乘	*	右结合
		除	/	
		取模	%	
4	算术和指针运算	加	+	
		减	-	
5	字位	左移	< <	
		右移	> >	
6	关系	大于等于	> =	
		大于	>	
		小于等于	< =	
		小于	<	
7		恒等于	= =	
		不等于	! =	
8	字位	按位与	&	
9		按位异或	^	
10		按位或	|	
11	逻辑	逻辑与	&&	左结合
12		逻辑或	| |	
13	条件	条件运算	?:	
14	赋值	赋值	=	
		复合赋值	Op =	
15	逗号	逗号运算	,	右结合

附录 6　Proteus 常用元器件

元器件中文注释	元器件名
ATMEL 系列单片机（MCS - 51 系列）	AT89C2051/C51/C52
石英晶体	CRYSTAL
通用电容	CPA
通用电解电容	CPA - ELEC
通用电阻	RES

续表

元器件中文注释	元器件名
8 电阻排	RX8
带公共端的电阻排	RESPACK - 8
电位器	POT - HG
常开按钮	BUTTON
带锁存开关	SWITCH
单刀单掷开关	SW - SPST
旋转开关	SW - ROT
二极管	IN
三极管	2N
通用电感	INDUCTOR
绿/红/黄/蓝色发光二极管	LED - BIRG/RED/YELLOW/BLUE
动态灯泡模型	LAMP
一位共阳极数码管（绿色）	7SEG - COM - AN - GRN
一位共阴极数码管（绿色）	7SEG - COM - CAT - GRN
二位共阴极数码管（绿色）	7SEG - MPX2 - CC - BLUE
二位共阳极数码管（绿色）	7SEG - MPX2 - CA - BLUE
四位位共阴极数码管（绿色）	7SEG - MPX4 - CC - BLUE
四位位共阳极数码管（绿色）	7SEG - MPX4 - CA - BLUE
BCD 译码 7 段数码管	7SEG - BCD
128 ×64 图形液晶	LM3228
16 ×2 字符液晶	LM016L
热电偶	TCK
铂热电阻	RTD - PT100
运算放大器	LM324
集成测量放大器	AD620
驱动	74LS245
8 位 8 通道 ADC 转换器	ADC0808
整流桥	DF005N
集成电平转换的串行通信接口	COMPIM
并行输出串行移位寄存器	74HC164. IEC
脉冲发生器	LOGICSTATE
继电器	RELAY
步进电机	MOTOR - STEPPER

参考文献

[1] 胡汉才. 单片机原理及接口技术（第2版）. 北京：清华大学出版社. 2004.
[2] 赵又新. 单片机原理及接口技术. 北京：中国电力出版社. 2007.
[3] 候玉宝. 基于 proteus 的 51 系列单片机设计与仿真. 北京：电子工业出版社. 2008.
[4] 江世明. 基于 proteus 的单片机应用技术. 北京：电子工业出版社. 2009.
[5] 李文华. 单片机应用技术（C 语言版）. 北京：人民邮电出版社. 2011.
[6] 李忠国. 单片机测量与控制基础实例教程. 北京：人民邮电出版社. 2011.
[7] 王守中. 51 单片机开发入门与典型实例. 北京：人民邮电出版社. 2008.
[8] 周兴华. 手把手教你学单片机. 北京：北京航空航天大学出版社. 2005.
[9] 周坚. 单片机轻松入门. 北京：北京航空航天大学出版社. 2004.
[10] 李文方. 单片机原理与应. 哈尔滨：哈尔滨工业大学出版社. 2010.
[11] 虞沧. 单片机原理与应用技术. 长春：吉林大学出版社. 2009.
[12] 陈玉平. 单片机应用技术. 武汉：华中科技大学出版社. 2008.
[13] 耿永刚. 单片机与接口应用技术. 上海：华东师范大学出版社. 2008.